焊接技能培训教程

主　编　武永志　王贺龙
副主编　郑秋林
主　审　崔智勇

西南交通大学出版社
·成　都·

图书在版编目（CIP）数据

焊接技能培训教程 / 武永志，王贺龙主编. —成都：西南交通大学出版社，2022.1
ISBN 978-7-5643-8418-0

Ⅰ. ①焊… Ⅱ. ①武… ②王… Ⅲ. ①焊接 – 技术培训 – 教材 Ⅳ. ①TG456

中国版本图书馆 CIP 数据核字（2021）第 239877 号

Hanjie Jineng Peixun Jiaocheng
焊接技能培训教程

主　编 / 武永志　王贺龙

责任编辑 / 刘　昕
封面设计 / GT 工作室

西南交通大学出版社出版发行
（四川省成都市金牛区二环路北一段 111 号西南交通大学创新大厦 21 楼　610031）
发行部电话：028-87600564　028-87600533
网址：http://www.xnjdcbs.com
印刷：成都中永印务有限责任公司

成品尺寸　185 mm × 260 mm
印张　12　　字数　269 千
版次　2022 年 1 月第 1 版　　印次　2022 年 1 月第 1 次

书号　ISBN 978-7-5643-8418-0
定价　37.00 元

课件咨询电话：028-81435775
图书如有印装质量问题　本社负责退换

前言 PREFACE

本教程为从事压力容器、压力管道焊接的焊接技术工人实际操作技能的培训而编写。

教程主要讲授了焊工安全文明生产知识、焊条电弧焊、手工钨极氩弧焊、手工钨极氩弧焊+焊条电弧焊联合焊接方法的基本操作技术，并结合实例按操作项目进行讲解。

教程定位于缺乏焊接实操经验的中、高职院校学生、企业新入职员工及有志于从事焊接工作的社会人员。本教程由浅入深地向学员传授焊条电弧焊、手工钨极氩弧焊的不同位置的焊接操作手法；配合视频演示，使学员能从书面理论到感观认知，学习焊接技术。经过学习、练习、巩固、提高的循序渐进的过程，学员能够熟练掌握各类焊接技术，达到特种设备焊接作业人员的实际操作技能水平及职业技能鉴定实操的考核标准。

本教程具有以下特点：

① 学习项目编制按照实操项目练习顺序逐项展开，加以讲解。

② 突出技能训练，摒弃了现有教材中与职业能力关系不大的内容，选择目前建筑施工企业中应用最为频繁、焊工操作人员在工作生产中接触较多的焊接方法作为本教程的讲解项目，由浅入深地将技能操作要点及相关的专业知识逐步向学员进行讲解。

③ 紧密结合特种设备焊接作业考试及职业技能鉴定实操的考核要求，在每个训练项目后依据《特种设备焊接作业人员工考核细则》制定“焊后检验标准”，对学员的训练结果进行检测。

④ 增加了当前一线生产施工和国内各类比赛中常用的最新操作方法。

⑤ 采用最新的国家标准，使教程内容更加规范化。

⑥ 由于各企业、学校和培训机构对培训的技能等级要求不同，参加学习人员的技能水平不同，任课教师可根据需求自行调整课时。

⑦ 本教程配有高清教学视频，在每单元里以插入二维码的形式链接，方便教师讲解课程以及学员学习。

本教程分为五章，共十七个单元，由中油吉林化建工程有限公司职工培训中心武永志、吉林铁道职业技术学院王贺龙担任主编，中油吉林化建工程有限公司职工培训中心郑秋林担任副主编，中油吉林化建工程有限公司职工培训中心崔智勇主审。其他编写人员还有中油吉林化建工程有限公司职工培训中心吕铀、崔国，吉林铁道职业技术学院王剑，中国石油天然气第七建设有限公司职业教育中心陈兆坤，吉林工程职业学院姜苏。

本教程编写过程中，参阅了国内外出版的一些教材和资料，在此向相关作者表示衷心感谢！

由于编者水平有限，书中不妥之处在所难免，恳请读者批评指正。

编者

2021.7

目 录 CONTENTS

第一章 焊工安全文明生产知识

一、概 述

我国的安全生产方针是“安全第一，预防为主”。要领会贯彻这一主题，必须认真吸取事故教训，提高对各类违章行为危害的认识，采取针对性措施，有效遏止、杜绝恶性事故的发生。

本章收集了部分与我们工作相关的典型安全事故案例，这些事故案例都是由于不遵守安全工作规程或安全生产管理不到位等造成的，每个事故都是血和泪的教训。

通过对这些事故案例的学习，我们应当更加清醒地看到“违章是事故的根源”这一论断，一时的疏忽大意或麻痹侥幸都可能造成极其严重的后果。希望通过学习学员能切实做到“拒绝违章从我做起”，形成“关爱生命，关注安全”的良好氛围，不断提高安全意识和综合素质。

事故案例一：洛阳东都商厦特大火灾

1. 事故经过

2000 年 12 月 25 日晚，位于洛阳市老城区的东都商厦楼前五光十色，灯火通明。台商新近租用东都商厦的一层和地下一层开设郑州丹尼斯百货商场洛阳分店，计划于 26 日试营业，正紧张忙碌地继续为店貌装修，与此同时商厦顶层 4 层开设的一个歌舞厅正举办圣诞狂欢舞会。然而就在大家沉浸于欢乐之时，楼下几簇小小的电焊火花将正在装修的地下室点燃，火势和浓烟顺着楼梯直逼顶层歌舞厅，酿成了上世纪末的特大灾难，夺走了 309 人的生命，如图 1-1 所示。

2. 主要原因分析

（1）着火的直接原因是丹尼斯百货雇用的 4 名焊工没有经过安全技术培训，在无特种作业人员操作证的情况下进行违章作业。

（2）没有采取任何防范措施，野蛮施工致使焊接时产生的火花、飞溅落下，引燃了地下二层家具商场的木制家具、沙发等易燃物品。

（3）在慌乱中自救火不成功时，几个人竟然未报警而逃离现场，贻误了灭火和疏散的时机，致使 309 人中毒窒息死亡。

图 1-1　洛阳东都商厦特大火灾

事故案例二：华能南京电厂 1#机组凝汽器改造工程火灾险情

1. 事故经过

2009 年 5 月 14 日下午，在华能南京电厂 1#机组凝汽器改造工程施工现场，凝汽器乙侧循环水管道对接施工中，作业人员对循环水管道进行切割时，气割产生的铁水火花落在下方的脚手架板上，又溅落到乙炔气管上，造成导气管起火，发生火灾险情。现场监护人员和甲方联系人发现后立刻用灭火器及时扑灭，虽未造成人员伤害，但造成不良影响。

2. 主要原因分析

（1）气割作业下方虽然铺设石棉布并有专人监护，但乙炔管漏气未能及时发现，没有采取有效防止火花、飞溅的措施，是造成本次火灾险情的主要原因。

（2）气割作业人员在作业前没有对气割使用的气管进行认真检查，未察觉乙炔气管漏气，致使切割时产生的火花引燃漏气的乙炔气管，在工作中存在明显失误。

（3）现场施工管理人员安全管理不到位，安全检查监督不力，安全措施未得到真正落实，有明显疏漏。

以上两起安全事故都是由焊接、切割作业引起的火灾事故（险情），事故原因都有共同点：违章违规作业、没有采取有效的安全措施、安全管理不到位。但正是这些疏忽，最终酿成大错或险些酿成大祸。所以安全工作不是空喊口号，而是要我们从身边做起，从点滴做起，再小的细节也不能放过，才能防止事故的发生，让悲剧不再重演。

焊工安全生产的重要性：

焊工在工作时要与电、可燃及易爆的气体、易燃液体、压力容器等接触。在焊接过程中还会产生一些有害气体、金属蒸气和烟尘；电弧光的辐射；焊接热源（电弧、气体火焰）的高温等。如果不遵守安全操作规程，就可能引起触电、灼伤、火灾、爆炸、中毒等事故，这不仅给国家财产造成经济损失，而且直接影响焊工及其他工作人员的人身安全。

国家对焊工的安全健康是非常重视的。为了保证焊工的安全生产，《特种作业人员安全技术培训考核管理规定》及国家标准 GB 5306—1985《特种作业人员安全技术考核管理规则》中都明确规定，金属焊接（气割）作业属于特种作业，直接从事特种作业者——焊工，是特种作业人员。特种作业人员，必须进行专门的安全技术理论学习和实践操作训练，并经考试合格后，方可进行独立作业。只有经常对焊工进行安全技术与劳动保护的教育和培训，使其从思想上重视安全生产，明确安全生产的重要性，增强责任感，了解安全生产的规章制度，熟悉并掌握安全生产的有关措施，才能有效地避免和杜绝事故的发生。

二、预防触电的安全知识

通过人体的电流大小，决定于线路中的电压和人体的电阻。人体的电阻除人的自身电阻外，还包括人身所穿的衣服和鞋等的电阻。干燥的衣服、鞋及干燥的工作场地，能使人体的电阻增大。通过人体的电流大小不同，对人体的伤害轻重程度也不同，当通过人体的电流强度超过 0.05 A 时，生命就有危险；通过 0.1 A 时，足以使人致命。人体的电阻由 50 000 Ω可以降至 800 Ω，根据欧姆定律，40 V 的电压就对人身有危险。而焊接工作场地所用的网路电压为 380 V 或 220 V，焊机的空载电压一般都在 60 V 以上。因此，焊工在工作时必须注意防止触电。

（1）弧焊设备的外壳必须接零或接地，而且接线应牢靠，以免由于漏电而造成触电事故。

（2）弧焊设备的初级接线、修理和检查应由有资质的电工进行，不可私自随便拆修。焊工仅可连接次级接线。

（3）推拉电源闸刀时，应戴好干燥的皮手套，操作时面部不要对着闸刀，以免推拉闸刀时，可能发生电弧火花灼伤面部。

（4）焊钳应有可靠的绝缘。中断工作时，焊钳要放在安全的地方，防止焊钳与焊件之间产生短路而烧坏焊机。

（5）焊工的工作服、手套、绝缘鞋应保持干燥。

（6）在容器、船舱内或其他狭小工作场所焊接时，须两人轮换操作，其中一人留守在外面监护。当发生意外时，立即切断电源便于急救。

（7）在潮湿的场地工作时，应用干燥的木板或橡胶片等绝缘物作垫板。

（8）在光线暗的场地、容器内操作或夜间工作时，使用工作照明灯的电压应不大于 36 V。

（9）更换焊条时，不仅要戴好手套，而且应避免身体与焊件接触。

（10）焊接电缆应避免裸露且绝缘良好，不可将电缆放在焊接电弧的附近或炽热的焊件金属上，避免高温烧坏绝缘层。同时也要避免碰撞磨损，如有破损应立即进行修理或更换。

（11）遇到焊工触电时，切不可用赤手去拉触电者，应先迅速将电源切断。如果触电者呈昏迷状态，且出现心跳呼吸骤停，应立即拨打120求救，同时进行心肺复苏法的辅助支持；没有出现心跳呼吸骤停，可让患者静卧在地，等待120救援。

（12）焊工要熟悉和掌握有关电的基本知识、预防触电及触电后急救方法等知识，严格遵守有关部门规定的安全措施，防止触电事故发生。

事故案例三：焊工触电死亡事故

1. 事故经过

2013年6月，南方某大型钢结构厂，有一位年轻的女电焊工正在桥梁钢箱梁内焊接，因温度高加之通风不良，身上大量出汗将工作服和皮手套湿透。在更换焊条时触及焊钳口因痉挛后仰跌倒，焊钳落在颈部未能摆脱，造成电击。事故发生后经抢救无效而死亡。

2. 主要原因分析

（1）焊工在更换焊条时触及焊钳口因痉挛后仰跌倒，焊钳落在颈部未能摆脱，造成电击是本次事故的直接原因。

（2）钢箱梁内温度高，焊工大量出汗，人体电阻降低，触电危险性增大是造成本次事故的重要原因。

（3）触电后未能及时发现，电流通过人体的持续时间较长，使心脏、肺部等重要器官受到严重破坏是造成本次事故的重要原因。

3. 主要预防措施

（1）钢箱梁内部焊接工作时要专设监护人，随时注意焊工动态，遇到事故时，立即拉闸进行抢救。

（2）箱梁内部焊接时，勤更换作业人员，两小时更换一次，避免大量出汗，人体电阻降低，触电危险性增大。

（3）箱梁内部焊接应铺设绝缘物作垫板。

三、防火、防爆、防毒、防辐射的安全知识

1. 预防火灾和爆炸的安全知识

焊接时，由于电弧及气体火焰的温度很高，而且在焊接过程中有大量的金属火花飞溅物，如稍有疏忽大意，就会引起火灾甚至爆炸。因此在焊接操作时，为了防止火灾及爆炸事故的发生，必须采取下列安全措施。

（1）焊接前要认真检查工作场地周围是否存在易燃、易爆物品（如棉纱、油漆、汽油、煤油、木屑、乙炔发生器等），如有易燃、易爆物，应将这些物品搬离焊接区域

5 m 以外。

（2）在高空作业时，更应注意防止金属火花飞溅而引起的火灾。

（3）严禁在有压力的容器和管道上进行焊接。

（4）在进行补焊修复时，如容器存储过易燃物（如汽油箱等），焊前必须将容器内的介质放净，并用碱水清洗内壁，再用压缩空气吹干，应将所有孔盖完全打开，确认安全可靠后方可焊接。

（5）在进入容器内工作时，焊、割炬应随焊工同时进出，严禁将焊、割炬放在容器内而焊工擅自离去，以防混合气体燃烧和爆炸。

（6）要妥善管理焊条头及焊后的焊件，不得随便乱扔，尤其不能扔在易燃、易爆物品的附近，以免发生火灾事故。

（7）每天结束工作前应检查工作场地附近是否有引起火灾的隐患，确认安全后方可离去。

2. 预防有害气体和烟尘中毒的安全知识

焊接时，焊工周围的空气常被一些有害气体及粉尘所污染，如氧化锰、氧化锌、氟化氢、一氧化碳和金属蒸气等。长期呼吸这些烟尘和气体不利于身体健康，因此应采取下列措施。

（1）焊接场地应有良好的通风，焊接区的通风是排出烟尘和有毒气体的有效措施，常用的通风方式有以下几种：

① 全面机械通风。

在焊接车间内安装数台轴流式风机向外排风，使车间内经常更换新鲜空气。

② 局部机械通风。

在焊接工位安装小型排风机械，进行送风或排气。

③ 充分利用自然通风。

正确调节车间的储富和天窗，加强自然通风。

（2）在容器内或双层底舱等狭小的地方焊接时应注意通风排气。通风应用压缩空气，严禁使用氧气。

（3）合理安排劳动布局，避免多名焊工拥挤在一起操作。

（4）尽量扩大埋弧自动焊的使用范围，以代替手弧焊。

3. 预防弧光辐射的安全知识

电弧辐射主要产生可见光、红外线、紫外线 3 种射线。过强的可见光耀眼眩目；眼睛受到强红外线的辐射，时间过长会引起白内障；紫外线对眼睛和皮肤有较大的刺激性，它能引起电光性眼炎，电光性眼炎的症状是眼睛疼痛，有沙粒感、多泪、畏光、怕风吹等，但电光性眼炎一般不会有任何后遗症。皮肤受到紫外线照射时，先是痒、发红、触痛，以后变黑、脱皮。如果工作时注意防护，以上症状是不会发生的。因此焊工预防弧光辐射应采取下列措施：

（1）焊工必须使用有电焊防护玻璃的面罩。

（2）面罩应该轻便、成形合适、耐热、不导电、不导热、不漏光。

（3）焊接操作时，应穿白色帆布工作服，防止弧光灼伤皮肤。

（4）焊接时，焊工应该注意周围人员，以免强烈弧光伤害他人眼睛。

（5）在厂房内和人多的区域进行焊接时，尽可能地使用屏风板，避免周围人受弧光伤害。

（6）装配定位焊时，要特别注意弧光的伤害。因此要求焊工或装配工应戴防光眼镜。

事故案例四：错用氧气替代压缩空气，引起爆炸

1. 事故经过

某五金商店一焊工在店堂内维修压缩机和冷凝器，进行最后的气压试验时，因无压缩空气，焊工就用氧气来代替。当试压至 0.98 MPa 时压缩机出现漏气，该焊工立即进行补焊。引弧一瞬间爆炸，店堂炸毁，焊工当场炸死并造成多人受伤。

2. 主要原因分析

（1）店堂内不可作为焊接场所。

（2）焊补前，未对密封容器泄压，在有压力的情况下补焊。

（3）使用氧气替代压缩空气进行试验。

3. 主要预防措施

（1）店堂内不可作为焊接场所，如急需焊接则应采取切实可行的防护措施，即在动火点 10 m 内无任何易燃物品，备有相应的灭火器材等。

（2）补焊时应卸压，并将所有孔盖完全打开，确认安全后方可焊接。

（3）严禁用氧气替代压缩空气作试压气。

四、焊接、气割现场安全作业

焊工除了进行正常的产品焊接工作外，往往经常要进行现场检修、抢修工作，由于检修、抢修的焊接工作不同于产品的焊接工作，它具有一定的特殊性、复杂性，如果忽视现场安全作业，则造成事故的破坏性和危害性更大，因此在现场进行检修和抢修工作时，焊工必须遵循下列安全作业：

1. 焊割作业前的准备工作

（1）弄清情况、保持联系。

焊工在检修前必须弄清楚设备的结构及设备内储存物品的性能，明确检修要求和安全注意事项。对于需要焊接切割的部位，除了在有关通知（动火证）上详细说明外，还应向有关人员在现场交代清楚，防止弄错。特别是在复杂的管道结构中或在边生产边检修的情况下，更应注意。在参加大检修之前，还要细心听取现场指挥人员的情况介绍。检修开始后随时保持联系，了解现场变化情况和其他工种相互协作等事项。

（2）观察环境、加强防范。

明确任务后，要进一步观察环境，分析可能出现的不安全因素加强防范。

（3）申请动火证。

如果需焊接切割的设备处于禁火区内，必须按禁火区的焊接或气割管理规定申请动火证。操作人员严格按照动火证上规定的部位和时间动火，不准许超越规定的范围和时间，发现问题应停止操作，研究处理。

2. 焊接切割作业前的检查和安全措施

（1）检查污染物。

凡被化学物质或油脂污染的设备都应清洗后再焊接或切割。一般在焊接切割前采用一嗅、二看、三测爆的检查方法。

一嗅是指嗅气味。危险物品大部分有气味，这要从实际工作经验中加以总结。在嗅到有气味的物品时，应重新清洗。

二看是指查看清洁程度如何，特别是塑料，如四氟乙烯等这类物质必须清除干净，因为塑料不但易燃，而且会在高温下裂解产生剧毒气体。

三测爆是指在容器内部抽取试样，用测爆仪测定爆炸极限。大型容器的取样应从上、中、下容易积聚的部位进行，确认没有危险后方可进行焊接切割作业。

"一嗅、二看、三测爆"是施工生产中最常见的检查方法，虽不完善，但相对于盲目操作，安全性较有保证。

（2）严防三种类型的爆炸。

① 严禁对带压设备进行焊接或切割操作。在检修工作前必须对带压设备进行解除压力（卸压）操作，焊割作业前必须将所有孔盖打开。未卸压的设备严禁操作，常压而密闭的设备也不得进行焊接与切割操作。

② 如设备零件内部存在爆炸物，检查时不容易被发现，虽然数量不多，但遇到焊割火焰而发生的爆炸威力却不小，因此无法彻底清洗的设备，不得随意操作。

③ 混合气体或粉尘的爆炸，当操作时遇到了易燃气体（如乙炔、煤气等）和空气的混合物，或遇到可燃粉尘（如铝尘、锌尘）和空气的混合物，在一定的混合比例内也会发生爆炸。

上述 3 种类型爆炸的发生均在瞬息间，且有很大的破坏力。

（3）常见的检修安全措施。

① 拆迁：存在易燃、易爆物质的场所，尽量将需要焊接和切割作业的部件拆下来安放到安全地带进行检修。

② 隔离：就是把需要检修的设备和其他易燃、易爆的物质及设备隔离开。

③ 置换：就是把化学性质不活泼气体（如氮气、二氧化碳）或水，注入有可燃气体设备和管道中，把里面的可燃气体置换出来，以达到驱除管道中可燃气体的目的。

④ 清洗：就是用热水、蒸汽或酸液、碱液及溶剂清洗设备中的污染物。

⑤ 移去危险物品：将可能引起火灾的物质移至安全处。

⑥ 敞开设备、卸压通风：开启全部人孔、阀门。

⑦ 加强通风：在有易燃、易爆气体或有毒气体的室内焊接，应加强室内通风，并戴好防毒面具。在焊割时可能产生有毒有害气体和烟尘，要采取局部抽风。

⑧ 准备灭火器材：按要求准备灭火器，并应了解灭火器的使用方法及适用范围。

3. 焊割时的安全作业

（1）登高作业应该做到如下注意事项。

① 患有高血压、心脏病等疾病与酒后人员，不得登高作业。

② 必须使用标准的安全带，使用前应仔细检查是否完好，并正确穿戴。安全带的使用原则为“高挂低用”。

③ 在高空作业时，登高工具（如脚手架等）要安全牢固可靠。焊接电缆线等应扎紧在固定地方，不应缠绕在身上或搭在背上工作。不应采取可燃物（如麻绳等）作为捆绑脚手板、焊接电缆线和气割用导气管的材料。

④ 乙炔发生器、氧气瓶、焊机等焊接设备器具应尽量留在地面上。

⑤ 注意火花飞溅。

（2）在设备内部进行焊接切割操作的安全措施。

① 进入设备内部前，先要弄清设备内部的情况。

② 设备和外界连接的部位都要进行隔离和切断，如电源和附带在设备上的水管、物料管、蒸汽管、压力管等均要断开连接并挂牌提示。如设备存在污染物，按要求进行清洗后才能进行焊割作业。

③ 进入设备内部焊割要实行监护制，派专人进行监护。监护人不能随便离开现场，并与设备内部的人员保持联系。

④ 设备内部要通风良好，不仅能驱除内部的有害气体，而且能向内部送入新鲜空气。严禁使用氧气作为通风气源，防止燃烧或爆炸。

⑤ 氧乙炔焊割炬要随人进出，不得留在容器内。

⑥ 在设备内部作业时，要做好绝缘防护工作，防止触电等事故。

⑦ 做好个体防护，减少烟尘等对人体的侵害，目前多采用静电防尘口罩。

（3）焊接燃料容器的安全措施。

燃料容器内即使有极少量的残留液体，在焊割过程中也会产生蒸气，会与空气混合后引起强烈爆炸。因此在操作前必须进行彻底清洗。常见的清洗方法有以下几种：

① 一般燃料容器，可用适当的水加苛性钠或磷酸钠水溶液仔细清洗。清洗时间可视容器的大小而定，一般为 15 ~ 30 min，再用水蒸汽吹刷一遍后方可进行焊割作业。

② 当容器内装有不溶于碱液的矿物油时，可采用适当的水加水玻璃或肥皂液进行清洗。

③ 汽油容器的清洗可采用水蒸汽吹刷，吹刷时间视容器大小而定，一般为 2 ~ 24 h。当难以清洗时，可把容器装满水，以减少可能产生爆炸混合气体的空间。在焊接时必须将容器上部的口敞开，防止容器内部压力增高。

事故案例五：高空焊接作业坠落

1. 事故经过

某焊工未佩戴安全带，在钢结构框架上进行焊接作业。作业过程中由于四周无捆绑物，所以焊工将焊接电缆缠绕在腰间固定。工作一段时间后，由于焊接电缆被车辆拖拽，连同焊工一起向下滑落，致使焊工从15 m高的钢结构框架上坠落下来，当场死亡。

2. 主要原因分析

（1）登高作业时无专人监护。

（2）焊工登高作业时未正确佩戴安全带。

（3）焊工未将焊接电缆固定在可靠位置而是固定在了身上。

（4）焊接电缆线被拖拽导致滑落。

3. 主要预防措施

（1）登高作业时应设专人监护，工作前应提醒工作人员正确佩戴劳动保护，监督工作区域内车辆动态。

（2）高空作业时应将电缆线固定在可靠位置以防止滑落。

4. 焊割作业后的安全检查

（1）仔细检查是否存在漏焊、假焊现象，一经发现立即补焊。

（2）对加热的结构部分，必须待完全冷却后才能进料或进气。因为易燃物质接触到焊后炽热处会引起燃烧或爆炸。

（3）清理作业区域及邻近区域内的火种，尤其注意检查经过加热、烘烤，发生烟雾或蒸气的低洼处，确保安全。

（4）焊割作业完成后彻底清理工作场地。

五、想一想

（1）为什么说焊接气割安全技术特别重要？

（2）现场检修应采取哪些安全措施？

（3）高空作业时应注意哪些安全事项？

（4）进入设备内部焊接或切割时的安全措施有哪些？

（5）如何做好焊割作业前的准备工作和作业后的安全检查？

第二章 焊条电弧焊焊接技术

第一单元 焊条电弧焊的相关基础知识

焊条电弧焊是用手工操纵焊条，利用焊条和焊件之间产生的电弧来加热并熔化焊条与局部焊件以形成焊缝的电弧焊方法。这是目前应用最广泛的焊接方法。

一、焊条电弧焊的原理

焊接时，将焊条端部与焊件表面接触形成短路后立即提起焊条，引燃电弧。电弧的高温将焊条与焊件局部熔化，熔化的焊芯以熔滴的形式过渡到焊件表面，融合在一起形成熔池。

焊条药皮在熔化过程中产生一定量的气体和液态熔渣，产生的气体充满在电弧和熔池周围，起隔绝大气保护液体金属的作用；产生的液态熔渣密度小，在熔池中不断上浮覆盖在液体金属上面，也起到保护液体金属的作用。同时，药皮熔化产生的气体、熔渣与熔化的焊芯、焊件发生一系列冶金反应，保证了所形成焊缝的性能。随着电弧沿焊接方向不断移动，熔池液态金属逐步冷却结晶，形成焊缝，如图 2-1 所示。

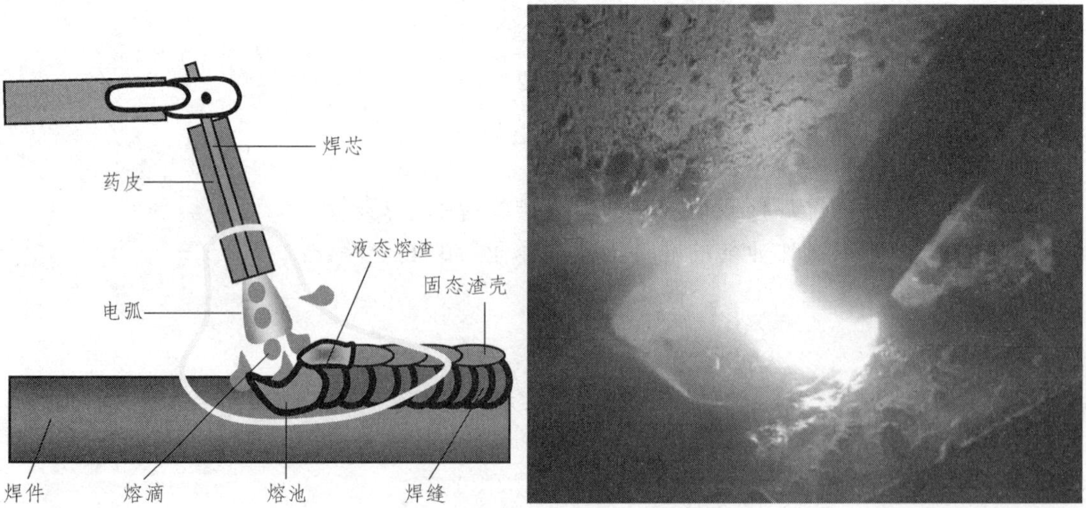

图 2-1　焊条电弧焊焊接过程示意图

焊接过程中各组成部分如下。

熔池：电弧引燃后，焊件因电弧热而熔化形成的池状液态金属部分称为熔池。

电弧：两电极间在气体介质中产生强烈而持久的放电现象。焊条与焊件之间的亮黄色部分为电弧。

铁水/熔滴：电弧周围亮红色部分为熔化的铁水。

液态熔渣：铁水上蠕动的暗红色部分为液态熔渣。

固态渣壳：当液态熔渣凝固后形成的渣壳。

焊缝：随着焊条的移动，熔池也不断地移动，铁水逐渐冷却凝固，最终形成焊缝。

二、焊条电弧焊的特点及应用

（一）焊条电弧焊的优点

1. 工艺灵活、适应性强

对于不同的焊接位置、接头形式、焊件厚度的焊缝，只要焊条能达到的任何位置，均能进行方便的焊接。

2. 应用范围广

焊系电弧焊的焊条能够与大多数焊件金属性能相匹配，因此接头的性能可以达到被焊金属的性能。焊条电弧焊不但能焊接碳钢、低合金钢、不锈钢及耐热钢，对于铸铁、高合金钢及有色金属等也可以用焊条电弧焊焊接。此外，焊条电弧焊还可以进行异种钢焊接和各种金属材料的堆焊等。

3. 易于分散焊接应力和控制焊接变形

由于焊接是局部的不均匀加热，所以焊件在焊接过程中都存在着焊接应力和变形。采用焊条电弧焊，可以通过改变焊接工艺，如采用跳焊、分段退焊、对称焊等方法，以减少变形和改善焊接应力的分布。

4. 设备简单、成本较低

焊条电弧焊使用的交流焊机和直流焊机，其结构都比较简单，维护保养也较方便；设备轻便，易于移动，且焊接中不需要辅助气体保护，并具有较强的抗风能力；投资少，成本相对较低。

（二）焊条电弧焊的缺点

1. 焊接生产率低、劳动强度大

受限于焊条的长度，一根焊条往往无法完成焊接操作，因此每焊完一根焊条后必须停止焊接，更换焊条。每焊完一条焊道后必须清渣，焊接过程不能连续地进行，所以生产率低，劳动强度大。

2. 焊缝质量依赖性强

由于采用手工操作，焊缝质量主要靠焊工的操作技术和经验来保证，焊缝质量很大程度上依赖于焊工的操作技术。

三、焊条电弧焊工艺参数

焊接参数是指焊接时为保证焊接质量而选定的各物理量的总称。

焊条电弧焊的焊接参数主要包括焊条直径、电源种类和极性、焊接电流、电弧电压、焊接速度、焊接层数等。焊接参数选择得正确与否，直接影响焊缝的形状尺寸、焊接质量和生产率。

（一）焊条直径

焊条直径可以根据焊件的厚度、焊缝所在的空间位置，焊接层次等进行选择。

1. 焊件厚度

焊条直径的选择，主要应考虑焊件的厚度。当焊件的厚度较大时，为了减少焊接层次，提高焊接生产效率，选用直径较大的焊条；当焊件厚度较薄时，为了防止焊缝烧穿，宜采用小直径焊条焊接。焊条直径与焊件厚度之间的关系如表 2-1 所示。

表 2-1　焊条直径与焊件厚度之间的关系　　单位：mm

焊条直径	1.5	2	2.5 ~ 3.2	3.2	3.2 ~ 4	3.2 ~ 5
焊件厚度	≤1.5	2	3	4 ~ 5	6 ~ 12	＞13

2. 焊接位置

为了在焊接过程中获得大小合理的熔池，减小熔化金属下淌，在焊件厚度相同的条件下，平焊位置焊接用的焊条直径，比其他焊接位置要大一些；立焊位置所用的焊条直径最大不超过 5 mm；横焊及仰焊时，所用的焊条直径不应超过 4 mm。

3. 焊接层次

多层多道焊缝进行焊接时，如果第一层焊道选用的焊条直径过大，焊接坡口角度、根部间隙过小，焊条不能深入坡口根部，导致产生未焊透缺陷。所以，多层焊道的第一层焊道应采用的焊条直径为 2.5 ~ 3.2 mm，以后各层焊道可根据焊件厚度选用较大直径焊条焊接。

（二）电源种类和极性

1. 电源种类

采用交流电源焊接时，电弧稳定性差。采用直流电源焊接时，电弧稳定，飞溅少，但电弧磁偏吹较交流电源严重。低氢钠型焊条稳弧性差，必须采用直流电源。用小电流焊接薄板时，也常用直流电源，因为引弧比较容易，电弧比较稳定。

2. 极　性

极性是指在直流电弧焊或电弧切割时焊件的极性。焊件与电源输出端正、负极的接法有正接和反接两种。所谓正接就是焊件接电源正极、电焊钳接电源负极的接线法，正接也称正极性；反接就是焊件接电源负极、电焊钳接电源正极的接线法，反接也称反极性，如图 2-2 所示。

3. 正接法与反接法的区别

使用正接法时，电弧热量大部分集中在焊件上，焊件温度高，熔深较深；焊条温度相对较低，熔化速度慢，飞溅严重。

使用反接法时，焊条温度高、熔化速度快、电弧较为稳定、飞溅相对较少、焊缝成形美观。

对于交流电源来说，由于极性是交变的，所以不存在正接和反接。

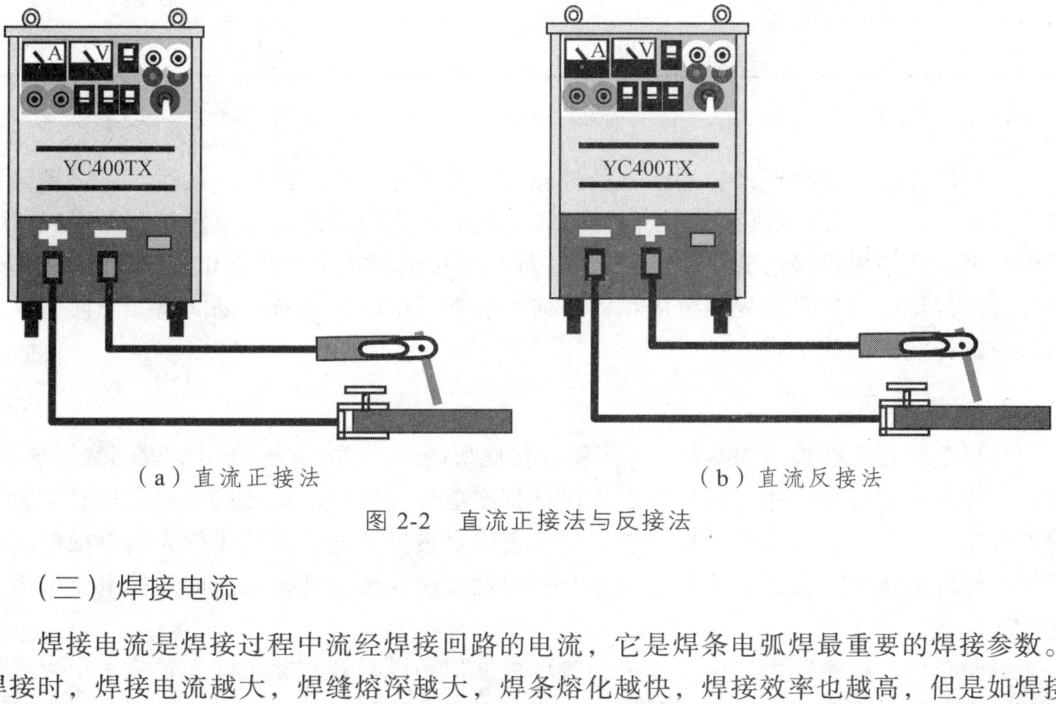

（a）直流正接法　　　　（b）直流反接法

图 2-2　直流正接法与反接法

（三）焊接电流

焊接电流是焊接过程中流经焊接回路的电流，它是焊条电弧焊最重要的焊接参数。焊接时，焊接电流越大，焊缝熔深越大，焊条熔化越快，焊接效率也越高，但是如焊接电流过大，焊接飞溅和焊接烟尘会加大，焊条药皮因过热而发红和脱落，焊缝容易出现咬边、烧穿、焊瘤、焊缝表面成形不良等缺陷。此外，因为焊接电流过大，焊接热输入也大，造成焊缝接头的热影响区晶粒粗大，焊接接头力学性能下降；如焊接电流过小，则焊接过程中会出现频繁的熄弧现象，并且电弧不稳定，焊缝熔池温度低，焊缝宽度变窄而余高增大，焊缝熔合不好，容易出现夹渣及未焊透等缺陷，焊接生产率低。

焊接打底层焊道时，焊接电流要比填充层焊道电流小，而定位焊时焊接电流应比正式焊接时高 10%～15%。

所以，焊接过程中，焊接电流是焊接主要调节参数。焊接电流的选择，要考虑的因素很多，主要有焊条直径、焊接位置、焊道层次等。此外，在使用焊接电缆时，不要盘成圈状，以防产生感抗影响焊接电流。

1. 焊条直径

焊条直径越大，焊条熔化所需要的热量越大，因此必须增大焊接电流。焊条直径与焊接电流的关系如表 2-2 所示。

表 2-2　焊条直径与焊接电流关系表

焊条直径/mm	焊接电流/A	焊条直径/mm	焊接电流/A
1.6	25～40	4.0	150～200
2.0	40～70	5.0	180～260
2.5	50～80	5.8	220～300
3.2	80～120	—	—

2. 焊接位置

在焊件板厚、结构形式、焊条直径都相同的条件下，平焊位置焊接时，可选择偏大些的焊接电流；在非平焊位置焊接时，焊接电流应比平焊时的焊接电流小，立焊、横焊的焊接电流比平焊焊接电流小 10%～15%；仰焊焊接电流比平焊焊接电流小 15%～20%。角焊缝的焊接电流比对接焊缝电流稍大；而不锈钢焊接时，为减小晶间腐蚀倾向，焊接电流应选择允许值的下限。

3. 焊道层次

在焊缝的打底层焊道焊接时，为了保证打底层既能焊透，又不会出现根部烧穿缺陷，所以，焊接电流应偏小些，这样有利于保证打底层焊缝质量。填充层焊道焊接时，为了提高焊接生产效率，保证填充层焊缝各层各道熔合良好，通常都使用较大的焊接电流。盖面层焊缝焊接时，为了防止焊缝咬边及使焊缝表面成形美观，使用的焊接电流可稍小些。

经验总结：在实际生产中，焊工一般可根据焊条说明和实际工况先预估一个大概的焊接电流，然后在钢板上进行试焊调整，直至确定合适的焊接电流。在试焊过程中，可根据下述几点来判断选择的电流是否合适。

（1）看飞溅。

电流过大时，电弧吹力大，可看到较大颗粒的铁水向熔池外飞溅，爆裂声大；电流过小时，电弧吹力小，熔渣和铁水不易分清。

（2）看焊缝成形。

电流过大时，熔深大，焊缝余高低，两侧易产生咬边；电流过小时，焊缝窄而高，熔深浅，且两侧与母材金属熔合不好；电流适中时，焊缝两侧与母材金属熔合得很好，呈圆滑过渡。

（3）看焊条熔化状况。

电流过大，当焊条熔化了大半根时，其余部分均已发红；电流过小时，电弧燃烧不稳定，焊条容易黏在焊件上。

（四）电弧电压

焊条电弧焊的电弧电压，是指焊接电弧两端（两电极）之间的电压。其大小取决于电弧的长度，电弧长，则电弧电压高；电弧短，则电弧电压低。焊接过程中，在保证焊缝焊接质量和力学性能的前提下，电弧长度应适中，如果电弧长度过长，将会出现以下问题：

（1）焊接电弧不稳定，易摆动，焊缝容易出现咬边缺陷。电弧长度增加时，电弧的热能分散，熔滴飞溅大。

（2）焊接熔池保护作用差，因为电弧长度增加时，与空气的接触面积加大，空气中的有害气体氧气、氮气容易侵入焊接熔池中，使焊缝产生气孔缺陷。由于焊条电弧焊是手工操作，所以焊接弧长在焊接过程中很难保持不变化，为此，根据焊条直径不同，焊接弧长允许变化 1 ~ 6 mm，而弧长变化的前提是焊工能保证电弧稳定燃烧，焊出的焊缝不仅具有优良的外观成形，而且焊缝内在质量也符合技术要求。焊接过程中的电弧电压大小，完全由焊工通过控制焊接电弧的长度来保证。

（五）焊接速度

单位时间内完成的焊缝长度称为焊接速度。

焊接速度应该均匀、适当，既要保证焊透又要保证不烧穿，同时还使焊缝宽度和高度符合图纸设计要求。如果焊接速度过慢，使高温停留时间增长，热影响区宽度增加，焊接接头的晶粒变粗，力学性能降低，同时使变形量增大。当焊接较薄焊件时，则易烧穿；如果焊接速度过快，熔池温度不够，易造成未焊透、未熔合、焊缝成形不良等缺陷。

焊接速度直接影响焊接生产率，所以，应该在保证焊缝质量的基础上，采用较大的焊条直径和焊接电流，同时根据具体情况适当加快焊接速度，以保证在获得满足要求的焊缝尺寸条件下，提高焊接生产率。

（六）焊接层数

中厚板焊接，为了保证焊透，需要在焊前开坡口，然后用焊条电弧焊进行多层焊或多层多道焊。中厚板焊接采用多层焊或多层多道焊，有利于提高焊接接头的塑性和韧性。

在进行多层多道焊接时，前一层焊道对后一层焊道起预热作用，而后一层焊道对前一层焊道起热处理作用，能细化焊缝晶粒，提高焊缝金属的塑性和韧性。每层的焊道厚度不应大于 4 ~ 5 mm，如果每层的焊缝太厚，会使焊缝金属组织晶粒变粗，力学性能降低。

四、焊条电弧焊设备及辅助工具

（一）焊条电弧焊主要设备

如图 2-3 所示为焊条电弧焊设备连接。

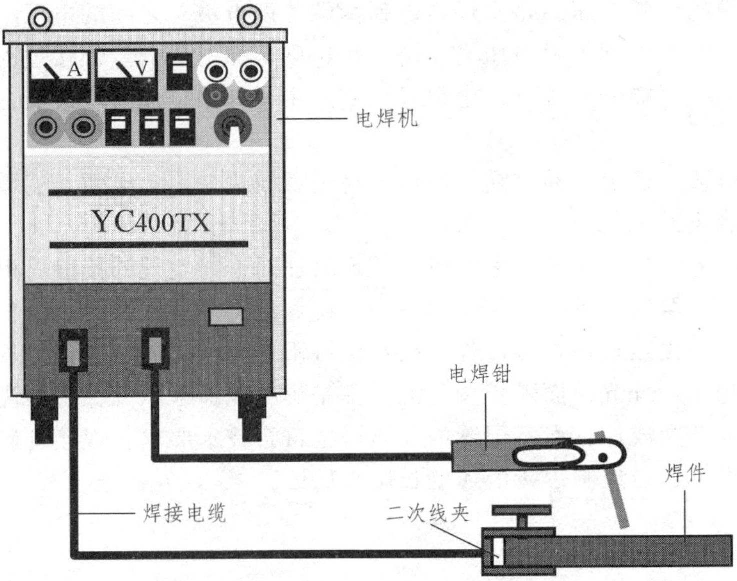

图 2-3　焊条电弧焊设备连接示意图

1. 电焊机

焊机的主要作用是供给维持电弧所需的电能，并由电源经电焊机内部的元器件而形成低电压、大电流的二次电能，以确保操作人员的安全。按照供应电流的性质，电焊机可分为交流弧焊机和直流弧焊机两大类。交流弧焊机是一种供电弧燃烧使用的降压变压器，也称弧焊变压器。直流弧焊机根据所产生的直流电的原理不同又分为弧焊整流器和弧焊发电机，由于弧焊发电机耗电量高、噪声大，所以基本被弧焊整流器代替。

以松下 YC-400TX 焊机为例，讲解焊机功能。该焊机为手工钨极氩弧焊和焊条电弧焊两用机，本节重点讲解该类焊机的焊条电弧焊功能部分，其他品牌、型号的焊机功能与之类似。

（1）焊接电源的信息识别。

① 液晶屏：显示焊接电流、电压。显示选择键：可切换显示电压、电流。

② 电压指示灯：焊机输入电压异常时，该灯亮起。

③ 温度指示灯：焊机过热温度过高时，该灯亮起。

④ 电源指示灯：正常开机后，该灯亮起。

（2）焊接电源的控制。

① 手工焊/TIG 焊键：切换焊接模式，可以在焊条电弧焊和手工钨极氩弧焊之间切换。

② 推力电流：在正常焊接电流的基准上附加的电流称为推力电流。用于焊条电弧焊模式下控制短路电流与焊接电流的比值。调大时，引弧容易、电弧穿透力强、飞溅多；调小时，电弧柔和、飞溅小，但容易粘条（焊条粘到工件上）。

③ 起始电流：引弧瞬间产生的电流，电弧引燃后立即转入焊接电流。

④ 焊接电流：正常焊接负载时的电流。

⑤ 上升时间：起始电流到焊接电流的时间。

⑥ 点焊/连续焊。

a. 点焊：有规律的断续焊接。

b. 连续：连续焊接不断弧。

⑦ 正负极接口：可以通过旋转快速插头连接焊接电缆。

2. 电焊钳

用于夹持电焊条并把焊接电流传输至焊条进行电弧焊的工具。其外壳由绝缘耐高温的材料制成，夹头由紫铜制成，具有良好的导电性，如图 2-4 所示。

焊钳使用注意事项：

（1）使用前检查外壳及电缆固定螺母是否锁紧。

（2）焊钳的夹头及握把外壳不能缺少或破损，以免触电。

（3）不得使用焊钳敲打物体，以免外壳破裂。

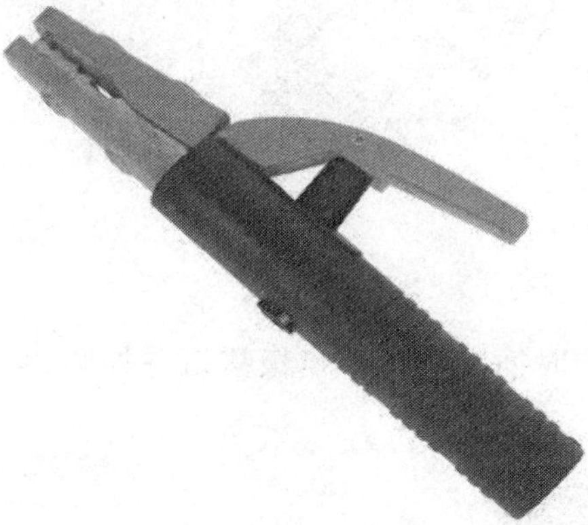

图 2-4　电焊钳

图 2-5　焊接电缆

3. 焊接电缆

焊接电缆的作用是传导焊接电流，应根据焊接电流的大小及电缆的长度选用相应截面积的电缆。若焊接电缆选择不当，则容易造成严重发热，甚至发生火灾。如图 2-5 所示。

焊接电缆的截面积与焊接电流、电缆长度的关系如表 2-3 所示。

表 2-3　焊接电缆的截面积与焊接电流、电缆长度的关系

焊接电流/A	电缆长度/m								
	20	30	40	50	60	70	80	90	100
	电缆的横截面积/mm^2								
100	25	25	25	25	25	25	25	28	35
150	35	35	35	35	50	50	60	70	70
200	35	35	50	50	60	70	70	70	70
300	35	50	70	70	85	85	85	95	95
400	35	50	70	70	85	85	85	95	95
500	50	60	70	85	95	95	95	120	120
600	60	70	85	85	95	95	120	120	120

4. 二次线夹

二次线夹用于连接焊接电缆线与焊件。二次线夹应夹在不易受火花飞溅并且无铁锈、油漆，且导电良好的地方。现场施工中应直接夹持在所焊接的焊件上，不可夹持在其他部位，通过串联导电进行焊接,避免产生火花引起火灾，如图 2-6 所示。

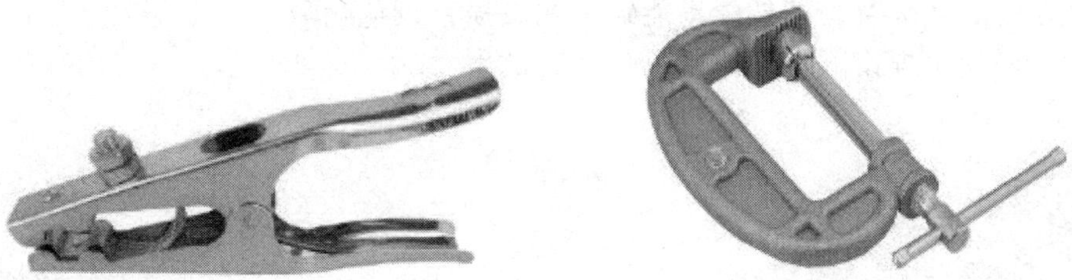

图 2-6　二次线夹

5. 快速插头

快速插头的作用是连接焊接电缆与焊机，使用时插入焊机正负极接口并拧紧，如图 2-7 所示。

图 2-7　快速插头

（二）焊接材料

焊条由焊芯和药皮两部分组成。焊条端部有一段没有药皮的夹持端，被焊钳夹住之后可以导电。焊条末端的药皮磨出倒角，便于焊接时引弧。焊条使用前需按要求进行烘干，以保证焊接质量。如图 2-8 所示。

图 2-8　焊条

（三）焊接辅助工具

焊工常用的辅助工具有角磨机、焊条筒、电焊面罩、敲渣锤、钢丝刷、活动扳手、焊缝检验尺等。

1. 电动磨具（见图 2-9）

角磨机，又称砂轮，是用于金属切削和打磨的一种磨具。

直磨机，又称棒砂轮，是用于金属、管材内外表面磨削和抛光的加工用具。

（a）角磨机

（b）直磨机

图 2-9　电动磨具

如图 2-10 所示为砂轮片、磨头的安装。

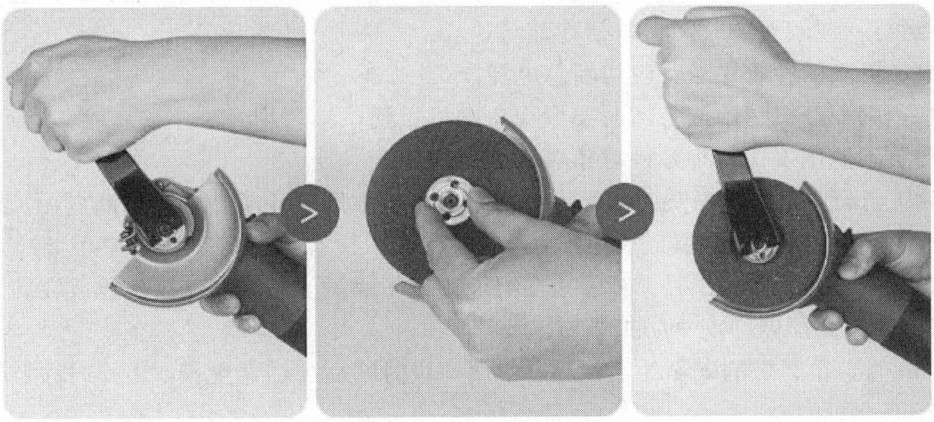

① 按下主轴锁定按钮，将上压片用扳手拧开　② 安装砂轮片，上压片　③ 将上压片用扳手拧紧

（a）砂轮片安装

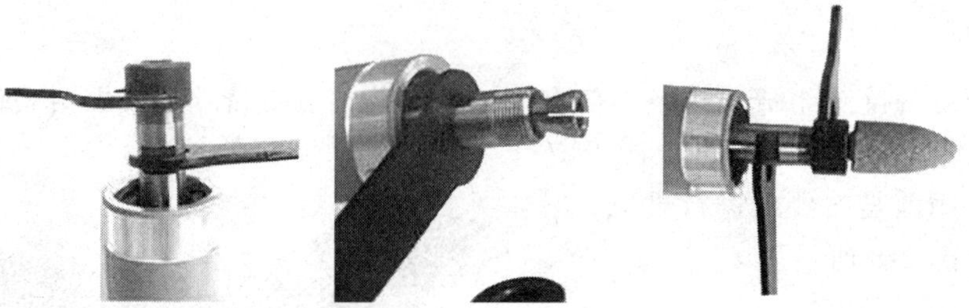

①用扳手拧松固定螺母　②安装弹簧夹头　③安装磨头拧紧螺母　④安装完成

（b）磨头安装

图 2-10　砂轮片、磨头安装

直、角磨机操作规程：

（1）使用前一定要检查角磨机是否有防护罩，防护罩是否稳固，以及角磨机的磨片、直磨机的磨头是否安装稳固。

（2）使用前检查直、角磨机的外壳、手柄，不得存在裂纹、破损；电缆线及插头等是否完好无损。

（3）严禁使用残缺的砂轮片、磨头。切割、打磨时应防止火星溅到他人。

（4）要戴保护面罩，穿好合适的工作服，不可穿过于宽松的工作服，更不要戴首饰或留长发，严禁不戴手套及袖口不扣而操作。

（5）直、角磨机刚打开时会有较大摆动，要用力握稳。

（6）打开开关之后，要等待砂轮转动稳定后才能工作。

（7）磨削作业时，应使砂轮片与工作面保持 15° ~ 30°的倾斜位置。切削作业时，砂轮不得倾斜，并不得横向摆动。

（8）切割方向不能面对着人。

（9）不得正对砂轮，而应站在侧面，以防砂轮片破碎飞出伤人。

（10）连续工作 0.5 h 后要停 15 min，待其散热后再用。长期使用后，机器应在空载速度下运行一段较短的时间，以便冷却马达。

（11）更换新砂轮片时，应切断总电源。

（12）用角磨机切割或打磨时要握稳角磨机手柄，均匀用力。

（13）不能用手握住小零件对角磨机进行加工。

（14）当直、角磨机振动过大、声音异常时，应立即停止工作，并切断电源，待砂轮片完全停止后，再进行维修或更换配件。

（15）在潮湿地方工作时，必须站在绝缘垫或干燥的木板上。登高作业或在防爆等危险区域内使用必须做好安全防护措施。

（16）直、角磨机的碳刷为消耗品，使用一段时间后要注意更换。更换时注意让其接触良好。

（17）停电、休息或离开工作场地前，应立即切断电源。

（18）工作完成后自觉清洁工作环境。

2. 焊条保温筒

焊条保温筒是指焊工在施焊过程中，对焊条保存并进行加热保温的工具。保温筒加热器是以电焊机的二次电流为电源，通过调节焊条筒上的温控旋钮可调节温度。这种焊条保温筒使用方便，便于携带。对于低氢焊条更需配备保温筒进行焊接作业，如图 2-11 所示。

图 2-11　焊条保温筒

3. 电焊面罩

电焊面罩如图 2-12 所示，其作用如下。

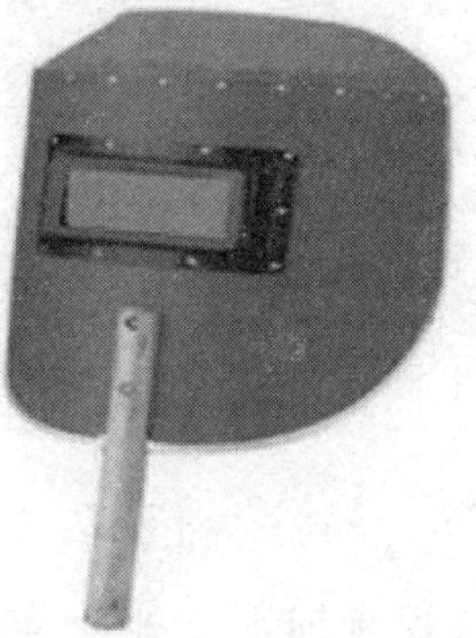

（a）手持式

（b）头盔式

图 2-12　电焊面罩

（1）眼睛保护：双重滤光，避免电弧产生的紫外线和红外线有害辐射，以及焊接强光对眼睛造成的伤害，杜绝电光性眼炎的发生。

（2）面部防护：有效防止作业出现的飞溅物和有害体等对脸部造成伤害，降低皮肤灼伤症的发生。

使用电焊面罩时应注意：

（1）按工作场所的需要选择适当的电焊面罩，施工简单方便时可采用手持式，需要双手操作时应选用头盔式。

（2）电焊面罩滤光玻璃前、后都应安装白玻璃，以防止飞溅物沾污滤光玻璃，如有污染应及时更换。

4. 敲渣锤

敲渣锤用来清除焊缝表面的熔渣及飞溅物，一端为扁平形，另一端为尖形，如图 2-13 所示。

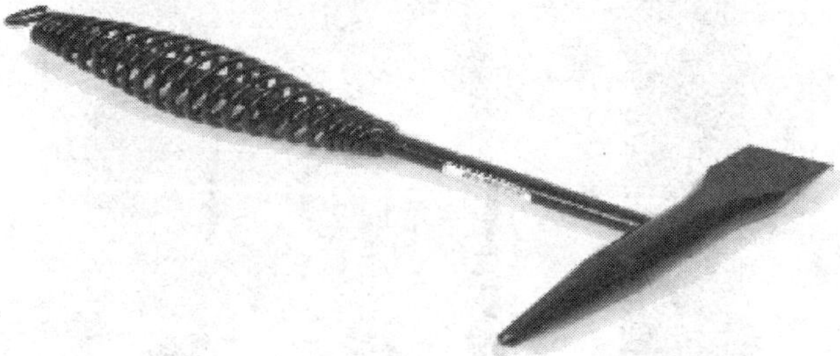

图 2-13　敲渣锤

5. 钢丝刷

钢丝刷用于焊前刷除焊件表面的污物与铁锈，以及焊后焊渣、飞溅物的清除，如图 2-14 所示。

图 2-14　钢丝刷

6. 活动扳手

活动扳手主要用来紧固螺栓、固定焊件和调整焊接辅助支架的高度，如图 2-15 所示。

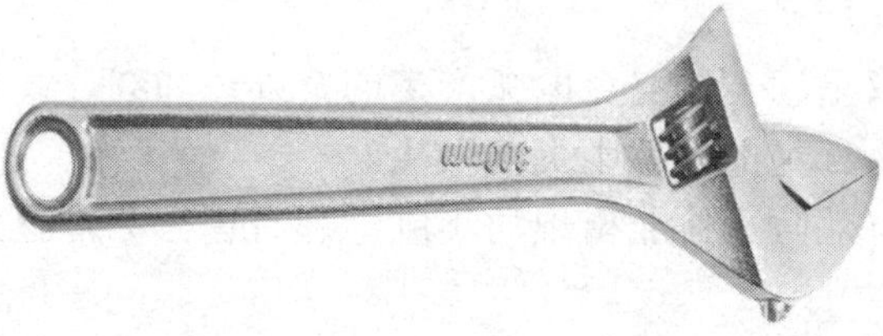

图 2-15　活动扳手

7. 焊缝检验尺

焊缝检验尺主要由主尺、滑尺、斜形尺 3 个零件组成，是焊工用来测量焊接件坡口角度，焊缝宽度、高度，焊接间隙的一种专用量具，如图 2-16 所示。

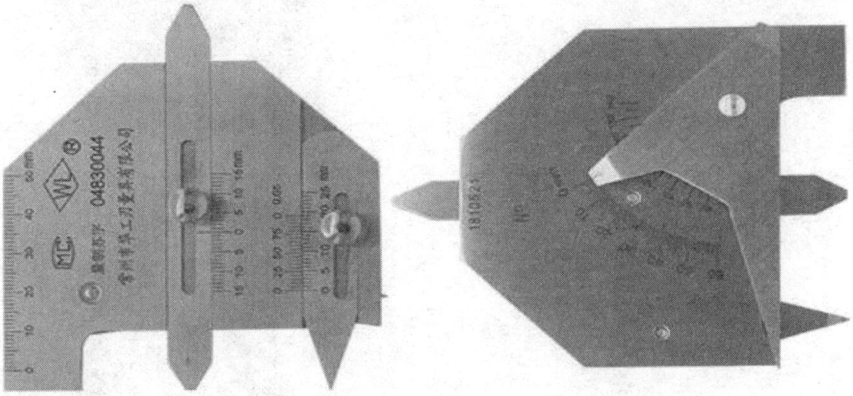

图 2-16　焊缝检验尺

五、焊工劳动保护用品

焊工常用的劳动保护用品有防尘布帽/安全帽、工作服、电焊手套、安全鞋、护目镜、安全带等。在工作前必须正确地穿戴劳动保护用品。

1. 防护帽

在培训车间可佩戴防尘布帽防止焊接时飞溅烫伤头部。进入施工现场，必须佩戴安全帽或带有安全帽的焊接面罩，如图 2-17 所示。

（a）防尘布帽

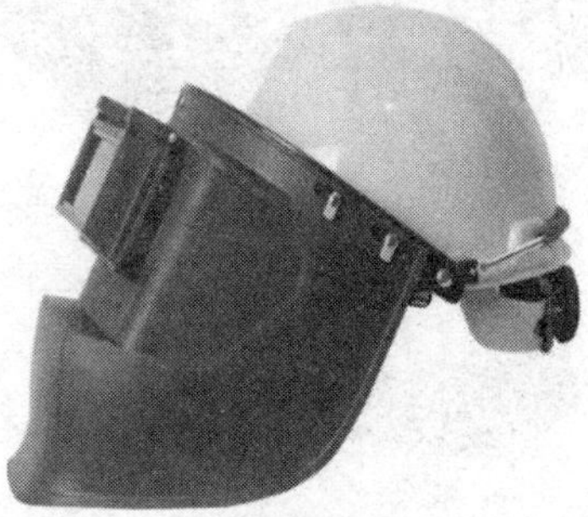

（b）安全帽式焊接面罩

图 2-17　防护帽

2. 工作服

焊接时，为了减少焊接热量的吸收和防弧光灼伤皮肤，应选用白色帆布工作服或纯皮制品工作服，如图 2-18 所示。

（a）白帆布工作服

（b）皮制工作服

图 2-18　工作服

3. 电焊手套

电焊手套是用来保护手部不受弧光、飞溅及高温金属伤害的防护用具，如图 2-19 所示。

（a）长款皮手套

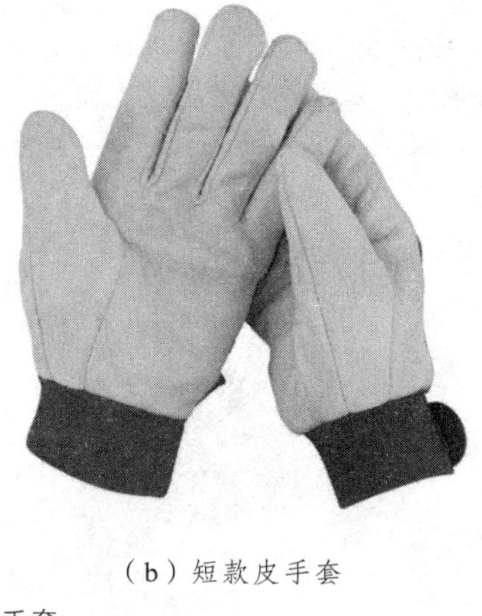

（b）短款皮手套

图 2-19　电焊手套

4. 安全鞋

安全鞋的主要功能是防烧烫、防刺穿，它应能承受一定静压力和耐一定温度、一定电压，不易燃，如图 2-20 所示。

5. 护目镜

护目镜作用主要是防护眼睛免受紫外线、红外线和微波等电磁波的辐射，防止粉尘、烟尘、金属碎屑和砂石进入眼部，以及化学溶液溅射的损伤，如图 2-21 所示。

图 2-20　安全鞋

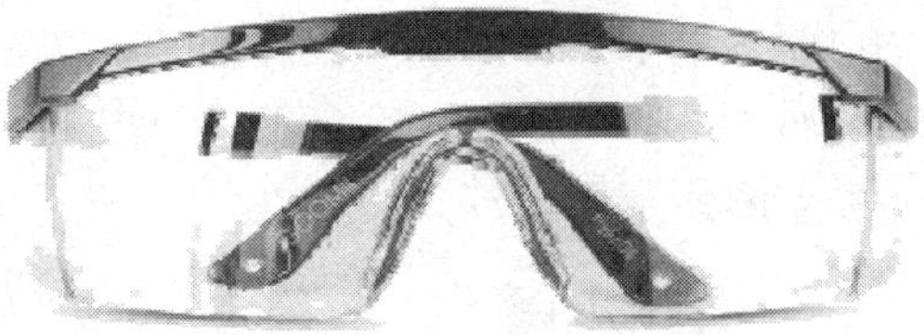

图 2-21　护目镜

第二单元　平敷焊

一、学习目标

系列视频平敷焊

（1）能够正确使用、调节焊接设备；

（2）掌握焊接工艺参数的选择；

（3）掌握焊条电弧焊引弧、运条、接头、收尾的基本操作方法；

（4）掌握平敷焊的基本操作姿势、方法，熟悉焊接过程，认识熔池形状，能够分清液态金属和液态熔渣；

（5）能够掌握平敷焊的操作技术，并控制焊缝的高度和宽度，保证焊缝成形良好。

二、相关知识

平敷焊是在平焊位置焊件表面上堆敷焊道的一种操作方法。通过平敷焊的练习，熟练掌握焊条电弧焊操作的各种基本动作和焊接参数的选择，为以后各种操作技能的学习打好基础。

三、操作准备

焊机：松下 YC-400TX。

焊条：E5015 $\Phi 3.2$。

焊件：Q235B 200 mm × 200 mm × 12 mm 钢板一块。

辅助工具：角磨机、钢丝刷、焊条筒、扁铲、锤子、焊缝检查尺、直尺、个人劳保用品等。

四、平敷焊操作步骤

清理焊件→固定焊件→选择焊接工艺参数→焊接→清渣→检验。

五、焊件的准备（见视频 2-2-1）

将焊件待焊部位打磨干净，直至露出金属光泽，然后固定在平焊位置。

六、操作姿势（见图 2-22）

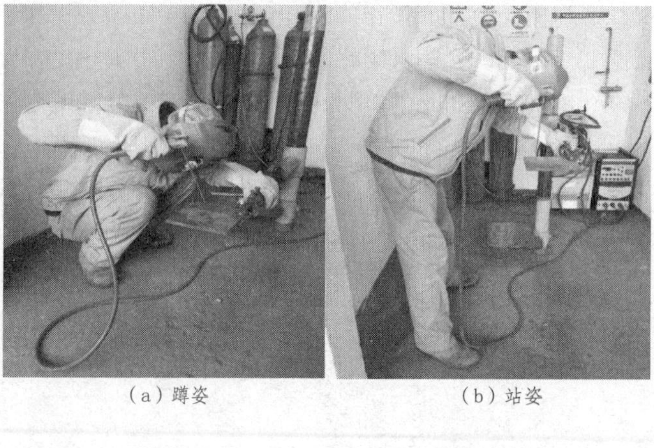

（a）蹲姿　　（b）站姿

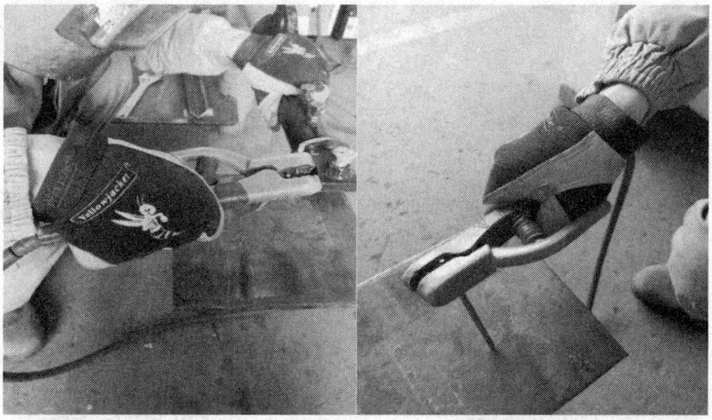

（c）握把方式

图 2-22　平敷焊操作姿势

七、焊接操作

焊接过程分为引弧、运条、焊缝的连接与焊缝的收尾四步。

（一）引　弧

引弧是指焊条电弧焊开始焊接时，引燃焊接电弧的过程。根据操作手法，引弧分为直击引弧法和划擦引弧法。

1. 直击引弧法（见视频 2-2-2）

将焊条端部对准焊件，然后将焊条自上而下地轻触焊件，当焊条端部与焊件表面接触，即形成短路时，迅速将焊条提起 2 ~ 4 mm 的距离立即引燃电弧，如图 2-23（a）所示。

直击引弧法的优点是，不会使焊件表面造成电弧划伤缺陷，又不受焊件表面大小及焊件形状的限制；缺点是引弧成功率较低，焊条与焊件容易粘连在一起，操作不容易掌握。

2. 划擦引弧法（见视频 2-2-3）

这种方法类似于划火柴，将焊条端部对准焊件，然后在焊件上轻微划擦一下，焊条与焊件接触后立即提起焊条，与焊件表面保持 2 ~ 4 mm 的距离，电弧就能引燃并稳定地燃烧，如图 2-23（b）所示。

这种引弧方法的优点是，电弧容易引燃，操作简单，引弧效率高；缺点是容易损害焊件表面，造成电弧划伤。

以上两种引弧方法对初学者来说，划擦法容易引燃电弧，但如果操作不当，容易使焊件表面被电弧划伤。如果是在狭窄的焊接工作场地或焊件表面不允许被电弧划伤时，就应该采用直击法引弧。

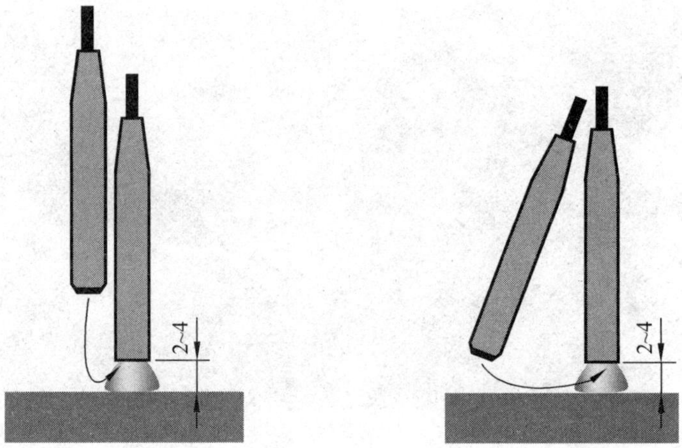

（a）直击引弧法　　　　（b）划擦引弧法

图 2-23　引弧法（单位：mm）

直击引弧法在引弧时容易发生焊条药皮大块脱落、引燃的电弧又熄灭或焊条粘在焊件表面的现象。这是初学者引弧时动作不熟练、没有掌握好焊条离开焊件的时间和距离所致。如果焊条在直击焊件后离开焊件的速度太快或焊条提起太高，就不能引燃电弧或电弧只燃烧一瞬间就熄灭；如果引弧动作太慢，焊条被提起的距离太低，就可能使焊条和焊件粘在一起，造成焊接回路短路。短路时间过长，不仅不能引燃电弧，还会因短路电流过大、时间过长而烧毁焊机。

在引弧过程中焊条和焊件粘在一起时，只要将焊条摇动几下，就可脱离焊件。如果这时还不能脱离焊件，就应立即将焊钳夹口松开，使焊接回路断开，待焊条冷却后再扳下来。所以引弧时，手腕动作必须灵活和准确，而且要选择好引弧的位置。

在使用酸性焊条引弧时采用直击法或划擦法均可。使用碱性焊条时一般采用划擦法引弧，这是由于直击法引弧时焊条端部裸露的焊芯熔化时易产生气孔的缘故。

焊接时引弧点应选在距离焊缝起焊点前 10 ~ 20 mm 的位置处，待电弧引燃后，再回拉至焊缝起焊点进行施焊。这样可以避免焊缝起焊点处产生气孔，并再次熔化引弧点将已产生的气孔消除。

（二）运　条

运条是在焊接过程中焊条相对焊缝所做的各种动作的总称。

1. 运条的基本动作

为了保证焊接电弧稳定燃烧和焊缝的表面成形，电弧引燃后焊条要做 3 个方向的运动：沿焊条轴线向熔池送进、沿焊接方向移动和横向摆动，如图 2-24 所示。

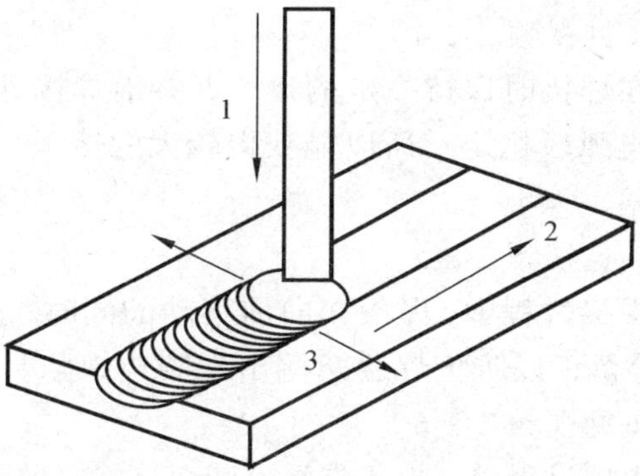

1—沿焊条轴线向熔池送进；2—沿焊接方向移动；3—横向摆动。

图 2-24　焊条运条方向

（1）焊条沿轴线向熔池送进。

沿焊条轴线向熔池送进，既为了向熔池添加填充金属，也是为了焊条熔化后保持一定的电弧长度，所以焊条的送进速度应与熔化速度相适应。

如焊条送进速度小于焊条熔化速度，则电弧的长度将逐渐增加，最终导致断弧；如焊条送进速度大于焊条熔化速度，则电弧长度会逐渐缩短，使焊条端部与焊件接触发生短路，同样会使电弧熄灭。

（2）焊条沿焊接方向移动。

沿焊接方向移动的目的是使焊条熔敷金属与熔化的母材金属形成焊缝。如果焊条移动速度太慢，焊缝温度高，会造成熔化的金属堆积过多，加大了焊缝的断面，造成了焊缝晶粒粗大，降低了焊缝力学性能，在焊接薄板时甚至会发生烧穿现象；如果焊条移动太快，电弧未能充分熔化焊条和母材，会造成焊道较窄，对接焊时甚至发生未熔合及未焊透等缺陷。

（3）焊条的横向摆动。

焊条的横向摆动是为了获得一定宽度的焊道，保证焊缝外形尺寸。其摆动的范围由焊缝要求的宽度、焊条直径决定。正常的焊缝宽度一般为焊条直径的 2～4 倍。通过摆动还可延缓熔池的凝固时间，有利于气体和夹渣的逸出，以提高焊缝内部质量。

上述 3 个动作组成了焊条有规则的运动。焊工可根据焊接位置、焊接接头形式、焊条直径与性能、焊接电流大小等因素来掌握。

2. 运条方法

运条方法有很多种，选用时应根据接头的形式、装配间隙、焊缝的空间位置、焊条的直径与性能、焊接电流等方面而定。本教程主要介绍直线形运条法、锯齿形运条法和月牙形运条法，如图 2-25 所示。

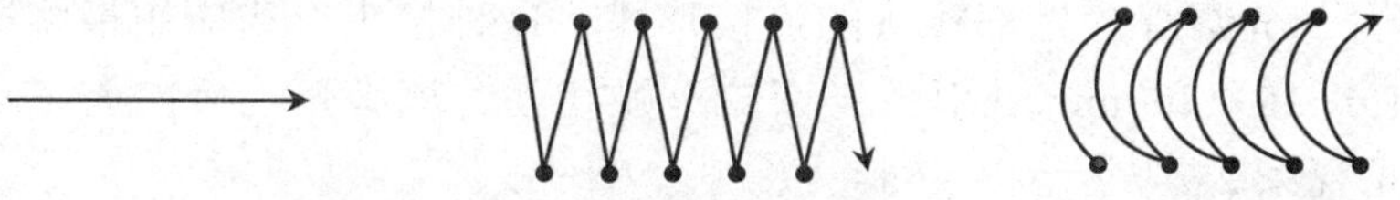

①直线形运条法　②锯齿形运条法　③月牙形运条法

图 2-25　运条法

（1）直线形运条法（见视频 2-2-4）。

直线形运条法是指在焊接时保持一定的弧长，并沿焊接方向作不摆动的前移。由于焊条不做横向摆动，电弧较稳定，所以能获得较大的熔深，但焊缝的宽度较窄，一般不超过焊条直径的 2 倍。

（2）锯齿形运条法（见视频 2-2-5）。

锯齿形运条法是指焊接过程中，焊条在向前移动的同时，连续做锯齿形摆动。当摆动到焊缝两侧时应稍做停留，以防止焊缝两侧出现咬边缺陷。

（3）月牙形运条法（见视频 2-2-6）。

月牙形运条法是指焊接过程中，焊条末端沿着焊接方向做月牙形摆动，摆动到两侧时稍做停留，这样既能使焊缝边缘有足够的熔深，又能防止产生咬边缺陷。

月牙形运条法的优点是，金属熔化良好，高温停留时间长，对提高焊缝质量有好处。与之相反的反月牙形运条法，摆动时可将熔池中间的高温区域摆动到熔池的前方来降低熔池的温度，以利于操作控制。

以上 3 种运条方法在焊接生产中应用较多。

（三）焊缝的连接

长焊缝焊接时，受焊条长度的限制，一根焊条往往不能焊完整条焊缝。为了保证焊缝的连续性，要求每条焊缝相连接，这个连接处称为焊缝的接头。常用的焊缝连接方法如图 2-26 所示。

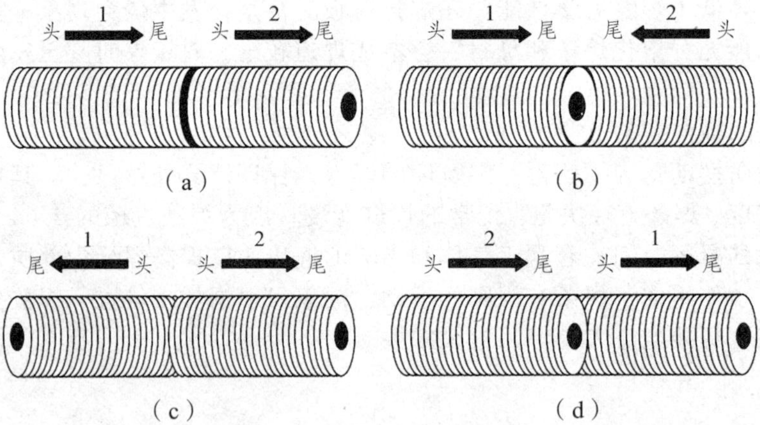

1—先焊焊缝；2—后焊焊缝。

图 2-26 焊缝连接形式

头尾相接是从先焊焊缝尾部接头的连接形式，这种接头形式应用最多。接头时在先焊焊缝尾部前方 10 ~ 20 mm 处引弧，回拉至弧坑处，填满弧坑后向前正常焊接，如图 2-27 所示。（见视频 2-2-7）

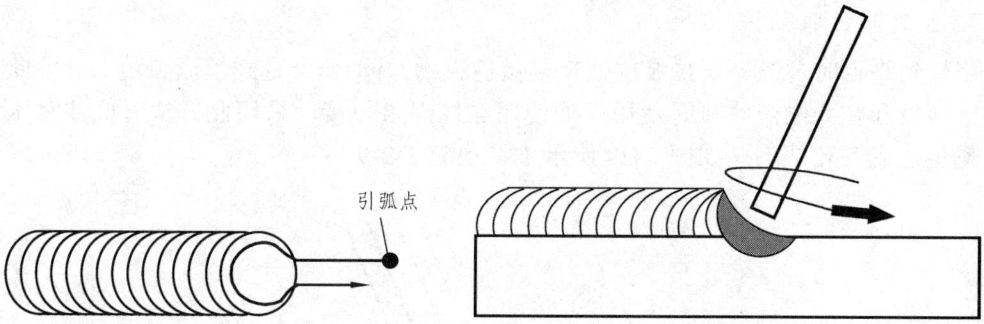

图 2-27　接头方法

尾尾相接就是后焊焊缝从另一端焊到前焊缝的结尾处。接头时焊接速度稍慢些以填满弧坑。

头头相接是从先焊焊缝起头处续焊接头的连接方式。这种连接方式要求先焊焊缝的起头处要略低些或用角磨机打磨出斜坡。接头时从先焊焊缝的起头前 10 ~ 20 mm 处引弧，回拉至起头处将其覆盖后再向焊缝的相反方向移动。

尾头相接是后焊焊缝的结尾与先焊焊缝的起头相连接，利用结尾时的高温再次熔化先焊焊缝的起头处，将焊缝焊平后快速收弧。

（四）焊缝的收尾

焊缝的收尾是指一条焊缝结束时采用的收弧方法。

如果焊缝收尾时立即拉断电弧，会形成低于焊缝表面的弧坑，极易形成弧坑裂纹和产生应力集中，使熄弧处的焊缝强度降低。碱性焊条熄弧方法不当时，弧坑表面会产生气孔缺陷，降低焊缝强度。

为了解决上述问题，焊条电弧焊常采用以下收弧方法：

1. 画圈收弧法

当焊到终点时，焊条作圆圈运动直到填满弧坑后再断弧。此方法适用于厚板焊接，薄板焊接则容易烧穿，如图 2-28 所示（见视频 2-2-8）。

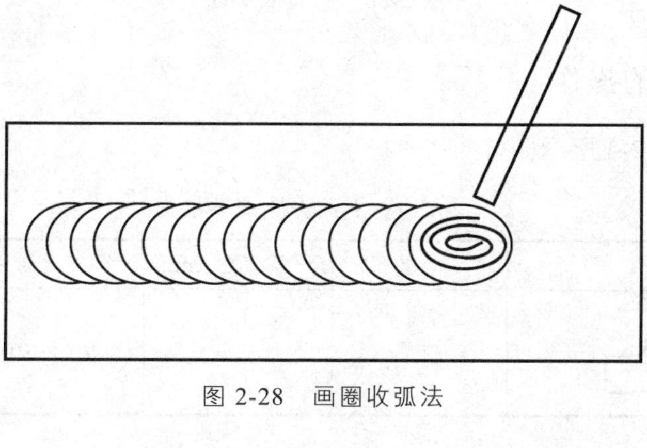

图 2-28　画圈收弧法

2. 反复断弧收弧法

当焊到终点时，将焊条在弧坑处反复做熄弧-引弧动作，直到填满弧坑为止。此方法适用于薄板和在大电流收弧时使用。如使用碱性焊条焊接，采用此方法时应注意压低电弧，避免造成气孔缺陷，如图 2-29 所示（见视频 2-2-9）。

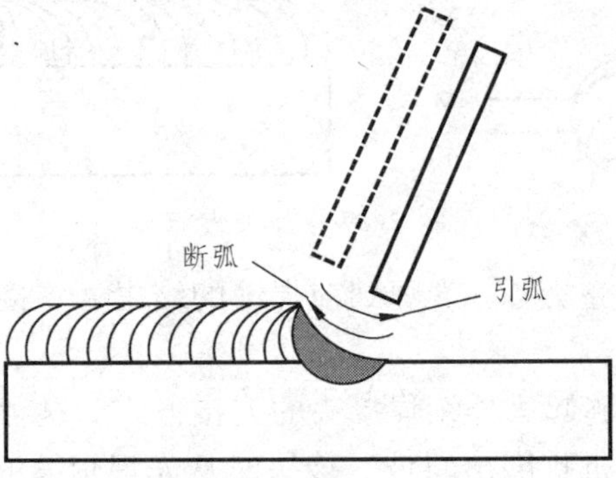

图 2-29　反复断弧收弧法

3. 回焊收弧法

当焊到终点时，焊条不熄弧，而是改变焊条角度，往回焊一段距离将弧坑填满后再熄灭电弧。一般应用于碱性焊条，如图 2-30 所示（见视频 2-2-10）。

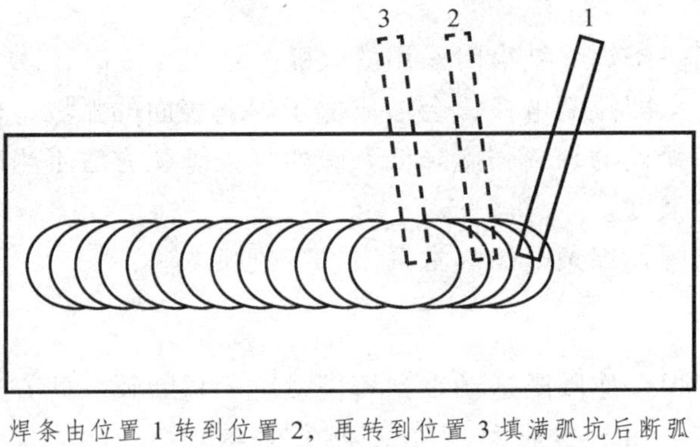

焊条由位置 1 转到位置 2，再转到位置 3 填满弧坑后断弧

图 2-30　回焊收弧法

八、平敷焊的操作

焊接参数如表 2-4 所示。

表 2-4　平敷焊焊接参数

焊道分布	焊接层数	焊条直径/mm	焊接电流/A	电源极性
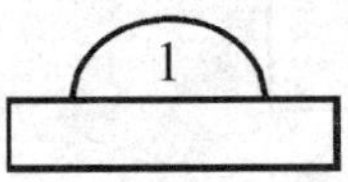	一层	ϕ3.2	90～120	直流反接

开始练习平敷焊时可先采用直线形运条法，待熟练后再练习锯齿形或月牙形运条法。焊接前可以将焊件表面用角磨机打磨出直线痕迹辅助焊接。

焊条与焊件表面呈 90°（即焊条轴线与焊接方向垂直的平面内焊条与焊件表面之间的夹角），焊条前倾 10° ~ 20°（前倾是指向焊接方向倾斜；后倾是指向焊接方向相反的方向倾斜），与焊接方向的夹角为 70° ~ 80°，如图 2-31 所示。

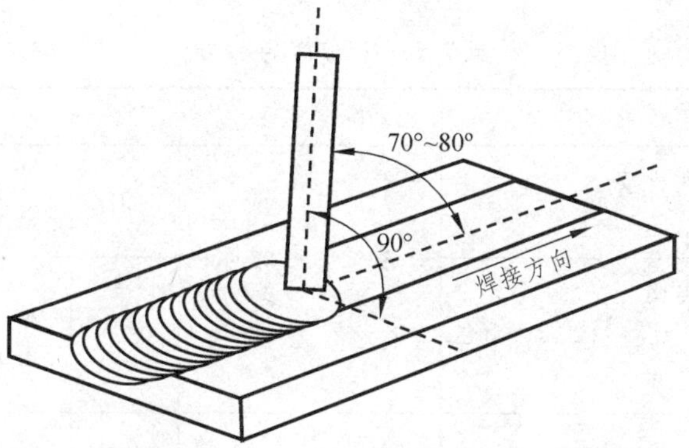

图 2-31　平敷焊焊条角度

在起焊处前 10 ~ 20 mm 的范围内引燃电弧，回拉至起焊处稍停留，当焊条与焊件熔化形成熔池后，采用直线形运条法向焊接方向移动。移动过程中要保持焊条角度和电弧高度在合适的范围内。

更换焊条接头时，在弧坑前 10 ~ 20 mm 处引弧，然后将电弧移回到弧坑处，沿边缘将弧坑填满，随后转入正常焊接。

接头的动作越快越好，因为在熔池尚未冷却前接头，不仅能保证质量，而且焊缝表面成形更美观。焊接时要看清熔池的边缘，如果电弧后压太多，会造成金属重叠距离过长，焊缝超高；如果后压太少，未能将弧坑填满，会造成接头脱节，产生高低不平的缺陷。

收尾时将弧坑填满，使弧坑的高度与焊缝平齐。

平敷焊操作注意事项：

一要控制焊条的操作角度，确保液态熔渣紧跟熔池。过小的前倾角度会导致液态熔渣流淌到熔池前面造成夹渣缺陷；过大的前倾角度会导致液态熔渣与熔池脱离，熔池保护效果差，易产生气孔缺陷。

二要根据熔池直径的变化随时调整焊条移动速度和摆动的宽度，保持熔池直径不变，焊缝成形均匀。当熔池直径变小时，可适当减慢焊条移动速度，增大摆动宽度；当熔池直径变大时，可适当加快焊条移动速度，减小摆动宽度。

三要控制电弧长度在合理的范围内。一般情况下采用小于等于焊条直径长度的电弧进行焊接称为短弧焊接。采用短弧焊接可以避免因电弧过长，导致因熔池保护效果差而产生的气孔缺陷。

九、外观检验

平敷焊的评分如表 2-5 所示。检验基本要求：

（1）焊后应将焊道表面的熔渣、飞溅清理干净。焊缝表面应当是焊后原始状态，焊缝表面没有加工修磨或者返修焊。

（2）焊件的外观检查，采用目视或 5 倍放大镜进行。

表 2-5 平敷焊评分表

考核项目	考核内容	考核要求	配分	评分要求
安全文明生产	能正确执行安全技术操作规程	按达到规定的标准程度评定	20	根据现场纪律，视违反规定程度扣 1～20 分
	按有关文明生产的规定，做到工作地面整洁、工件和工具摆放整齐		20	根据现场纪律，视违反规定程度扣 1～20 分
主要项目	焊缝的外观缺陷	焊缝表面无气孔、夹渣、焊瘤、裂纹、未熔合	30	焊缝表面有气孔、夹渣、焊瘤、裂纹、未熔合，其中一项扣 1～30 分
	焊缝的表面成形	波纹均匀、焊缝平直	30	视波纹不均匀、焊缝不平直扣 1～30 分

十、常见焊接问题及缺陷

1. 气　孔

产生原因：

① 焊件上的水、锈、油及氧化物未清理干净；

② 焊条没有烘干；

③ 焊接时电弧过长。

2. 烧　穿

产生原因：焊接电流过大或焊接速度过慢。

3. 咬　边

产生原因：

① 焊接时电流过大、电弧过长、运条角度不合理。

② 焊条摆动时在焊缝两侧停留时间短，液态金属未能将两侧母材熔合处填满。

4. 焊缝成形高低不平

产生原因：焊接速度不均匀、接头时覆盖原焊缝距离过长或未将弧坑填满，产生脱节现象。

5. 焊缝成形宽窄不齐

产生原因：运条时摆动宽度不一致、焊接速度不均匀。

十一、想一想

（1）焊条电弧焊的引弧有哪几种方法？
（2）焊接时焊条的运动方向有哪些？
（3）常用的运条方法有哪些？
（4）焊缝的连接方式有哪些？
（5）如何进行接头操作？
（6）收弧的方法有哪些？

第三单元　立敷焊

一、学习目标

系列视频立敷焊

（1）能够正确地使用、调节焊接设备；

（2）掌握焊接工参数的选择；

（3）掌握运条的基本方法，合理地调整焊条角度；

（4）掌握熔池形状与温度的控制技巧；

（5）能够掌握立敷焊的操作技术，并控制焊缝的高度和宽度，保证焊缝成形良好。

二、相关知识

立焊是指沿接头由上而下或由下而上焊接，焊缝倾角 90°（立向上）或 270°（立向下）位置的焊接。

立焊特点：

（1）液态熔渣因自重下淌易与熔池分离。

（2）熔池温度过高时铁水易下流形成焊瘤、咬边；温度过低时，易产生夹渣缺陷。

（3）立对接焊时易控制熔透情况，但容易成形不良。

（4）T 形接头时，焊缝两侧易出现咬边缺陷。

（5）焊接生产效率较低。

立焊操作按焊接方向分有两种方法：一种是由下向上施焊，应用较广泛；另一种是采用纤维素焊条由上向下立焊，即“下向焊”，主要应用于长输管道焊接。

立敷焊是在立焊位置焊件表面上堆敷焊道的一种操作方法，是学习立对接焊和立角焊的基础。

三、操作准备

焊机：松下 YC-400TX。

焊条：E5015 Φ3.2。

焊件：Q235B 200 mm × 200 mm × 12 mm 钢板一块。

辅助工具：角磨机、钢丝刷、焊条筒、扁铲、锤子、焊缝检查尺、直尺、个人劳动保护用品等。

四、立敷焊操作步骤

清理焊件→固定焊件→选择焊接工艺参数→焊接→清渣→检验。

五、焊件的准备（见视频 2-3-1 所示）

将焊件待焊部位打磨干净，直至露出金属光泽。将打磨后的焊件固定在立焊位置。焊件的高度应与操作者眼睛相平行。

六、立敷焊的操作姿势（见图 2-32）

图 2-32　立敷焊操作姿势

七、焊接操作（见视频 2-3-2、2-3-3）

焊接参数如表 2-6 所示。

表 2-6　立敷焊焊接参数

焊道分布	焊接层数	焊条直径/mm	焊接电流/A	电源极性
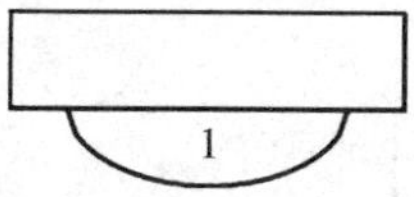	一层	$\Phi 3.2$	90 ~ 120	直流反接

电流调整为 90 ~ 120 A，焊条与焊件表面左右呈 90°，下倾 10° ~ 20°与焊缝呈 70° ~ 80°，如图 2-33 所示。采用锯齿形或月牙形运条方法操作，如图 2-34 所示。

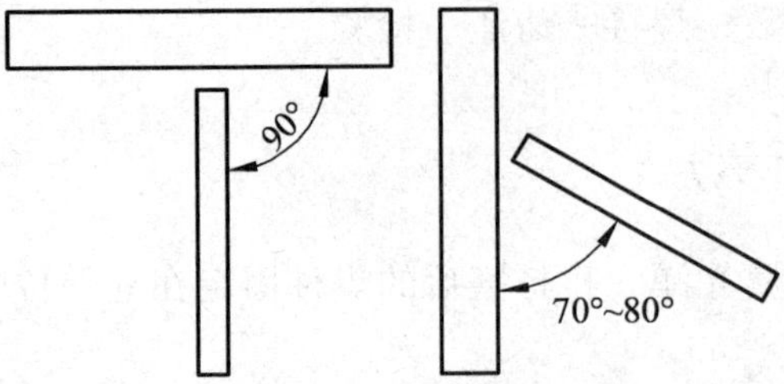

图 2-33　立敷焊焊条角度

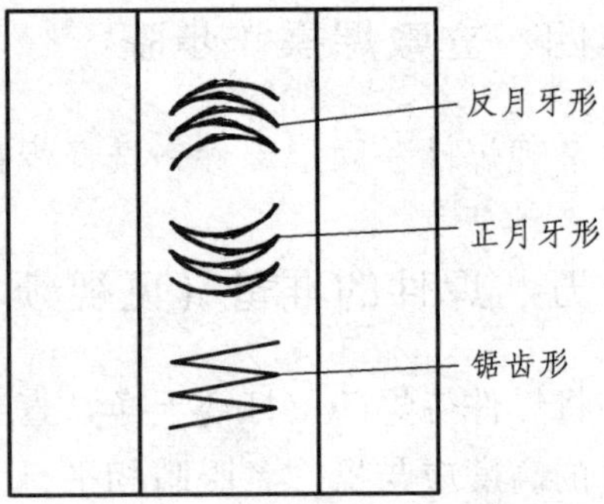

图 2-34　立敷焊运条方法

在起焊位置前 20 ~ 30 mm 处引燃电弧。引燃电弧后回拉至起焊处采用短弧焊接，利用电弧吹力托住铁水左右摆动形成熔池，焊条摆动的宽度为 15 ~ 18 mm。摆动时应在焊缝两侧稍做停留，摆动至焊缝中间时速度应略快，摆动上升速度适当。摆动过程中每个熔池应覆盖前一个熔池的 1/2 或 2/3，如图 2-35 所示。

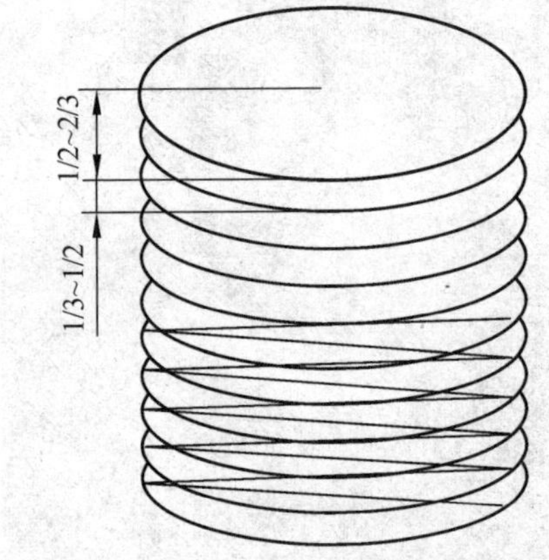

图 2-35　熔池覆盖位置

接头时，在弧坑前 20 ~ 30 mm 处引燃电弧，回拉至弧坑位置，沿弧坑边缘将弧坑填满后转入正常焊接。接头时要看清熔池的边缘线，防止脱节或重叠过多。收尾时采用反复断弧收弧法将弧坑填满。如图 2-36 所示为接头方法。

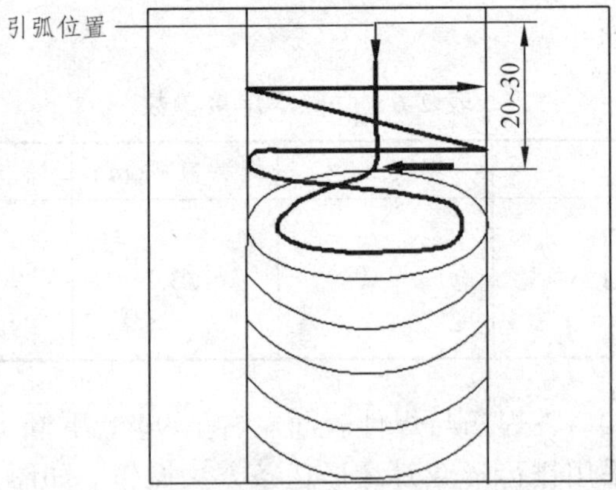

图 2-36　接头方法（单位：mm）

注意事项：

焊接时应注意观察和控制熔池的形状。

（1）熔池呈扁平椭圆形说明熔池温度合适，如图 2-37（a）所示。

（2）熔池外凸鼓肚说明电流过大、焊接速度慢、在焊缝两侧停留时间不够，导致熔池温度过高，铁水下垂，如图 2-37（b）所示。

（3）熔池中间内凹说明熔池温度低、两侧停留时间过长、中间运条过快，造成熔池中间铁水不足，如图 2-37（c）所示。

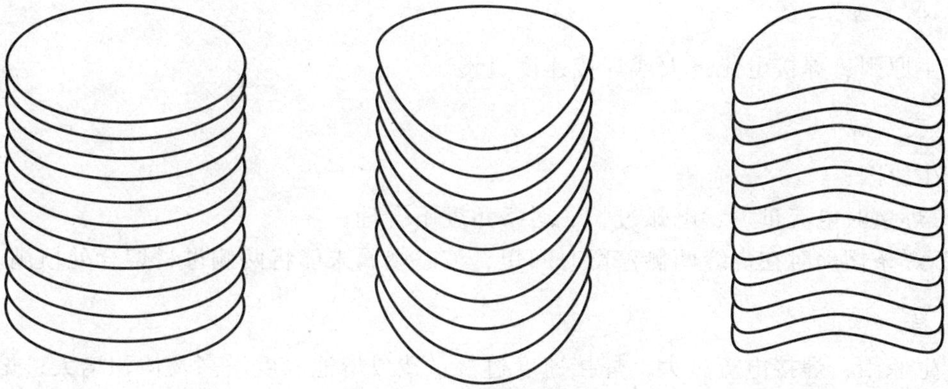

（a）椭圆形熔池
电流合适，成形良好

（b）三角形熔池
电流过大，焊肉外凸，焊缝两侧容易咬边

（c）W 形熔池
电流过小，焊肉中间内凹，波纹粗大不细密

图 2-37　熔池状态

八、外观检验

立敷焊评分如表 2-7 所示，检验基本要求：

（1）焊后应将焊道表面的熔渣、飞溅清理干净。焊缝表面应当是焊后原始状态，焊缝表面没有加工修磨或者返修焊。

（2）焊件的外观检查，采用目视或 5 倍放大镜进行。

表 2-7　立敷焊评分表

考核项目	考核内容	考核要求	配分	评分要求
安全文明生产	能正确执行安全技术操作规程	按达到规定的标准程度评定	20	根据现场纪律，视违反规定程度扣 1～20 分
	按有关文明生产的规定，做到工作地面整洁、工件和工具摆放整齐		20	根据现场纪律，视违反规定程度扣 1～20 分
主要项目	焊缝的外观缺陷	焊缝表面无气孔、夹渣、焊瘤、裂纹、未熔合	30	焊缝表面有气孔、夹渣、焊瘤、裂纹、未熔合，其中一项扣 1～30 分
	焊缝的表面成形	波纹均匀、焊缝平直	30	视波纹不均匀、焊缝不平直扣 1～30 分

九、常见焊接问题及缺陷

1. 气　孔

产生原因：

① 焊件上的水、锈、油及氧化物未清理干净；

② 焊条没有烘干；

③ 焊接时电弧过长。

2. 烧　穿

产生原因：焊接电流过大或焊接速度过慢。

3. 咬　边

产生原因：

① 焊接时电流过大、电弧过长、运条角度不合理；

② 焊条摆动时在焊缝两侧停留时间短，液态金属未能将两侧母材熔合处填满。

4. 焊　瘤

产生原因：焊接电流过大，焊接速度过慢，造成熔池温度增高及体积增大，熔池金属因自身重力作用下垂而形成。

5. 焊缝成形高低不平

产生原因：焊接速度不均匀、接头时覆盖原焊缝距离过长或未将弧坑填满，产生脱节现象。

6. 焊缝成形宽窄不齐

产生原因：运条时摆动宽度不一致。

十、想一想

（1）立焊有哪些特点？

（2）立敷焊如何进行接头？

（3）立敷焊时的熔池状态有哪几种？

第四单元　V 形坡口板对接立焊

一、学习目标

系列视频对接立焊（V 形）

（1）掌握断弧焊打底层焊接操作技术；
（2）掌握控制熔孔大小的方法；
（3）熟练掌握运条方法；
（4）掌握焊缝起头、接头、收尾方法与技巧；
（5）掌握控制熔池形状与温度的技巧；
（6）掌握 V 形坡口板对接立焊单面焊双面成形技术。

二、相关知识

立对接焊操作较困难，主要原因是熔滴在重力作用下产生下淌，容易造成焊瘤及焊缝两侧咬边缺陷，焊缝成形较难控制。但立对接焊时液态熔渣在重力作用下易下淌，有利于熔化的金属和液态熔渣的分离，便于观察熔池情况。

立对接焊操作要领如下：

（1）立对接焊操作时应选用较小直径的焊条，较小的焊接电流（比平对接焊小 10%～15%），这样熔池体积小，冷却凝固快，可以减少和防止熔化的金属下淌。

（2）合理地调整焊条角度并采用短弧焊接，利用电弧吹力拖住熔池，同时短弧操作也利于熔滴过渡。

（3）要合理地调整操作姿势，以便能够清楚地观察熔池情况。

三、操作准备

焊机：松下 YC-400TX。

焊条：E5015 $\Phi 3.2$。

焊件：Q235B 300 mm × 125 mm × 12 mm。

坡口形式：V 形坡口 30° ± 2.5°两块一组，如图 2-38 所示。

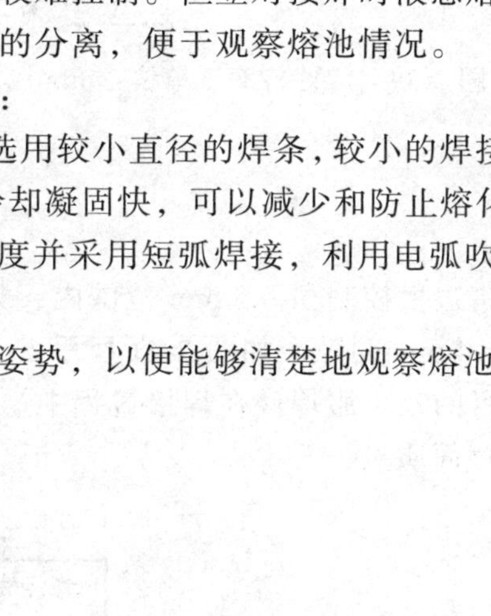

图 2-38　坡口角度

辅助工具：角磨机、钢丝刷、焊条筒、扁铲、锤子、焊缝检查尺、直尺、个人劳动保护用品等。

四、板对接立焊操作步骤

清理焊件→装配与定位焊→预制反变形→固定焊件→打底焊→填充焊→盖面焊→清渣→检查。

五、焊件的准备（见视频 2-4-1）

（一）清理焊件

将焊件坡口及两侧母材 10 ~ 20 mm 以内打磨干净，直至露出金属光泽，钝边打磨为 0.5 ~ 1 mm，如图 2-39 所示。

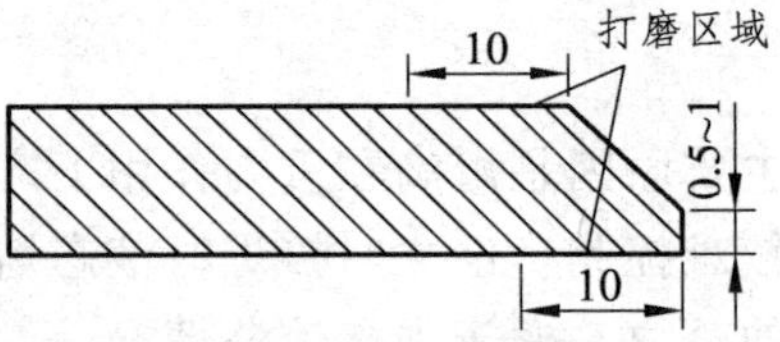

图 2-39　焊件打磨（单位：mm）

（二）装配与定位焊

1. 装配焊件

将打磨好的焊件放平，错边量控制在 0.5 mm 范围内，如图 2-40 所示。起焊端预留 3 mm 组对间隙，终焊端预留 4 mm 间隙，如图 2-41 所示。

适当加大终焊端间隙的目的是克服焊件在焊接过程中，由于焊缝的横向收缩而使焊缝间隙变小，从而影响焊缝背面质量。

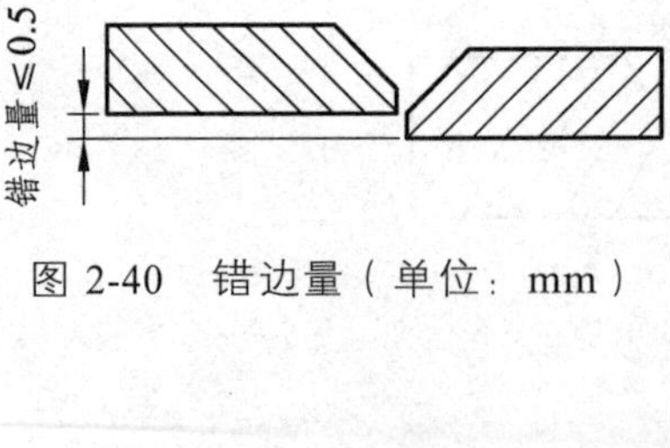

图 2-40　错边量（单位：mm）

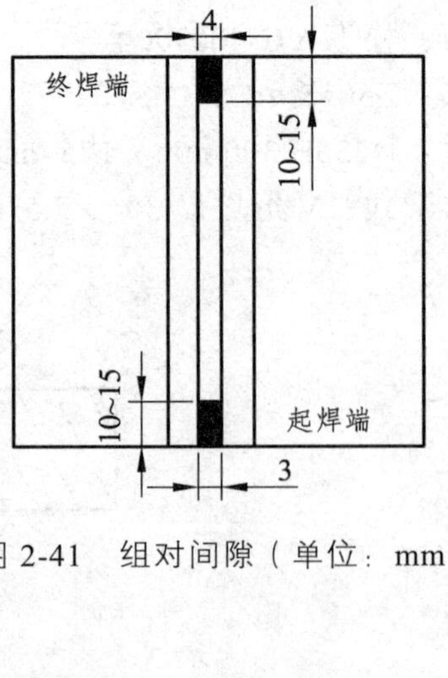

图 2-41　组对间隙（单位：mm）

2. 定位焊缝

定位焊缝是指在正式焊接前，为固定焊件接头的位置而焊接的短焊缝。

（1）定位焊缝焊接时应注意以下几点。

① 定位焊缝应采用与正式焊缝相同的焊接方法进行焊接。

② 定位焊缝的电流比正常焊接的电流大 10% ~ 15%。

③ 定位焊缝的起头和结尾处应圆滑过渡，否则易造成未焊透现象。

④ 定位焊缝高度不超过设计规定的焊缝的 2/3。

⑤ 定位焊缝应考虑焊接应力引起的变形，因此定位焊缝的位置选定应合理，不能影响焊接质量，并保证在焊接过程中不会开裂。

（2）定位焊的操作方法。

先将焊条对准一侧坡口的根部，引燃电弧后稍做停留，待填充金属与母材熔合后断弧。再将焊条对准另外一侧坡口根部，引燃电弧后稍做停留，待填充金属与母材熔合后断弧以缩小组对间隙。最后将两侧凸起的焊肉连接起来形成定位焊缝，如图 2-42 所示。

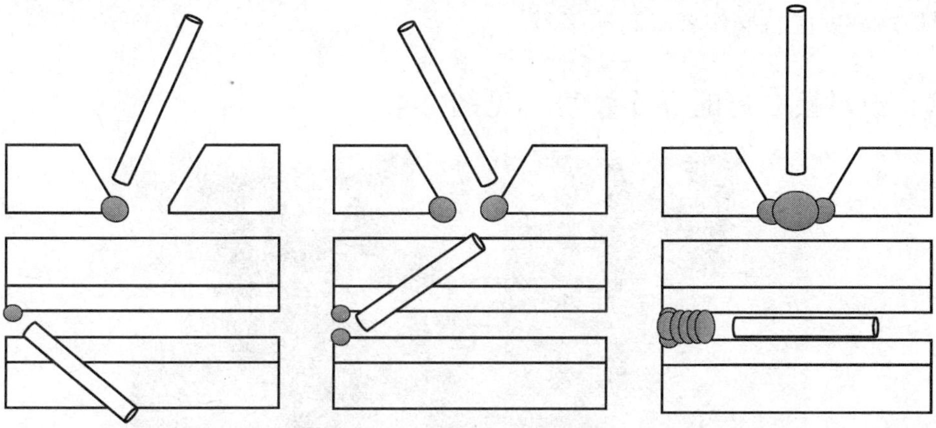

（a）　　（b）　　（c）

图 2-42　定位焊缝点固方法

板对接定位焊缝的位置通常在焊件正面两端坡口内侧 10 ~ 15 mm 以内进行点焊。定位焊缝有缺陷时，应将其清除后重新焊接以保证焊接质量。点焊结束后将定位焊缝打磨出斜坡，便于焊缝的起头和接头熔透，如图 2-43 所示。

图 2-43　定位焊缝打磨

（三）预制反变形

为防止焊件焊后变形，影响焊接质量，可采用反变形法对焊件的变形进行控制。

反变形法是指根据生产中已经发生变形的规律，分析焊件施焊后可能产生变形的方向和大小，在焊接前预先把焊件人为地制出一个变形，使这个变形与焊后发生的变形方向相反，以抵消或补偿焊后发生的变形，达到防止焊后变形的目的。

板对接立焊的反变形量可预制 3°～4°，如图 2-44 所示。

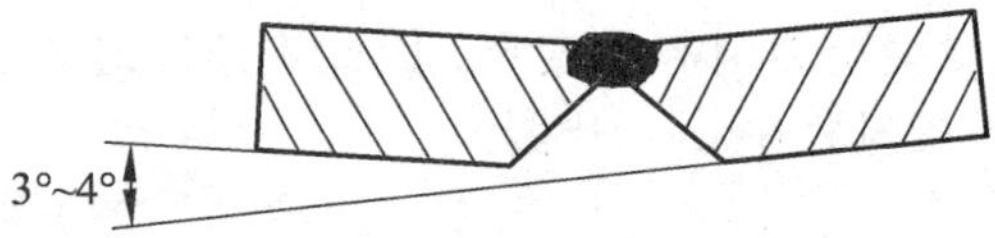

图 2-44　反变形

（四）组对结束后将焊件固定在立焊位置

焊件的高度应与操作者眼睛相平行。

六、板对接立焊的操作姿势（见图 2-45）

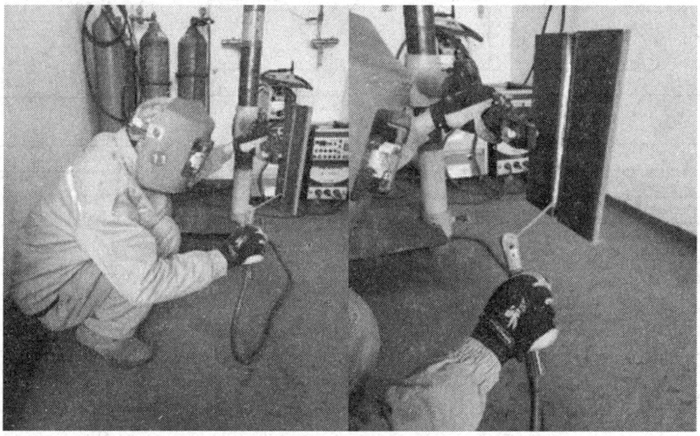

图 2-45　操作姿势

七、焊接操作

焊接参数如表 2-8 所示。

表 2-8　V 形坡口板对接立焊焊接参数

焊道分布	焊接层数	焊条直径/mm	焊接电流/A	电源极性
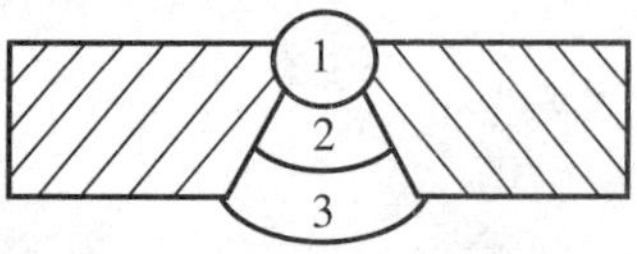	打底层 1	$\Phi 3.2$	110～120	直流正接/反接
	填充层 2	$\Phi 3.2$	100～110	直流反接
	盖面层 3	$\Phi 3.2$	90～100	直流反接

板对接立焊共分 3 层，如图 2-46 所示。

第一层为打底层焊道 1；第二层为填充层焊道 2；第三层为盖面层焊道 3。

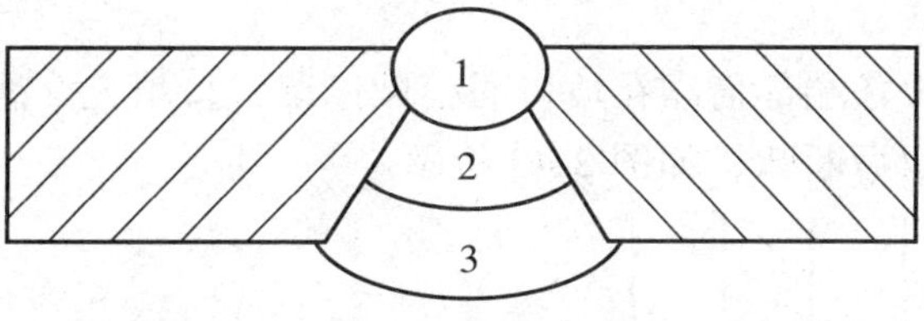

图 2-46　焊接层次

（一）第一层 ——打底层焊道 1（见视频 2-4-2）

打底层焊接分为连弧法和断弧法两种。断弧法较为容易掌握，操作较灵活，容易控制温度，便于获得良好的焊缝成型，适合初学者采用，所以本教程重点讲解断弧法。

焊条与焊件左右呈 90°，下倾与焊缝呈 60° ~ 80°，如图 2-47 所示。

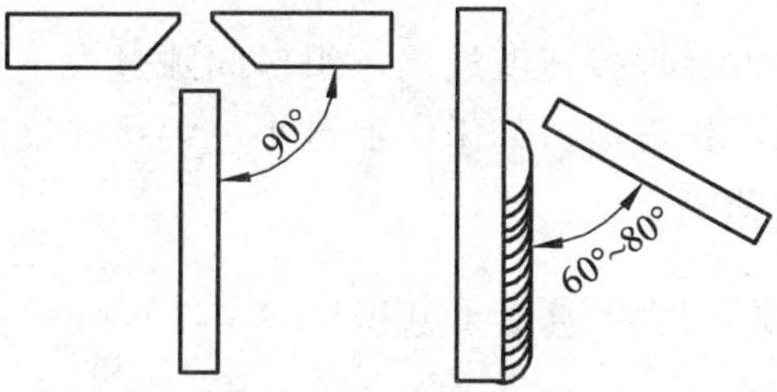

图 2-47　焊条角度

从焊件坡口下端定位焊缝处引燃电弧，用锯齿形运条法或月牙形运条法向上焊接(见图 2-48)。焊至定位焊缝边缘时，向坡口根部送进焊条将钝边熔化形成熔孔，同时听到“噗噗”的击穿声。随着焊条熔化的铁水过渡到熔池中，熔池的温度会迅速升高，当熔池变为亮红色时立即熄灭电弧。随着电弧的熄灭，熔池内熔化的金属温度迅速降低并凝固。当熔池颜色由亮红色变为暗红色时，在熔池的一侧重新引燃电弧，然后摆动到另一侧形成新的熔池，形成的新熔池应覆盖原熔池的 1/2 ~ 2/3。如此不断重复“引弧熔化焊条、焊件形成熔池—断弧冷却凝固熔池”的过程，就能由下向上形成一条焊缝。

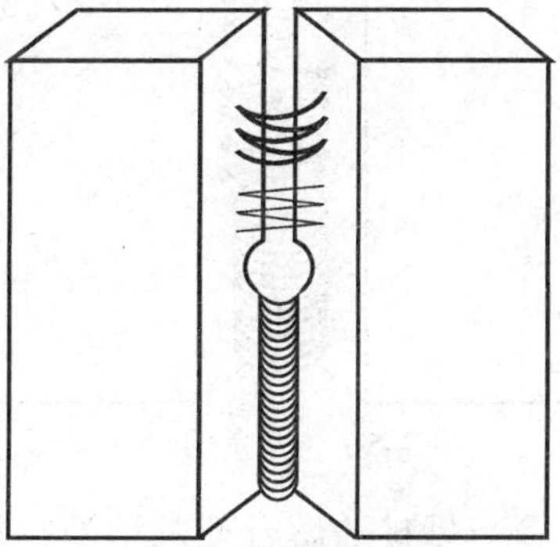

图 2-48　打底层运条法

接头时，可将原收弧处的弧坑金属用角磨机打磨出斜坡。在斜坡下方 10 ~ 20 mm 处引燃电弧，小幅摆动焊条将斜坡金属熔化并击穿坡口钝边后转入断弧法焊接。

打底层注意事项：

每次引弧时可将焊条端部倚靠在坡口面稍做停留，待填充金属与母材充分熔合后，摆动到另一侧稍做停留后断弧，如图 2-49 所示。

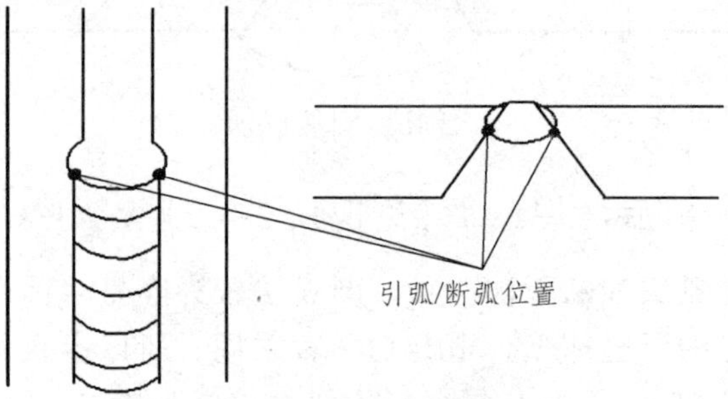

图 2-49　焊条引弧、断弧位置

打底焊时如果电流过大、焊接速度过慢、组对间隙过大、焊条伸入坡口过深容易导致焊缝背面凸起过高甚至产生焊瘤；如果电流过小、焊接速度过快、组对间隙过小则容易产生未焊透、未熔合等缺陷。

（二）第二层 ——填充层焊道 2（见视频 2-4-3）

填充层焊接的重点是保证焊道层间熔合良好。焊前应将打底层的熔渣和飞溅物清理干净，特别要注意清理打底层焊缝与两侧母材的夹角处，以防止产生夹渣、未熔合缺陷。

电流调整为 100 ~ 110 A。焊条与焊件表面左右呈 90°，下倾与焊缝呈 60° ~ 80°。

在起焊处前 10 ~ 20 mm 处引弧，引燃电弧后将电弧回拉至起焊处，采用锯齿形运条法或月牙形运条法进行焊接。如图 2-50 所示。焊条摆动到坡口两侧时要多作停留，中间略快，待填充金属与母材金属充分熔合后再摆动到另一侧，交替摆动向上焊接。

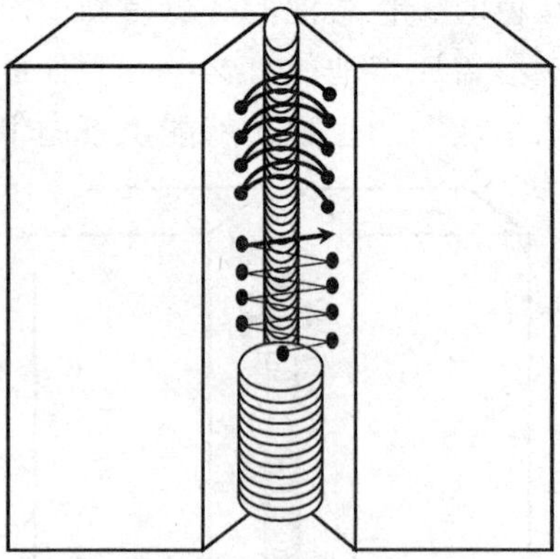

图 2-50　填充层运条

摆动焊接时要观察熔池边缘与母材的熔合处及熔池的形状。应保持熔池为椭圆形，并且用熔化的铁水将坡口填满，如图 2-51 所示。

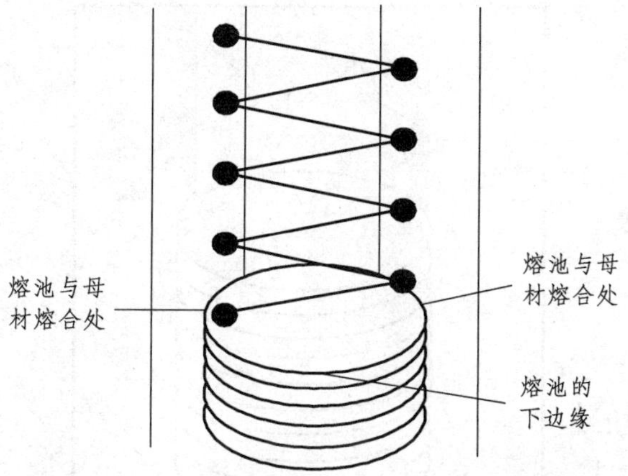

图 2-51　焊条停留位置及熔池边缘线

填充层焊缝要保证平整，一般低于焊件表面 0.5 ~ 1 mm，且焊道中间呈内凹状。注意焊接时不要熔化坡口棱边，为盖面层打好基础。如图 2-52 所示。

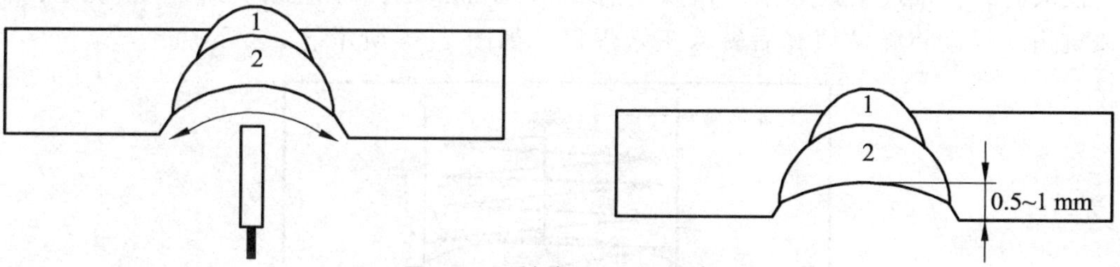

图 2-52　填充层预留深度

（三）第三层——盖面层焊道 3（见视频 2-4-4）

电流调整至 90 ~ 100 A。焊条与焊件表面左右呈 90°，下倾与焊缝呈 60° ~ 80°。

盖面层焊缝为最外层，应满足焊缝外形尺寸要求。采用锯齿形或月牙形运条法操作，短弧焊接，摆动步距在 1 ~ 2 mm，如图 2-53、图 2-54 所示。摆动到坡口两侧时应压低电弧并稍做停留，熔化坡口棱边 0.5 ~ 1 mm 并将坡口填满，这样才能有利于焊缝与母材的圆滑过渡，并防止咬边缺陷，如图 2-55 所示。

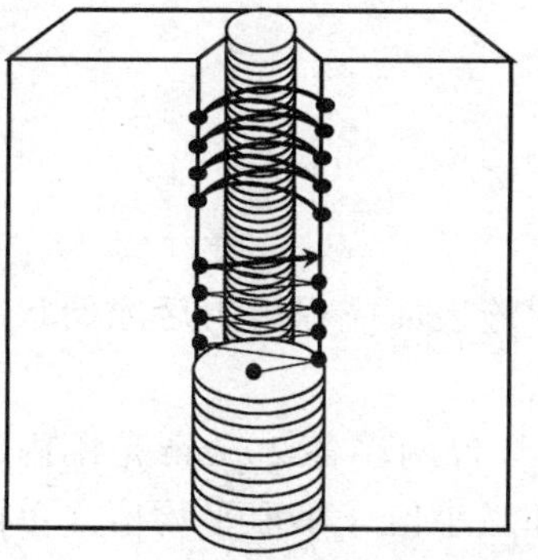
图 2-53　盖面层运条

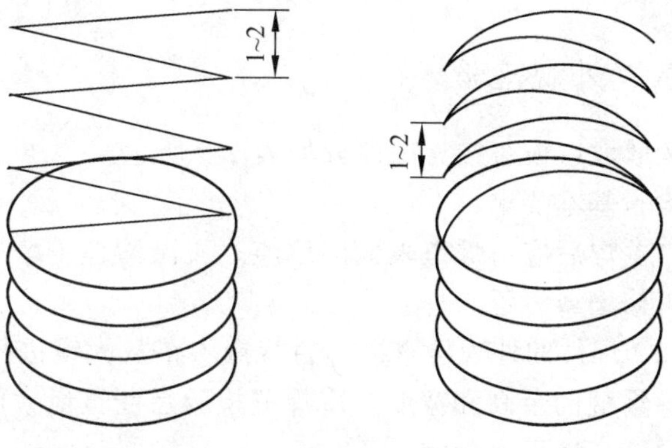

图 2-54　焊条摆动步距（单位：mm）

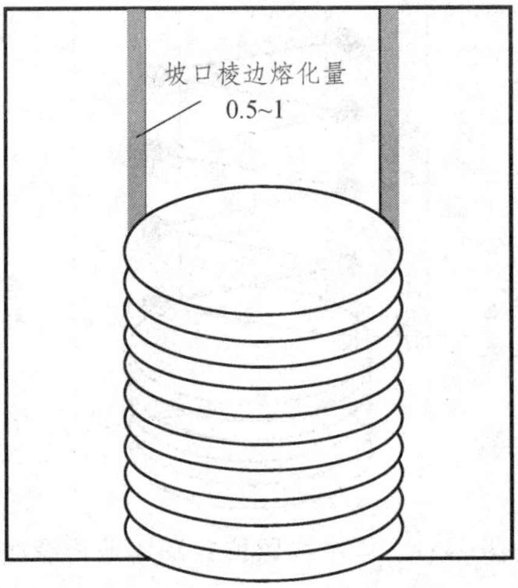

图 2-55　坡口棱边熔化量（单位：mm）

接头时，应快速更换焊条。在弧坑前 20 ~ 30 mm 处引燃电弧，回拉至弧坑处，然后沿弧坑边缘摆动将弧坑填满后转入正常焊接，如图 2-56 所示。

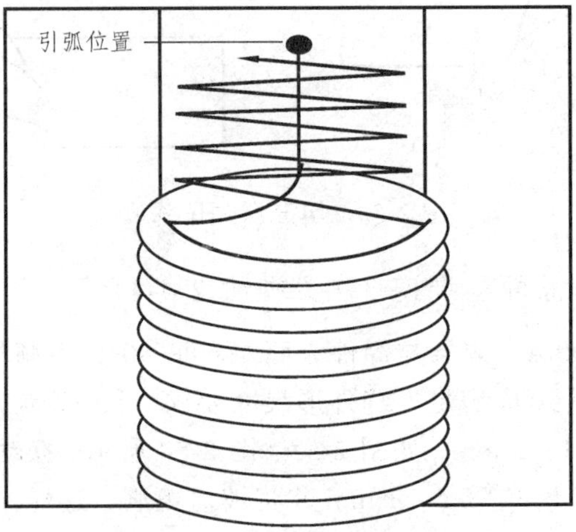

图 2-56　盖面层接头方法

八、外观检验

V 形坡口板对接立焊评分如表 2-9 所示。

检验基本要求：

（1）焊后应将焊道表面的熔渣、飞溅清理干净。焊缝表面应保持焊后原始状态，不得加工修磨或者返修焊。

（2）焊件的外观检查采用目视或 5 倍放大镜进行。焊件两端各 20 mm 范围内的缺陷不计。焊缝的余高和宽度可用焊缝检验尺测量最大值和最小值，不取平均值。单面焊的背面焊缝宽度可不测定。

表 2-9　V 形坡口板对接立焊评分表

考核项目	考核内容	考核要求	配分	评分要求
安全文明生产	能正确执行安全技术操作规程	按达到规定的标准程度评定	5	根据现场纪律，视违反规定程度扣 1～5 分
	按有关文明生产的规定，做到工作地面整洁、工件和工具摆放整齐	按达到规定的标准程度评定	5	根据现场纪律，视违反规定程度扣 1～5 分
主要项目	焊缝的外形尺寸	焊缝余高 0～4 mm。余高差≤3 mm	10	每项不合格扣 5 分
		焊缝宽度比坡口每侧增宽 0.5～2.5 mm。宽度差≤3 mm	10	每项不合格扣 5 分
		焊缝直线度≤2 mm	5	每超差 0.5 mm 扣 1 分
		焊后角变形≤3°	5	每超 1 度扣 1 分
		背面焊缝的余高 0～3 mm	5	每超差 0.5 mm 扣 1 分
	焊缝的外观质量	焊缝平直、波纹均匀细密	5	视波纹均匀程度扣 1～3 分
		焊缝咬边深度≤0.5 mm；焊缝两侧咬边累计总长不超过焊缝有效长度范围内的 10%	20	焊缝两侧咬边累计总长每 2 mm 扣 1 分，咬边深度 >0.5 mm 或累计总长 >30 mm 此项不得分
		焊缝错位量≤1.2 mm	5	每超差 0.5 mm 扣 1 分
		电弧擦伤	5	任意位置有电弧擦伤，该项不得分
	焊缝内部质量	按照 NB/T 47013《承压设备无损检测》标准进行检测	20	射线透照质量不低于 AB 级，焊缝缺陷等级不低于Ⅱ级为合格
注：焊件焊接未完成，表面修补及焊缝正反两面有裂纹、夹渣、气孔、未熔合缺陷，该件作 0 分处理				

九、常见焊接问题及缺陷

1. 打底层背面未焊透、接头凹陷

产生原因：

① 焊件的组对间隙过小，阻碍焊缝金属过渡到背面；

② 未将接头处焊缝打磨出斜坡，焊接时无法熔透；

③ 焊接时未将焊条伸入坡口根部；

④ 引弧、断弧的位置不正确。

2. 填充层焊缝两侧夹角深、中间高

产生原因：焊接时焊条在坡口两侧停留时间短，中间时间过长。

3. 焊缝表面成型余高超高、高低不平、接头脱节

产生原因：

① 焊接电流过大、焊条摆动速度过慢、焊接速度不均匀；

② 接头时未将弧坑填满，造成脱节现象。

4. 焊缝成型宽窄不齐

产生原因：运条时摆动宽度不一致。

5. 烧穿和焊瘤

产生原因：焊接电流过大、焊接速度过慢、导致熔池温度过高造成熔池金属下淌。

6. 焊缝波纹不细密

产生原因：焊接电流小，焊条摆动步距过大。

7. 咬　边

产生原因：

① 焊接时电流过大、电弧过长、运条角度不合理；

② 焊条摆动时在焊缝两侧停留时间短，液态金属未能将两侧母材熔合处填满。

十、想一想

（1）立对接焊时有哪些操作难点？

（2）立对接焊时，断弧焊的操作要点有哪些？

（3）运条时焊条的摆动幅度、摆动频率、焊条向上焊接速度对焊缝成形的影响有哪些？

第五单元　V 形坡口板对接平焊

一、学习目标

系列视频对接平焊（V 形）

（1）掌握断弧焊打底层焊接操作技术；
（2）掌握控制熔孔大小的方法；
（3）熟练掌握运条方法；
（4）掌握焊缝起头、接头、收尾方法与技巧；
（5）合理地调整焊条角度，控制熔池形状；
（6）掌握 V 形坡口板对接平焊单面焊双面成形技术。

二、相关知识

平焊是焊缝倾角 0°、焊缝转角 90°位置的焊接。

平焊时焊条熔滴受重力的作用过渡到熔池，其操作相对容易，但如果焊接参数不合适，容易在坡口根部产生未焊透或焊瘤缺陷；如果焊条角度和运条方法不当，熔渣和熔池金属不能良好分离，容易引起夹渣缺陷。

三、操作准备

焊机：松下 YC-400TX。

焊条：E5015 $\Phi3.2$。

焊件：Q235B 300 mm × 125 mm × 12 mm。

坡口形式：V 形坡口 30° ± 2.5 两块一组，如图 2-57 所示。

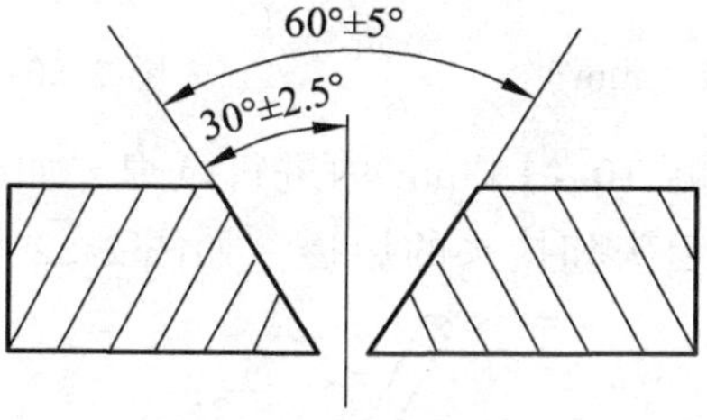

图 2-57　坡口角度

辅助工具：角磨机、钢丝刷、焊条筒、扁铲、锤子、焊缝检查尺、直尺、个人劳动保护用品等。

四、板对接平焊操作步骤

清理焊件→装配与定位焊→预制反变形→固定焊件→打底焊→填充焊→盖面焊→清渣→检查。

五、焊件的准备（见视频 2-5-1）

（一）清理焊件

将焊件坡口及两侧母材 10 ~ 20 mm 以内打磨干净，直至露出金属光泽。钝边打磨为 1 ~ 1.5 mm，如图 2-58 所示。

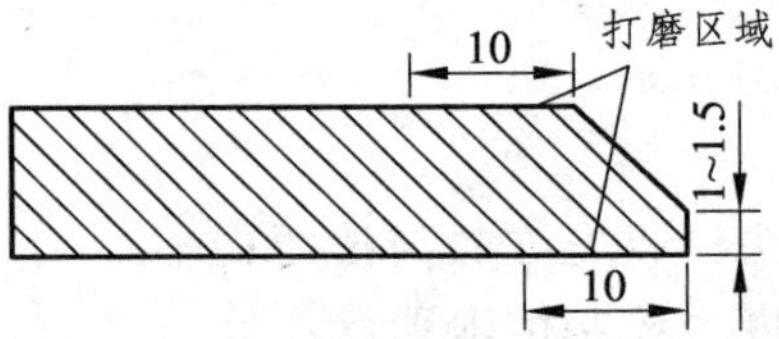

图 2-58　焊件打磨（单位：mm）

（二）装配与定位焊

将打磨好的焊件放平，错边量控制在 0.5 mm 以内，如图 2-59 所示。起焊端预留的组对间隙为 3 mm，终焊端为 4 mm，如图 2-60 所示。

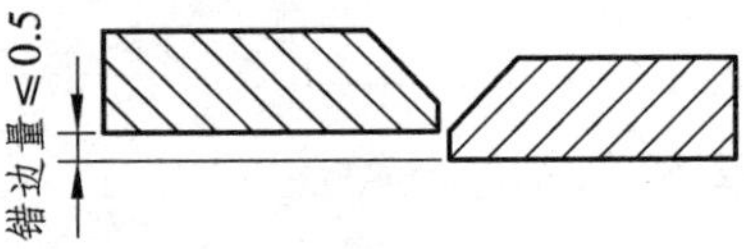

图 2-59　错边量（单位：mm）

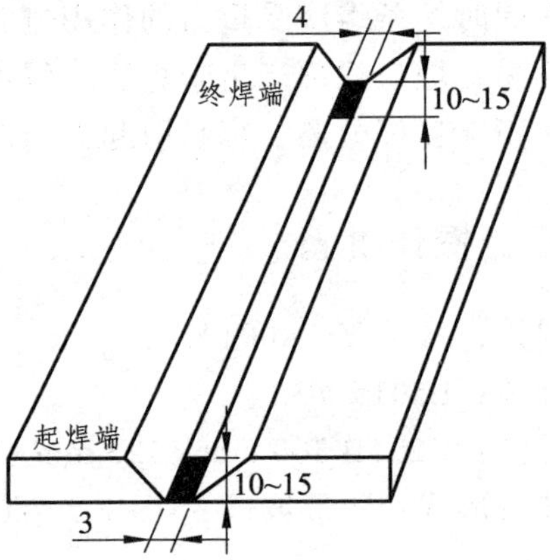

图 2-60　组对间隙（单位：mm）

在焊件正面两端坡口内侧 10 ~ 15 mm 内进行点焊，如图 2-61 所示。点焊结束后将定位焊缝打磨出缓坡，便于起头和接头的熔透，如图 2-62 所示。

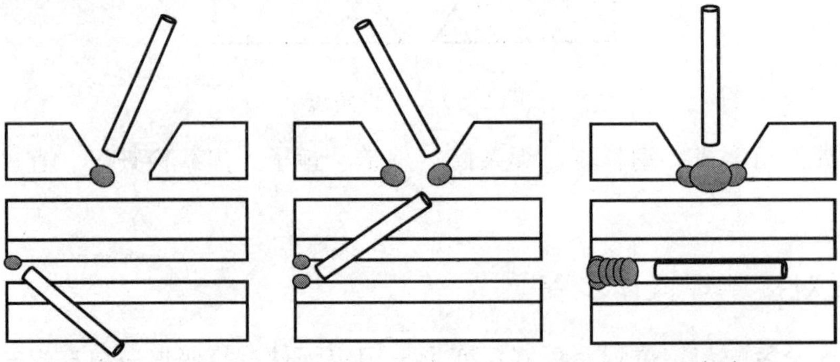

（a）　（b）　（c）

图 2-61　定位焊缝点固法

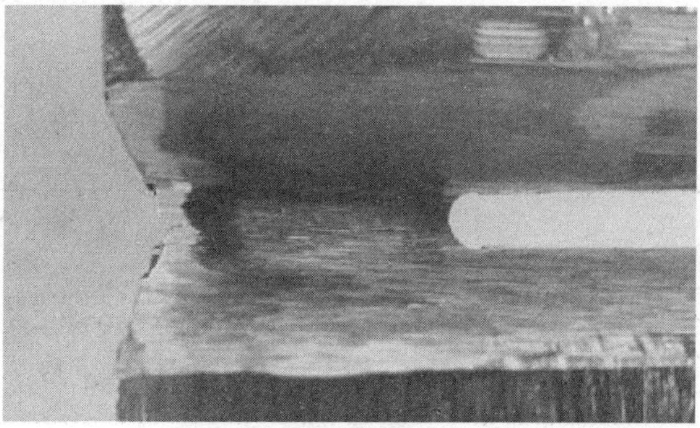

图 2-62　定位焊缝打磨

定位焊缝要牢固，防止焊接过程中焊缝收缩，造成间隙缩小或焊件错边。定位焊缝的余高不应过高，避免焊接时产生未焊透等缺陷。

（三）预留反变形量

反变形量预留 3°～4°，如图 2-63 所示。

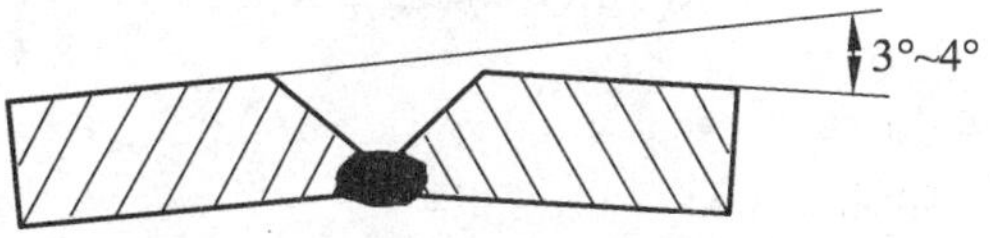

图 2-63　反变形

组对结束后将焊件固定在平焊位置。

六、板对接平焊的操作姿势

操作姿势如图 2-64 所示。

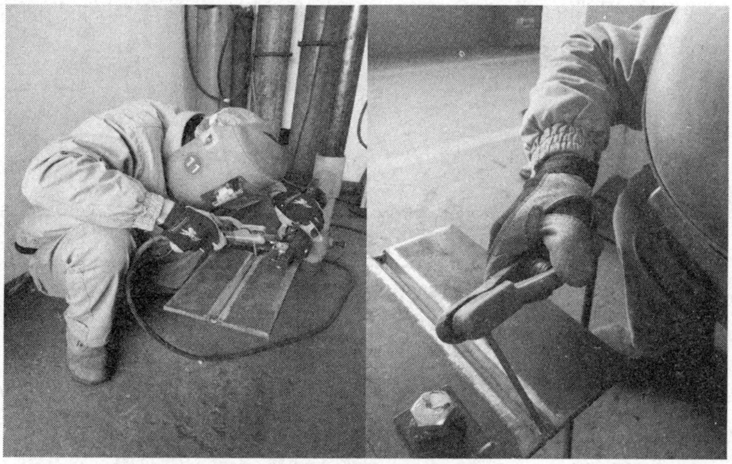

图 2-64　操作姿势

七、焊接操作

焊接参数如表 2-10 所示。

表 2-10　V 形坡口板对接平焊焊接参数

焊道分布	焊接层数	焊条直径/mm	焊接电流/A	电源极性
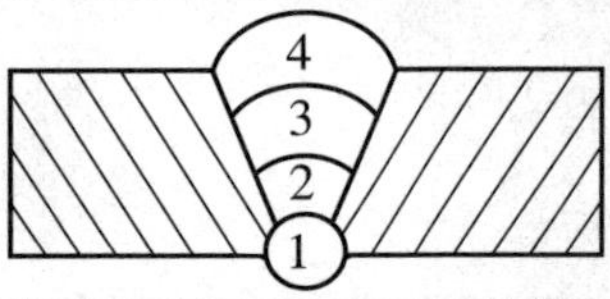	打底层 1	$\Phi 3.2$	100 ~ 105	直流正接/反接
	填充层 2、3	$\Phi 3.2$	100 ~ 120	直流反接
	盖面层 4	$\Phi 3.2$	100 ~ 120	直流反接

板对接平焊共分 4 层，如图 2-65 所示。

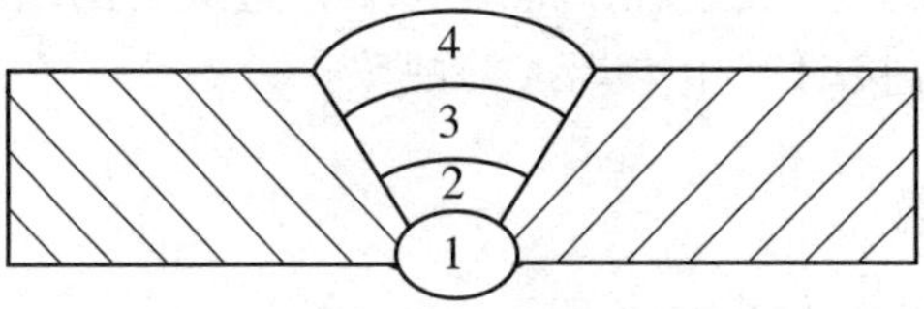

图 2-65　焊接层次

第一层为打底层焊道 1；
第二、三层为填充层焊道 2、3；
第四层为盖面层焊道 4。

（一）第一层 ——打底层焊道 1（见视频 2-5-2）

打底层焊接分为连弧法和断弧法两种。断弧法较为容易掌握，操作较灵活，容易控制温度，便于获得良好的焊缝成型，有利于保证焊接质量，适合初学者采用，所以本教程重点讲解断弧法。

因焊缝起焊端和终焊端有磁偏吹现象，所以应保持焊条与焊件表面左右呈 90°，与焊接方向的角度随位置的改变相应调整，如图 2-66 所示。

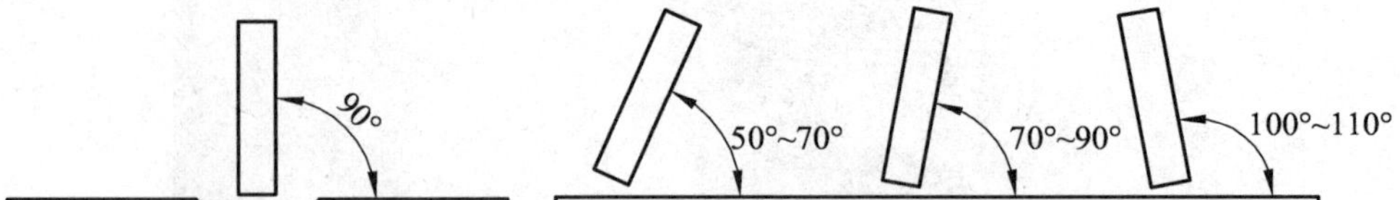

图 2-66　平焊焊条角度

在起焊端的定位焊缝处引燃电弧，焊至定位焊缝边缘时，向坡口根部送进焊条，将钝边熔化形成熔孔，同时听到“噗噗”的击穿声。当熔池变为亮红色时立即熄灭电弧，随着电弧的熄灭，熔池内熔化的金属温度迅速降低并凝固。当熔池由亮红色变为暗红色时，在熔池的一侧重新引燃电弧，然后摆动到另一侧形成新的熔池。

运条摆动间距要均匀准确，使电弧的 2/3 与原熔池重叠，1/3 压在熔池的前方，用来击穿和熔化坡口钝边形成熔孔。如此重复操作形成一条完整的焊缝。如图 2-67 所示。

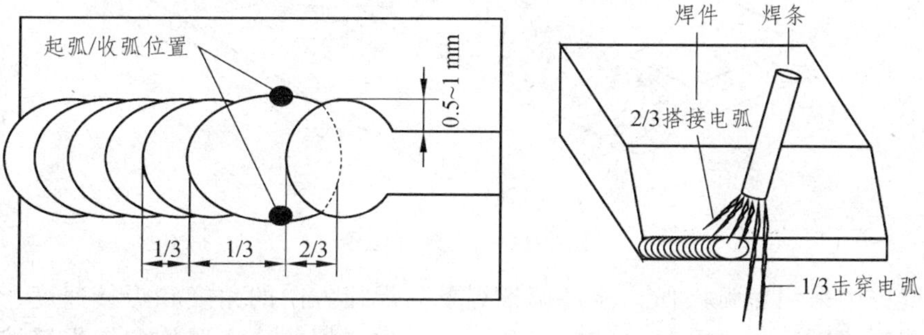

图 2-67　打底起弧/断弧位置

更换焊条接头时将原焊缝接头处打磨出斜坡。在斜坡后 10 ~ 20 mm 处引燃电弧，小幅摆动焊条将打磨出的斜坡填满。当电弧移动至斜坡边缘时将焊条下压到坡口根部，听到击穿声后稍做停留以保证接头熔透，然后转入断弧法焊接，如图 2-68 所示。

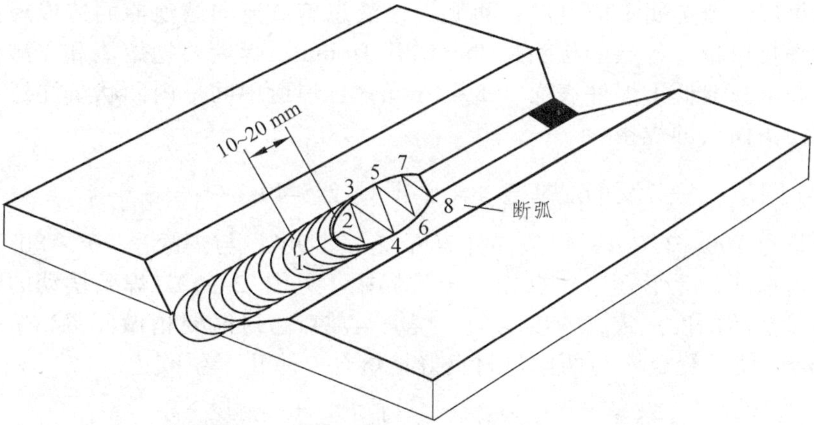

图 2-68　接头方法

（二）第二、三层 ——填充层焊道 2、3（见视频 2-5-3）

电流调整为 100 ~ 120 A。焊条与焊件表面左右呈 90°，与焊缝呈 60° ~ 80°。

焊接前先将打底层的熔渣及飞溅物清理干净，特别是夹角处的熔渣更要清理干净，以防止产生夹渣、未熔合缺陷。在焊缝起焊端前 10 ~ 20 mm 处引燃电弧，然后将电弧回拉至起焊端处，采用锯齿形或月牙形运条法施焊。如图 2-69 所示。焊条摆动到坡口两侧时要稍做停留，中间略快。电弧要尽量压低，以利于焊缝两侧夹角处充分熔化。

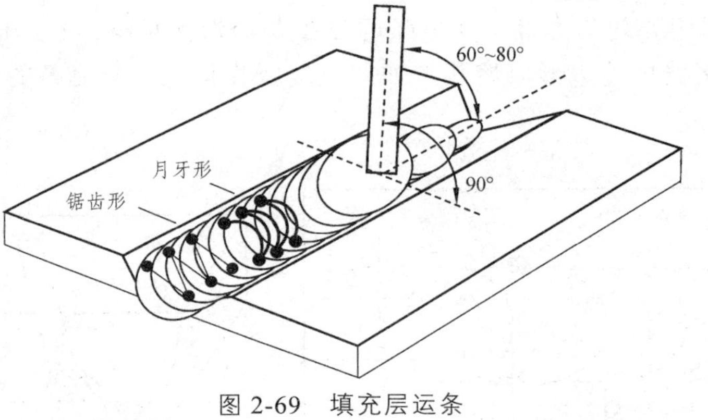

图 2-69　填充层运条

焊接过程中采用短弧操作，通过调整焊条与焊接方向的角度和焊接速度，控制熔池的形状为圆形或椭圆形，并且保持形状和大小一致。焊接速度要均匀，焊缝熔敷金属厚度要一致。

接头时应快速更换焊条。在弧坑前 20 ~ 30 mm 处引燃电弧，然后回拉至弧坑处，沿弧坑边缘摆动将弧坑填满后转入正常焊接。收尾时将弧坑填满。

由于第三层焊道逐渐变宽，所以摆动范围也需要相应加宽。焊条角度和运条方法与第二层一致。

焊接时每层焊道金属不应过厚，否则会使液态熔渣流向熔池前面造成焊接困难。为保证各层的焊接质量，各层的接头最少要错开 10 mm。焊后要把熔渣和飞溅清除干净。

填充层焊道一般低于焊件表面 0.5 ~ 1 mm，且焊道中间呈内凹状。注意不要熔化坡口棱边，方便盖面层的焊接。

（三）第四层 ——盖面层焊道 4（见视频 2-5-4）

电流调整为 100 ~ 120 A，焊条焊件表面左右呈 90°，与焊缝呈 70° ~ 80°。

采用锯齿形或月牙形运条法操作，短弧焊接（见图 2-70）。焊条摆动的幅度要比填充层大，并且摆动幅度一致，速度均匀。摆动至坡口边缘时要稍做停留，熔化坡口边缘为 0.5 ~ 1 mm。使焊缝金属与两侧母材良好地熔合，防止产生咬边。

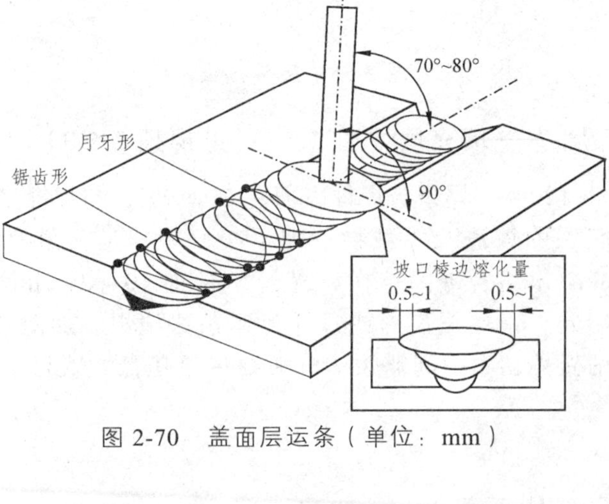

图 2-70　盖面层运条（单位：mm）

接头时应快速更换焊条。在弧坑前 20 ~ 30 mm 处引燃电弧，然后回拉至弧坑处，沿弧坑边缘摆动将弧坑填满后转入正常焊接。

焊接时通过调整焊条角度及运条速度，控制熔池为圆形或椭圆形。焊接速度要均匀一致，保证焊缝表面平整、美观。

板对接平焊注意事项：

焊接过程中会产生磁偏吹现象。磁偏吹是指电弧焊时，因受到焊接回路所产生的电磁作用而产生的电弧偏离焊条中心线的现象。磁偏吹会影响焊接质量，为克服磁偏吹常采用以下方法：

（1）适当改变二次线位置，使电弧周围的磁力线分布均匀；

（2）在操作上适当调节焊条角度，将焊条向磁偏吹方向倾斜，压住电弧可以减少电弧磁偏吹，如图 2-71 所示。

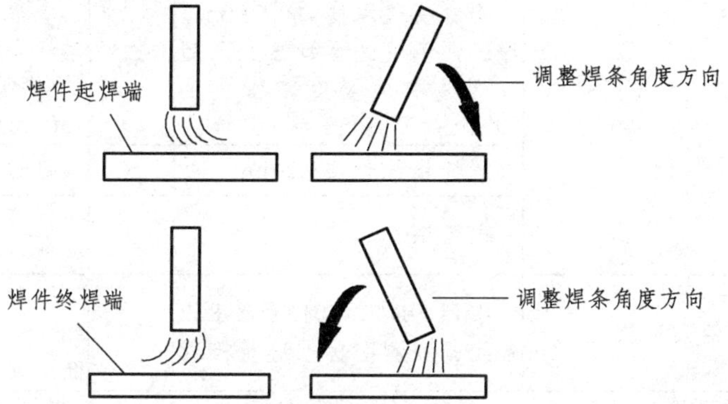

图 2-71　调整焊条角度克服磁偏吹

八、外观检验

V 形坡口板对接平焊评分如表 2-11 所示。

检验基本要求：

（1）焊后应将焊道表面的熔渣、飞溅清理干净。焊缝表面应保持焊后原始状态，不得加工修磨或者返修焊。

（2）焊件的外观检查采用目视或 5 倍放大镜进行。焊件两端各 20 mm 范围内的缺陷不计。焊缝的余高和宽度可用焊缝检验尺测量最大值和最小值，不取平均值。单面焊的背面焊缝宽度可不测定。

表 2-11　V 形坡口板对接平焊评分表

考核项目	考核内容	考核要求	配分	评分要求
安全文明生产	能正确执行安全技术操作规程	按达到规定的标准程度评定	5	根据现场纪律，视违反规定程度扣 1 ~ 5 分
	按有关文明生产的规定，做到工作地面整洁、工件和工具摆放整齐	按达到规定的标准程度评定	5	根据现场纪律，视违反规定程度扣 1 ~ 5 分

续表

考核项目	考核内容	考核要求	配分	评分要求
主要项目	焊缝的外形尺寸	焊缝余高 0～4 mm。余高差≤3 mm	10	每项不合格扣 5 分
		焊缝宽度比坡口每侧增宽 0.5～2.5 mm。宽度差≤3 mm	10	每项不合格扣 5 分
		焊缝直线度≤2 mm	5	超差 0.5 mm 扣 1 分
		焊后角变形≤3°	5	每超 1 度扣 1 分
		背面焊缝的余高 0～3 mm	5	每超差 0.5 mm 扣 1 分
主要项目	焊缝的外观质量	焊缝平直、波纹均匀细密	5	视波纹均匀程度扣 1～3 分
		焊缝咬边深度≤0.5 mm；焊缝两侧咬边累计总长不超过焊缝有效长度范围内的 10%	20	焊缝两侧咬边累计总长每 2 mm 扣 1 分，咬边深度>0.5 mm 或累计总长>30 mm 此项不得分
		焊缝错位量≤1.2 mm	5	每超差 0.5 mm 扣 1 分
		电弧擦伤	5	任意位置有电弧擦伤，该项不得分
	焊缝内部质量	按照 NB/T 47013《承压设备无损检测》标准进行检测	20	射线透照质量不低于 AB 级，焊缝缺陷等级不低于Ⅱ级为合格
注：焊件焊接未完成，表面修补及焊缝正反两面有裂纹、夹渣、气孔、未熔合缺陷，该件作 0 分处理				

九、常见焊接问题及缺陷

1. 打底层背面未焊透、接头凹陷

产生原因：

① 焊件的组对间隙过小，阻碍焊缝金属过渡到背面；

② 未将接头处焊缝打磨出斜坡，焊接时无法熔透；

③ 焊接时未将焊条伸入坡口根部；

④ 引弧、断弧的位置不正确。

2. 填充层焊缝两侧夹角深中间高

产生原因：焊条摆动时在坡口两侧停留时间短，中间时间长。

3. 焊缝表面成型余高低、接头脱节

产生原因：

① 填充层焊缝预留深度过深、盖面层焊接速度过快；

② 接头时未将弧坑填满造成接头脱节。

4. 焊缝成型宽窄不齐

产生原因：运条时摆动宽度不一致。

5. 烧穿和焊瘤

产生原因：

① 焊接电流过大、焊接速度过慢；

② 打底层时电流过大、焊条伸入坡口过深，导致焊缝背面凸起过高形成焊瘤。

6. 咬　边

产生原因：

① 焊接时电流过大、电弧过长、运条角度不合理。

② 焊条摆动时在焊缝两侧停留时间短，液态金属未能将两侧母材熔合处填满。

十、想一想

（1）怎样克服磁偏吹？

（2）如何控制打底层背透的高度？

（3）怎样防止焊接过程中产生夹渣和未熔合缺陷？

第六单元　V 形坡口板对接横焊

一、学习目标

系列视频对接横焊（V 形）

（1）掌握断弧焊打底层焊接操作技术；

（2）掌握控制熔孔大小的方法；

（3）掌握运条方法；

（4）掌握焊缝起头、接头、收尾方法与技巧；

（5）掌握 V 形坡口板对接横焊单面焊双面成形技术和多层多道焊技术。

二、相关知识

横焊是指焊缝倾角 0°或 180°、焊缝转角 0°或 180°位置的焊接。

横焊时焊条熔滴受重力等因素影响容易偏离焊条轴线。熔池金属受重力影响容易下垂，造成未熔合及夹渣等缺陷。

横焊具有以下特点：

（1）液态金属受重力影响容易下淌至坡口面上，形成未熔合和层间夹渣缺陷，因此宜采用较小直径的焊条，以短弧焊接。

（2）液态熔渣与熔化的金属容易分离，便于观察熔池情况，与立焊相似。

（3）采用多层多道焊能有效地防止熔滴下淌。

三、操作准备

焊机：松下 YC-400TX。

焊条：E5015 $\Phi 3.2$。

焊件：Q235B 300 mm × 125 mm × 12 mm 钢板。

坡口形式：V 形坡口 30° ± 2.5°两块一组，如图 2-72 所示。

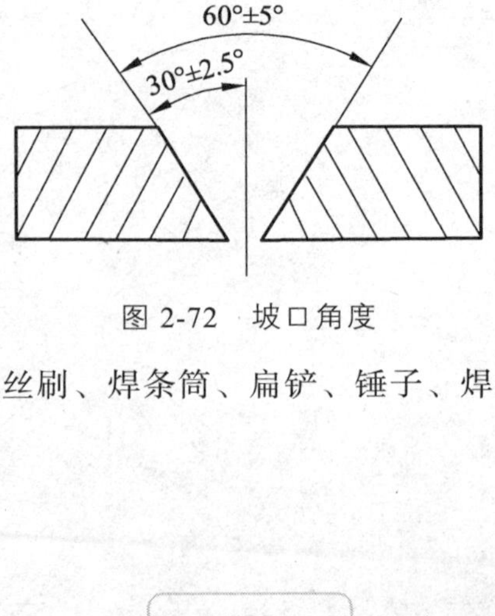

图 2-72　坡口角度

辅助工具：角磨机、钢丝刷、焊条筒、扁铲、锤子、焊缝检查尺、直尺、个人劳动保护用品等。

四、板对接横焊操作步骤

清理焊件→装配与定位焊→预制反变形→固定焊件→打底焊→填充焊→盖面焊→清渣→检查。

五、焊件的准备（见视频 2-6-1）

（一）清理焊件

将焊件坡口及两侧母材 10 ~ 20 mm 以内打磨干净，直至露出金属光泽。钝边打磨为 0.5 ~ 1 mm，如图 2-73 所示。

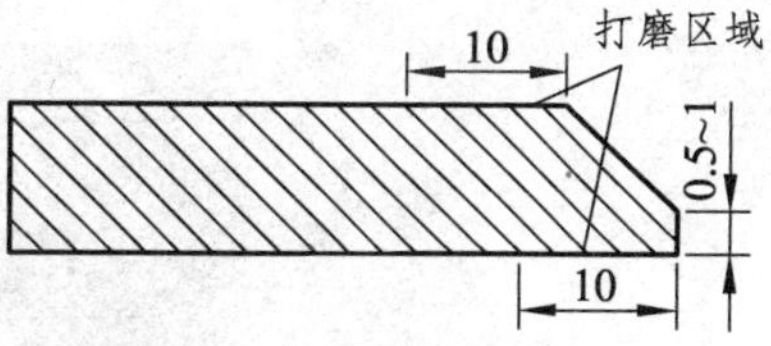

图 2-73　焊件打磨（单位：mm）

（二）装配与定位焊

将打磨好的焊件放平，错边量控制在 0.5 mm 以内，如图 2-74 所示。起焊端预留的组对间隙为 3 mm，终焊端为 4 mm，如图 2-75 所示。

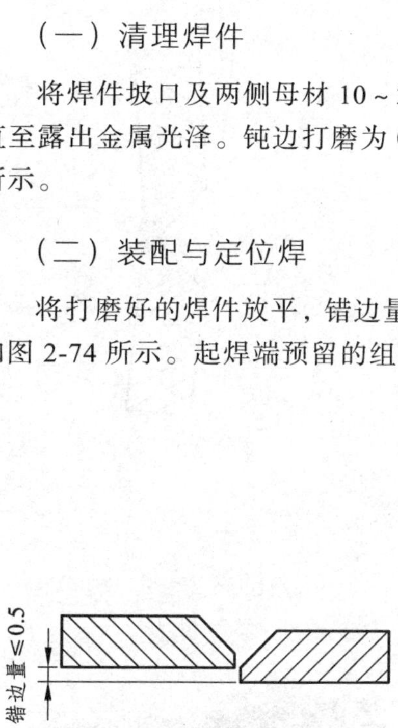

图 2-74　错边量（单位：mm）

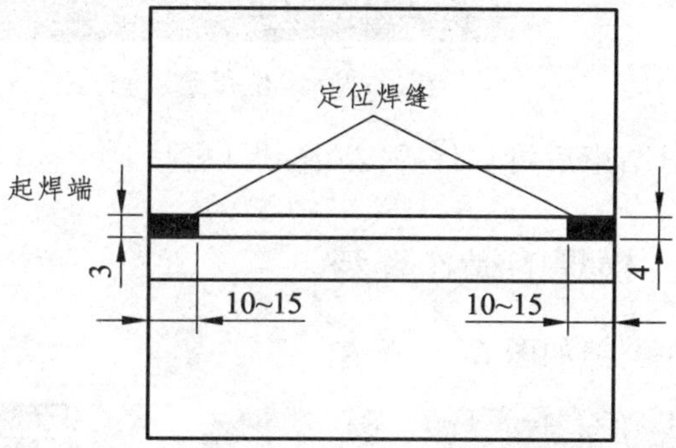

图 2-75　组对间隙（单位：mm）

在焊件正面两端坡口内侧 10 ~ 15 mm 以内进行点焊，点焊结束后将定位焊缝打磨出缓坡，便于起头和接头的熔透，如图 2-76、图 2-77 所示。

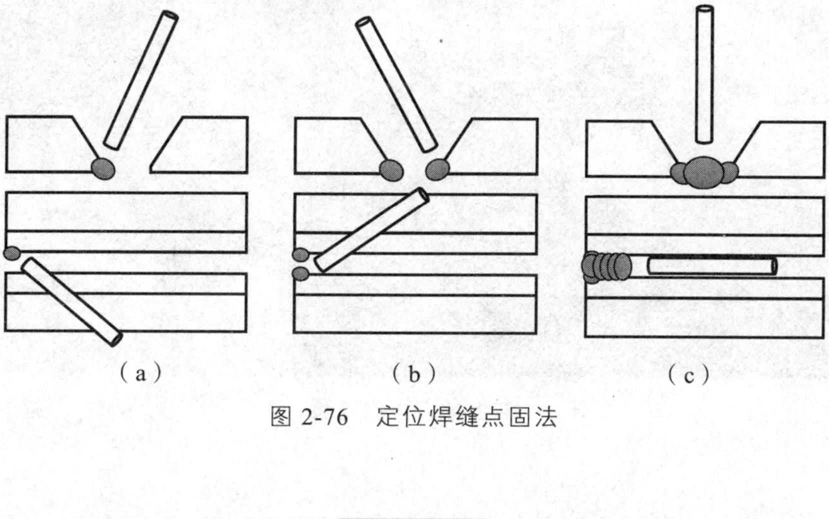

（a）　（b）　（c）

图 2-76　定位焊缝点固法

定位焊缝要牢固，防止焊接过程中焊缝收缩，造成间隙缩小或焊件错边。定位焊缝的余高不应过高，避免焊接时产生未焊透等缺陷。

（三）反变形预留

反变形预留 3°～4°，如图 2-78 所示。

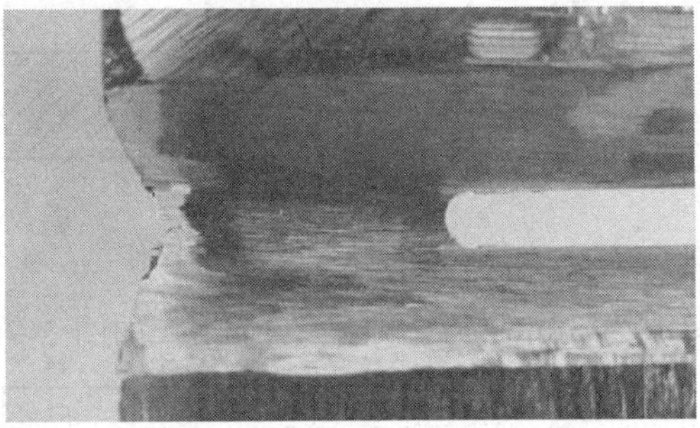

图 2-77　定位焊缝打磨

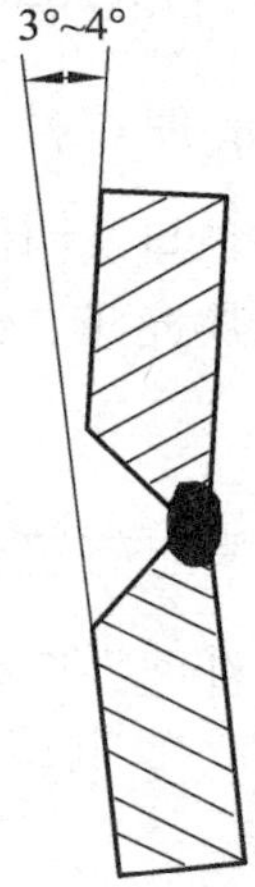

图 2-78　反变形

组对结束后将焊件固定在横焊位置。

六、横焊的操作姿势

操作姿势如图 2-79 所示。

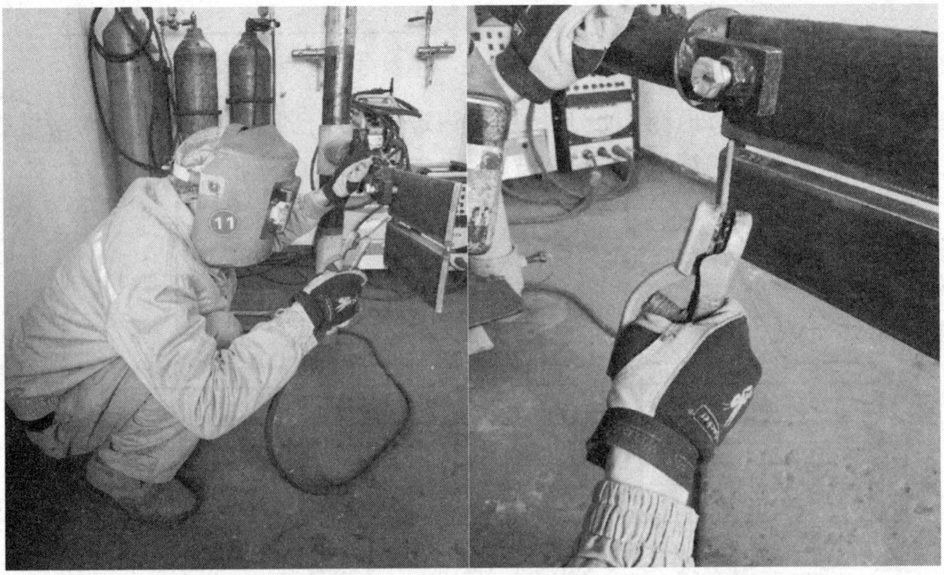

图 2-79　操作姿势

七、焊接操作

焊接参数如表 2-12 所示。

表 2-12　V 形坡口板对接横焊焊接参数

焊道分布	焊接层数	焊条直径 /mm	焊接电流 /A	电源极性
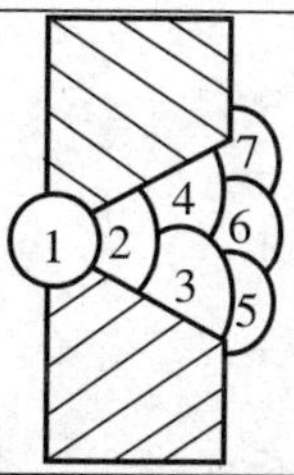	打底层 1	Φ3.2	100 ~ 120	直流正接/反接
	填充层 2	Φ3.2	100 ~ 120	直流反接
	填充层 3、4	Φ3.2	100 ~ 120	直流反接
	盖面层 5 ~ 7	Φ3.2	100 ~ 120	直流反接

横焊对接共分 4 层，如图 2-80 所示。

第一层为打底层焊道 1；第二层为填充层焊道 2；第三层为填充层焊道 3、4；第四层为盖面层焊道 5 ~ 7。

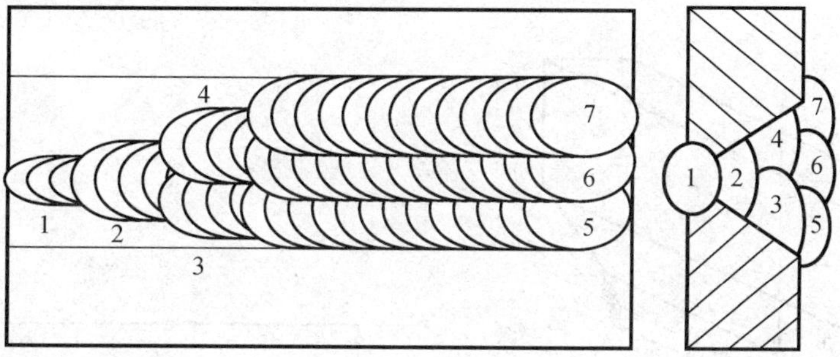

图 2-80　焊接层次

（一）第一层 ——打底层焊道 1（见视频 2-6-2）

打底层焊接分为连弧法和断弧法两种。断弧法较为容易掌握，操作较灵活，容易控制温度，便于获得良好的焊缝成型，有利于保证焊接质量，适合初学者采用，所以本教程重点讲解断弧法。

在焊接焊件前段时，焊条下倾与焊件成 70° ~ 80°，与焊接方向的夹角为 50° ~ 60°，如图 2-81 所示。

在起焊端的定位焊缝处引燃电弧，焊至定位焊缝边缘时，将焊条压向坡口根部。听到有“噗噗”的击穿声音后，在坡口根部两侧进行上下摆动，熔化坡口根部 0.5 ~ 1 mm 形成熔孔。待熔池温度升高后立即断弧，同时向后拨渣以防止液态熔渣过多聚集在熔孔处，造成焊接困难。当熔池亮点即将消失时，再次在熔孔的左上方引燃电弧，稍做停留后向下摆动，摆动到下坡口时稍做停留后拨渣断弧。如图 2-82 所示。

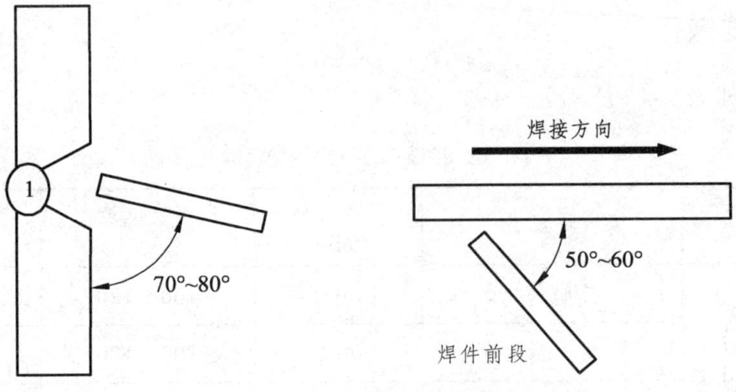

图 2-81 焊件前段焊条角度

为保证打底层焊道获得良好的成型，引弧后焊条向前移动的距离不宜过大。焊接电弧的 1/3 保持在熔池前，用来熔化和击穿坡口钝边，电弧的 2/3 覆盖在熔池上，并且焊条在坡口两侧停留时注意在上坡口停留的时间要稍长。焊接过程中还要控制熔孔的尺寸，保持形状和大小基本一致。如果坡口面熔化过多，会造成背面焊道下坠或产生焊瘤缺陷。

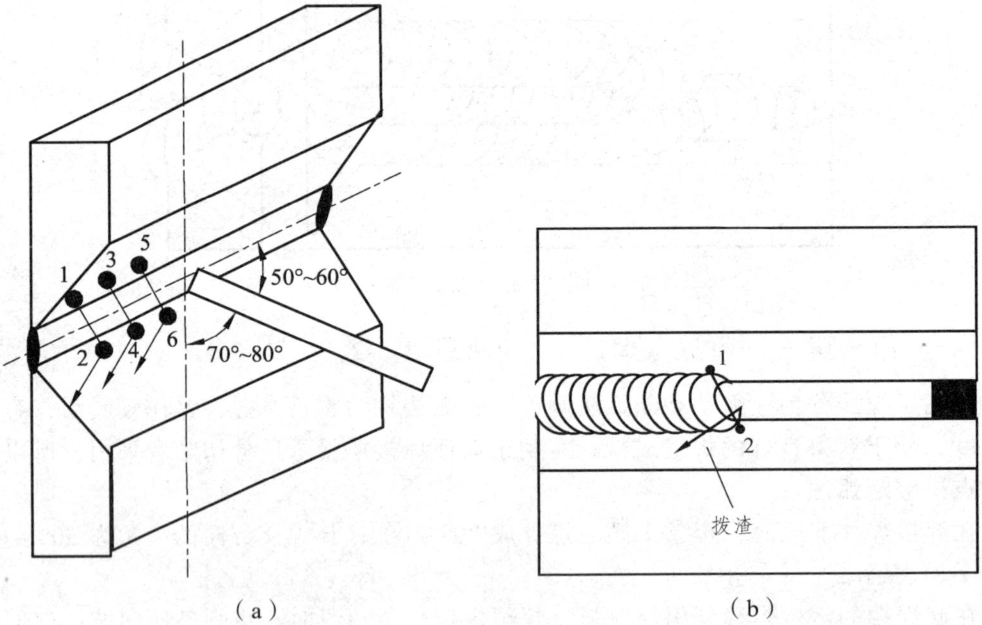

图 2-82 打底层焊条角度、摆动运条方法

接头时将接头处焊缝打磨出斜坡，在斜坡后 10 ~ 20 mm 处引燃电弧，小幅度摆动焊条将斜坡填满。当焊到斜坡边缘时，将焊条下压到坡口根部，听到击穿声后稍做停留以保证接头熔透，然后转入断弧法焊接，如图 2-83 所示。

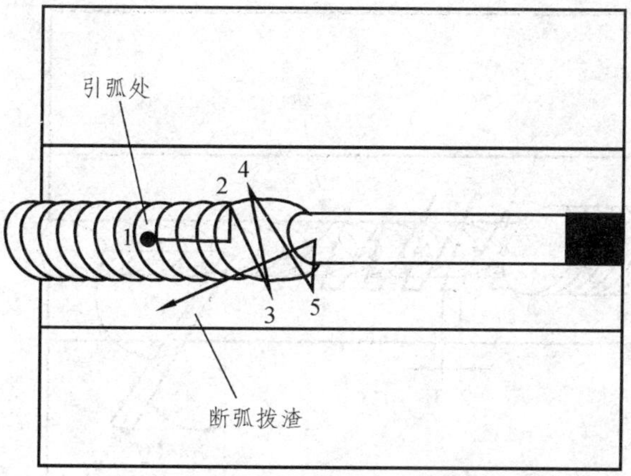

图 2-83　接头方法

焊完一根焊条后，随着电弧向前移动,磁偏吹的程度逐渐减弱，相应调整焊条向前倾斜的角度。当焊到焊件中段位置时磁偏吹现象最弱，将焊条与焊接方向的夹角调整为 70° ~ 80°，与焊件的夹角同样为 70° ~ 80°。当焊到焊缝后半段时，电弧向焊缝后方偏吹，此时应当调整焊条角度，与焊缝的后方呈 70° ~ 90°，压住电弧直至打底完成,如图 2-84 所示。

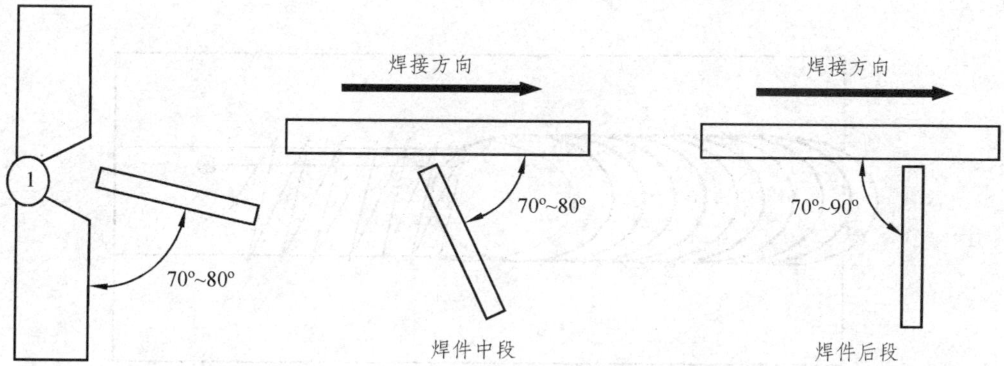

图 2-84　焊件后段焊条角度

（二）第二层 ——填充层焊道 2（见视频 2-6-3）

由于该层的焊道较窄，可使用斜锯齿形运条法一道填充。焊条角度如图 2-85 所示。

焊接前将前层焊道清理干净。然后在坡口内引燃电弧，回拉到起焊处并稍做停留，当液态熔渣外流时沿打底层焊缝的下侧焊趾向焊接方向移动。焊 3 ~ 4 mm 后压低电弧向左上方摆动，摆动到焊缝上侧焊趾处稍做停留，待与上方母材充分熔合后压低电弧向右下方摆动。焊条向下摆动时不可过快，当摆动至下侧焊趾后，不停留向前移动 2 ~ 3 mm，然后快速向左上摆动，重复操作向前焊接。

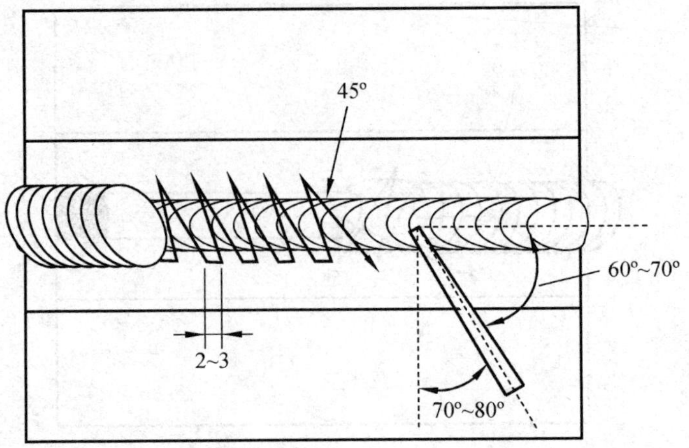

图 2-85　焊条角度及运条方法（单位：mm）

接头时更换焊条速度要快，在弧坑前 20 ~ 30 mm 处引燃电弧，回拉至弧坑处，沿弧坑上边缘向下摆动将弧坑填满后转入正常焊接，如图 2-86 所示。

随着焊接的进行，电弧磁偏吹程度逐渐减小，因此焊条向前倾斜的角度也需要相应调整。当焊至焊件后段时电弧向焊缝后方偏吹，此时焊条也相应地向后倾斜压住电弧。

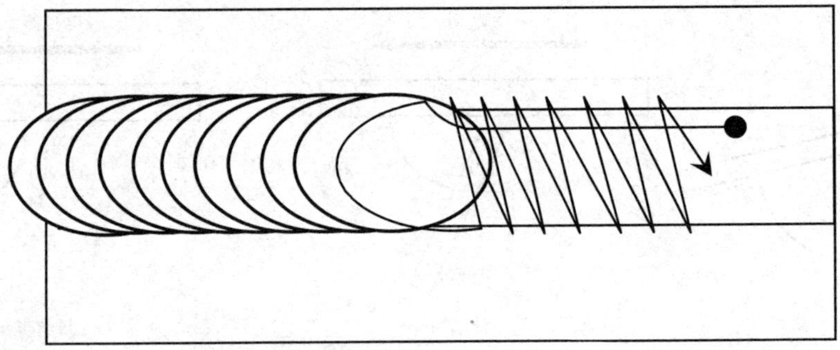

图 2-86　填充层接头方法

（三）第三层 ——填充层焊道 3、4（见视频 2-6-4）

由于该层焊道较宽，如果再用斜锯齿形运条法一道填充，会因熔池体积过大不易控制而造成熔化的金属下垂。所以焊接该层焊道宜采用多道焊接，根据坡口宽度可采用“一层两道”的焊接方法。

1. 下侧焊道 3 的焊接

焊条与下侧焊件呈 90° ~ 100°，与焊接方向的夹角为 60° ~ 70°。可根据电弧磁偏吹、熔池形状及液态熔渣流动情况逐渐调整焊条与焊接方向的角度，如图 2-87 所示。

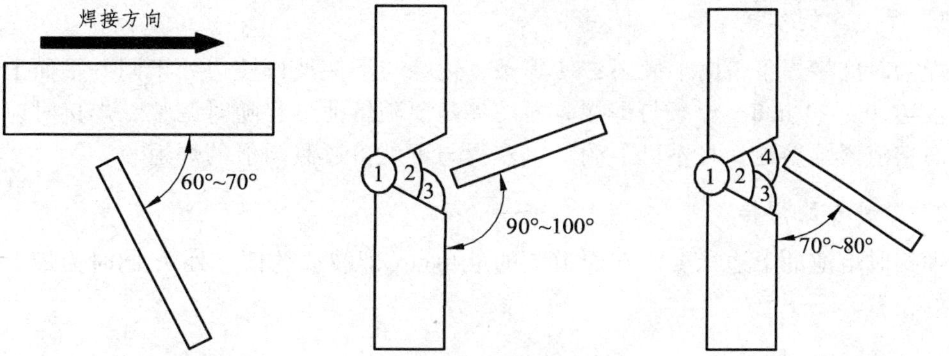

图 2-87　压道填充焊条角度

在坡口内引燃电弧，回拉至起焊处并稍做停留。当液态熔渣外流时开始向焊接方向移动。采用直线形运条法或斜锯齿形运条法小幅摆动向前焊接。焊接时将电弧的少部分用于熔化下坡口，为盖面层预留 0.5 ~ 1 mm 深度，将电弧的大部分用于熔化前一层焊道。该焊道的形状要焊成为台阶或近似台阶状，方便托住上侧的焊道，同时还要为上方一侧焊道预留好合适的位置。

预留凹槽的宽度不小于带药皮焊条的直径。如果预留宽度过窄，电弧将难以将凹槽根部熔化；如果预留过宽，容易造成金属下坠，与上侧母材熔合处出现沟槽，给盖面层焊接造成困难。

2. 上侧焊道 4 的焊接

焊条与下侧焊件呈 70° ~ 80°，与焊接方向的夹角为 60° ~ 70°。可根据电弧偏吹、熔池形状及液态熔渣流动情况逐渐调整焊条与焊接方向的角度。采用直线形运条法或斜锯齿形运条法小幅摆动操作。

焊接时将电弧对准预留的凹槽，保证将其底部熔化。将熔池的上边缘熔化至上坡口的边缘，熔池的下边缘熔化至下侧焊道的最高点处，这样能保证该层上下两焊道平整，高度一致。该焊道的焊接速度要均匀，如速度过快会造成凹槽未填满，盖面时容易产生咬边；如速度过慢则容易造成金属下垂。

（四）第四层 —— 盖面层焊道 5 ~ 7（见视频 2-6-5）

盖面层焊道均采用直线型运条法操作，焊条角度如图 2-88 所示。

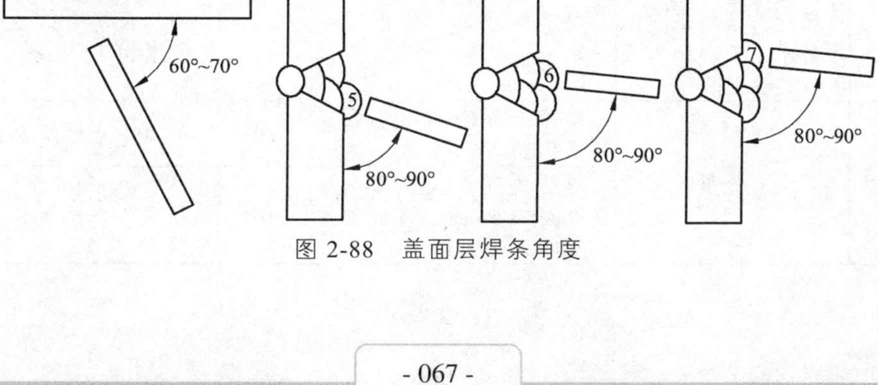

图 2-88　盖面层焊条角度

1. 焊道 5 的焊接

焊接时应将焊条稍向下倾斜，使焊条下边缘与下侧坡口棱边处于同一平面上，熔化坡口棱边 0.5 ~ 1 mm。焊条与焊接方向的夹角要随熔池形状随时调整，焊接时应始终保持液态熔渣紧跟熔池，且不可下淌，以获得与下坡口过渡圆滑的焊道。

2. 焊道 6 的焊接

焊接时熔池的下边缘要压在焊道 5 的最高点（即波纹的顶点处），同时为最上方一道预留好位置。

3. 焊道 7 的焊接

焊接时要适当减小焊接电流，提高焊接速度，将熔化的金属均匀地熔敷在坡口的上边缘。控制好焊条角度，压低电弧防止熔化金属下垂产生咬边缺陷。

板对接横焊注意事项：

横焊由于焊道较多，角变形较大。而角变形的大小既与焊接参数有关，又与焊道层数及每层焊道数目、焊道间的间歇时间有关。通常熔池大、焊道之间间隔时间短、层间温度高时角变形大，反之角变形小。因此初学者应根据练习过程中的操作情况，总结角变形的规律，提前预留合理的反变形量，以防止焊后焊件角变形超差。

八、外观检验

V 形坡口板对接横焊评分如表 2-13 所示。

检验基本要求：

（1）焊后应将焊道表面的熔渣、飞溅清理干净。焊缝表面应当是焊后原始状态，焊缝表面没有加工修磨或者返修焊。

（2）焊件的外观检查，采用目视或 5 倍放大镜进行。焊件两端各 20 mm 范围内的缺陷不计。焊缝的余高和宽度可用焊缝检验尺测量最大值和最小值，不取平均值。单面焊的背面焊缝宽度可不测定。

表 2-13　V 形坡口板对接横焊评分表

考核项目	考核内容	考核要求	配分	评分要求
安全文明生产	能正确执行安全技术操作规程	按达到规定的标准程度评定	5	根据现场纪律，视违反规定程度扣 1 ~ 5 分
	按有关文明生产的规定，做到工作地面整洁、工件和工具摆放整齐	按达到规定的标准程度评定	5	根据现场纪律，视违反规定程度扣 1 ~ 5 分
主要项目	焊缝的外形尺寸	焊缝余高 0 ~ 4 mm。余高差 ≤ 3 mm。	10	每项不合格扣 5 分
		焊缝宽度比坡口每侧增宽 0.5 ~ 2.5 mm。宽度差 ≤ 3 mm	10	每项不合格扣 5 分

续表

考核项目	考核内容	考核要求	配分	评分要求
主要项目	焊缝的外形尺寸	焊缝直线度≤2 mm	5	每超差 0.5 mm 扣 1 分
		焊后角变形≤3°	5	每超 1 度扣 1 分
		背面焊缝的余高 0～3 mm	5	每超差 0.5 mm 扣 1 分
	焊缝的外观质量	焊缝平直、波纹均匀细密	5	视波纹均匀程度扣 1～3 分
		焊缝咬边深度≤0.5 mm；焊缝两侧咬边累计总长不超过焊缝有效长度范围内的 10%	20	焊缝两侧咬边累计总长每 2 mm 扣 1 分，咬边深度>0.5 mm 或累计总长>30 mm 此项不得分
		焊缝错位量≤1.2 mm	5	每超差 0.5 mm 扣 1 分
		电弧擦伤	5	任意位置有电弧擦伤，该项不得分
	焊缝内部质量	按照 NB/T 47013《承压设备无损检测》标准进行检测	20	射线透照质量不低于 AB 级，焊缝缺陷等级不低于Ⅱ级为合格
注：焊件焊接未完成，表面修补及焊缝正反两面有裂纹、夹渣、气孔、未熔合缺陷，该件作 0 分处理				

九、常见焊接问题及缺陷

1. 打底层背面未焊透、接头凹陷

产生原因：

① 焊件的组对间隙过小，阻碍焊缝金属过渡到背面；

② 未将接头处焊缝打磨出斜坡，焊接时无法熔透；

③ 焊接时未将焊条伸入坡口根部；

④ 引弧、断弧的位置不正确。

2. 填充层焊缝表面不平整，两侧夹角过深

产生原因：

① 焊道排列层次、顺序不正确；

② 焊道预留位置不合理；

③ 焊接速度不均匀，焊道间覆盖范围不合理。

3. 焊缝成型宽窄不齐

产生原因：焊接时运条的直线度超差。

4. 烧穿和焊瘤

产生原因：

① 焊接电流过大、焊接速度过慢；
② 打底层时电流过大、焊条伸入坡口过深，导致焊缝背面凸起过高形成焊瘤。

5. 咬边

产生原因：焊接时电流过大、电弧过长、运条角度不合理。

十、想一想

（1）横焊时容易出现哪些缺陷？
（2）横焊时如何防止熔化金属下淌？
（3）多焊道焊接时焊道顺序如何排列？

第七单元　V 形坡口板对接仰焊

系列视频对接仰焊（V 形）

一、学习目标

（1）掌握断弧焊打底层焊接操作技术；
（2）掌握克服磁偏吹的方法；
（3）掌握运条方法；
（4）掌握焊缝起头、接头、收尾方法与技巧；
（5）掌握控制熔池形状与温度的技巧；
（6）掌握 V 形坡口板对接仰焊单面焊双面成形技术。

二、相关知识

仰焊是指在焊缝倾角 0°或 180°、焊缝转角 270°位置的焊接。

仰焊是各种位置焊接中最难掌握的一种。由于熔池位于焊件的正下方，液体金属靠自身表面张力作用保持在焊件上，容易导致下坠。所以要选择合适的电流，电流太小则根部焊不透，太大则容易引起熔化金属下坠。如果熔池温度高，表面张力则减少；如果熔池体积增大，则重力作用加强。这些因素都会引起熔池金属下坠甚至形成焊瘤，还会造成焊缝背面凹陷，使焊缝成形较为困难。因此仰焊施焊时宜采用小直径焊条，短弧焊接。

仰焊操作时身体极易疲劳，而运条过程中又需要仔细操作。一旦臂力、腰力不支、身体松弛，就会导致运条不均匀、不稳定，从而影响焊接质量。

三、操作准备

焊机：松下 YC-400TX。

焊条：E5015 $\Phi 3.2$。

焊件：Q235B 300 mm × 125 mm × 12 mm 钢板。

坡口形式：V 形坡口 30° ± 2.5°两块一组，如图 2-89 所示。

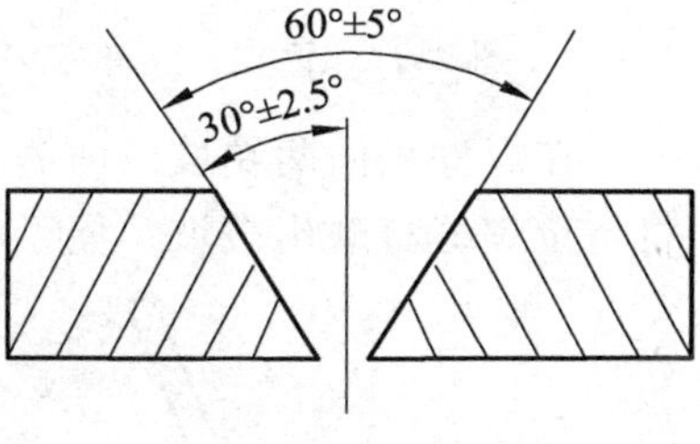

图 2-89　坡口角度

辅助工具：角磨机、钢丝刷、焊条筒、扁铲、锤子、焊缝检查尺、直尺、个人劳动保护用品等。

四、板对接仰焊操作步骤

清理焊件→装配与定位焊→反变形→固定焊件→打底焊→填充焊→盖面焊→清渣→检查。

五、焊件的准备（见视频 2-7-1）

（一）清理焊件

将焊件坡口及两侧母材 10 ~ 20 mm 以内打磨干净，直至露出金属光泽。钝边打磨为 0.5 ~ 1 mm，如图 2-90 所示。

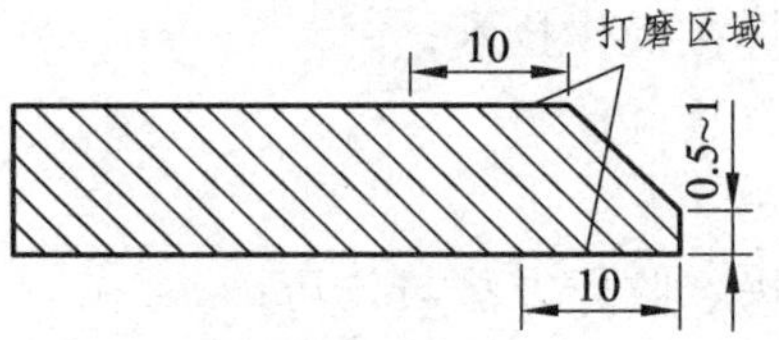

图 2-90　焊件打磨（单位：mm）

（二）装配与定位焊

将打磨的焊件放平，错边量控制在 0.5 mm 范围内，如图 2-91 所示。起焊端预留的组对间隙为 3 mm，终焊端为 4 mm，如图 2-92 所示。

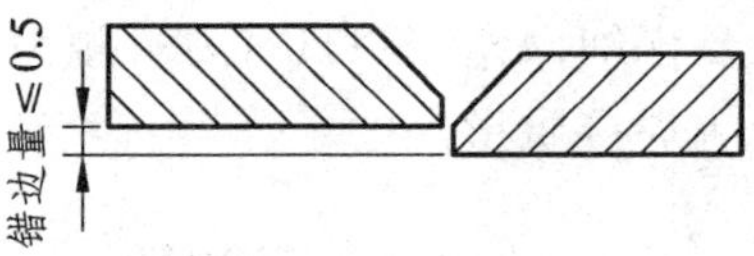

图 2-91　错边量（单位：mm）

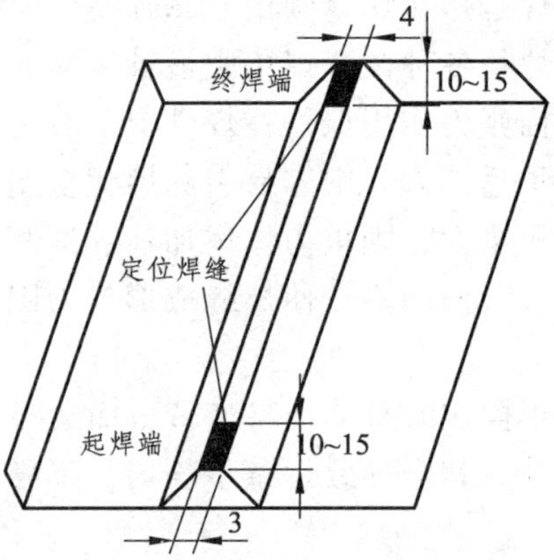

图 2-92　组对间隙（单位：mm）

在焊件正面两端坡口内侧 10 ~ 15 mm 以内进行点焊，如图 2-93 所示。点焊结束后将定位焊缝打磨出缓坡，便于起头和接头，如图 2-94 所示。

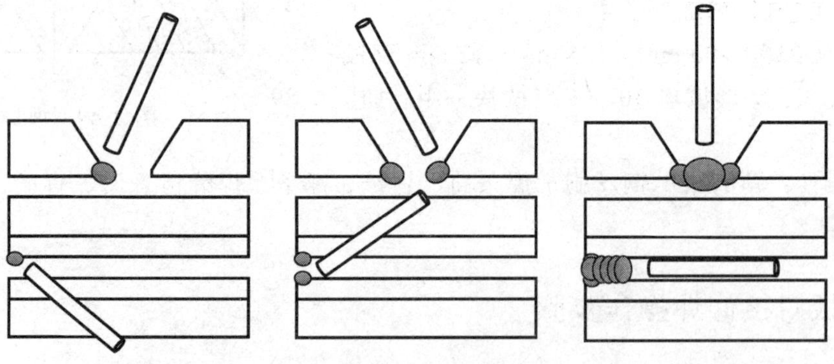

（a）　（b）　（c）

图 2-93　点固法

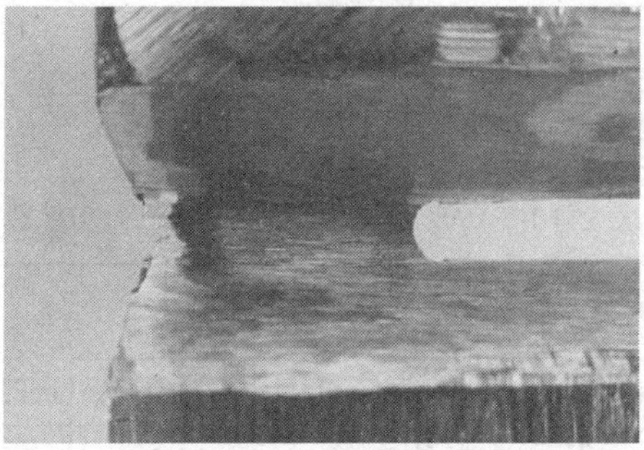

图 2-94　定位焊缝打磨

定位焊缝要牢固，防止焊接过程中焊缝收缩，使间隙缩小或焊件错边。定位焊缝的余高不应过高，避免焊接时产生未焊透等缺陷。

（三）反变形预留

反变形预留 2° ~ 3°，如图 2-95 所示。

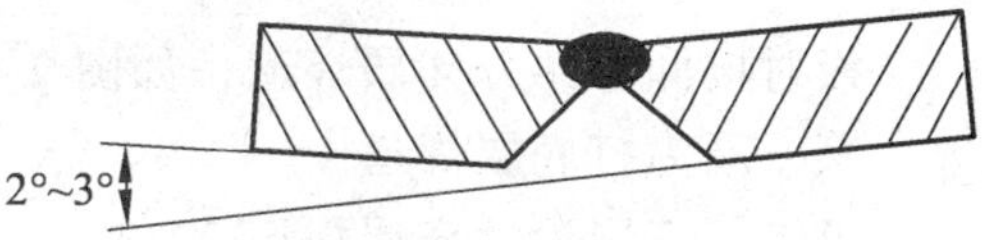

图 2-95　反变形

（四）组对结束后将焊件固定在仰焊位置

固定的高度根据个人习惯而定，采用蹲姿时不宜超过手臂抬起的最高范围，并保证能清楚地观察整个熔池。

六、仰焊的操作及握把姿势

仰焊的操作及握把姿势如图 2-96 所示。

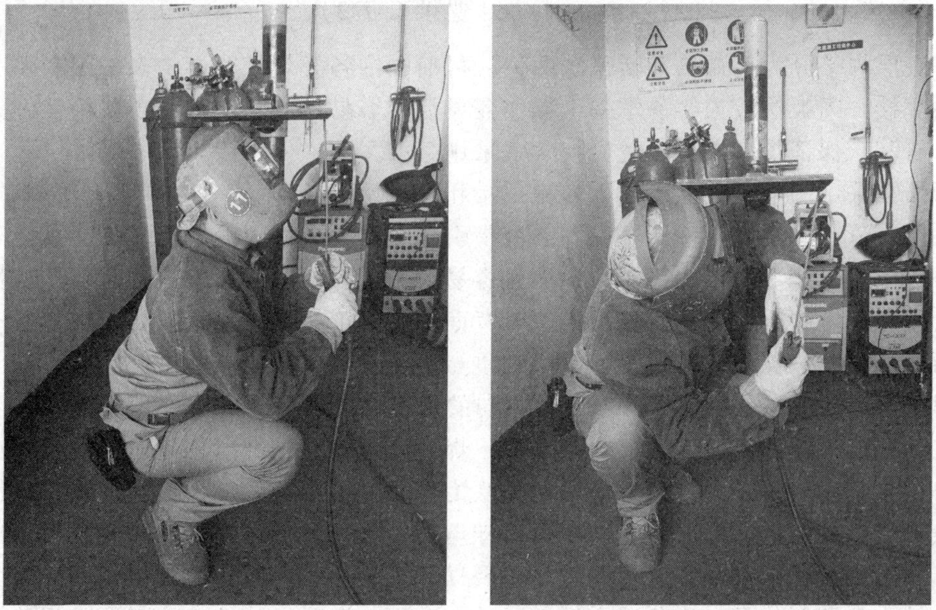

图 2-96　操作姿势

七、焊接操作

焊接参数如表 2-14 所示。

表 2-14　V 形坡口板对接立焊焊接参数

焊道分布	焊接层数	焊条直径/mm	焊接电流/A	电源极性
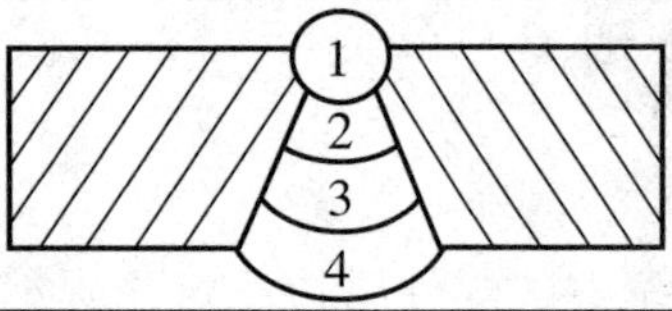	打底层 1	Φ3.2	120 ~ 130	直流正接/反接
	填充层 2、3	Φ3.2	100 ~ 110	直流反接
	盖面层 4	Φ3.2	90 ~ 110	直流反接

板对接仰焊共分 4 层焊道，如图 2-97 所示。

第一层为打底层焊道 1。

第二、三层为填充层焊道 2、3。

第四层为盖面层焊道 4。

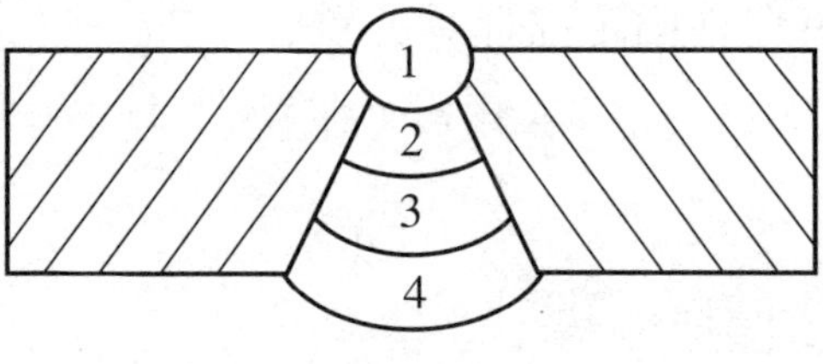

图 2-97　焊接层次

（一）第一层 ——打底层焊道 1（见视频 2-7-2）

打底层焊接分为连弧法和断弧法两种。目前国内各类焊接赛事中多采用断弧法进行打底层焊接。断弧法较为容易掌握，操作较灵活，容易控制温度，便于获得良好的焊缝成型，有利于保证焊接质量，适合初学者采用。

断弧法采用的电源极性又分为直流正接和直流反接两种。

采用直流正接法时焊件侧温度高，容易引燃电弧，背面焊缝更容易凸起，但是直流正接时，电弧燃烧不稳定，飞溅大，而且容易产生气孔缺陷。所以焊接时要严格控制电弧长度避免产生缺陷。采用直流反接法时背面焊缝易产生凹陷，所以要小幅度摆动同时加快断弧的频率以保证焊缝质量。本教程重点讲解直流正接断弧法。

焊条与焊件表面左右呈 90°，与焊接方向的角度随位置变化相应调整，如图 2-98 所示。

在起焊端位置的定位焊缝上引燃电弧，焊到定位焊缝尾部时迅速压低电弧将焊条压向坡口根部，同时焊条向上顶。借助电弧吹力作用尽量向坡口背面输送熔滴，小幅度摆动焊条形成熔孔。熔孔形成后立即断弧冷却熔池，当熔池上的红点缩小变暗时，再次引弧焊接。听到电弧击穿声时，控制焊条不要摆动并向上顶，保持电弧燃烧 1 ~ 1.5 s，待熔化的铁水与两侧的母材充分熔合后，迅速向前下方断弧，使熔池冷却形成焊缝。

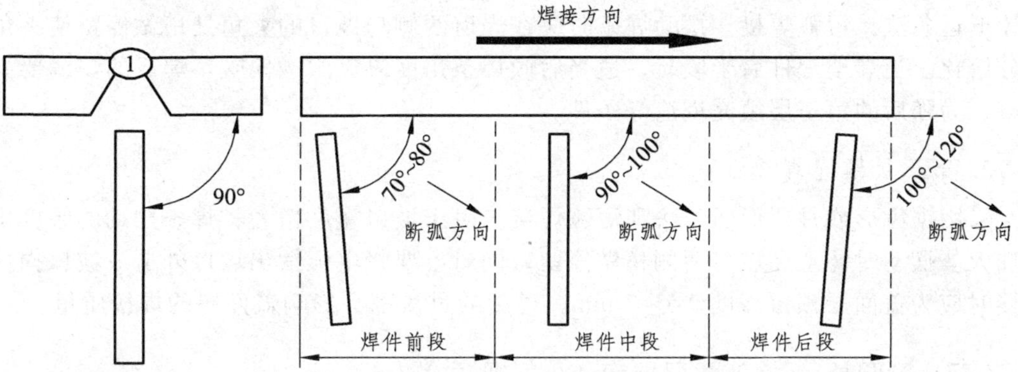

图 2-98　打底层焊条角度

接头时将接头处打磨出斜坡，在斜坡后 10 ~ 20 mm 处引弧，小幅度摆动焊条将斜坡填满，摆动到斜坡边缘时将焊条顶向坡口根部，听到击穿的声音后，稍停留保证接头处熔合好，然后转入断弧法焊接。

打底层注意事项：

在焊接过程中，因气流、磁场分布不均匀会使电弧偏离焊条轴线产生磁偏吹。尤其在焊件前 20 mm 范围最容易引起磁偏吹，所以应及时调整焊条角度，可使焊条向偏吹方向倾斜压住电弧，通过每次断弧后相应地调整焊条角度完成焊接。为避免磁偏吹引起的未焊透、夹渣等缺陷，引弧后需在坡口根部稍做停留，使熔池与两侧母材更好地熔合。

打底时不应大幅度摆动焊条。如果摆动幅度过大，并且焊条没有伸到坡口根部，会造成背面凹陷、未焊透的缺陷，同时造成正面铁水下垂形成焊瘤，或产生焊缝与两侧坡口夹角过深的缺陷。断弧时动作应迅速利落，避免将电弧拉长产生气孔。

（二）第二三层 ——填充层焊道 2、3（见视频 2-7-3）

焊条与焊件表面左右呈 90°，与焊接方向的角度随位置变化相应调整，如图 2-99 所示。

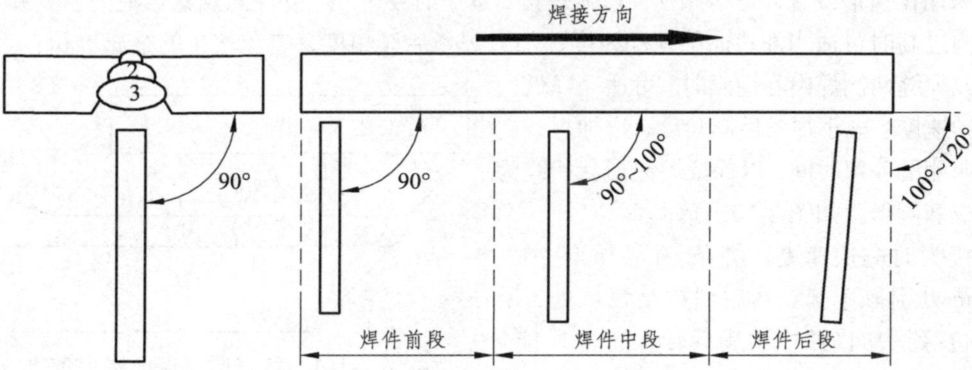

图 2-99　填充层焊条角度

1. 第二层填充焊道 2

在焊接时必须注意与打底层焊道充分熔合，并且不应出现凸形焊道。采用锯齿形或月牙形运条法，短弧焊接。摆动焊条时应在焊道两侧与坡口的夹角处稍做停留使夹角处充分熔化。当焊至焊件后半段时，适当后倾焊条角度以克服磁偏吹。焊成的焊缝要光滑平整，为随后的第三层填充创造好条件。

2. 第三层填充焊道 3

采用锯齿形或月牙形运条法和短弧焊接。由于坡口宽度增大，焊条摆动的幅度也随之加大。摆动时注意在坡口两侧稍做停留，同时不要将电弧摆出坡口外造成坡口损伤。焊接时应为盖面层预留深度 0.5 ~ 1 mm，过深或过浅都会影响盖面层的焊接质量。

（三）第四层——盖面层焊道 4（见视频 2-7-4）

焊接前应将填充层的熔渣、药皮、飞溅清除干净，露出坡口两侧坡口棱边，作为盖面时的参照。起焊端位置焊条与焊件表面左右成 90°，与焊接方向成 90°。随着焊接的进行，焊件的整体温度随之升高。为控制熔池形状，焊条与焊接方向的角度随焊接位置变化相应调整。如图 2-100 所示。

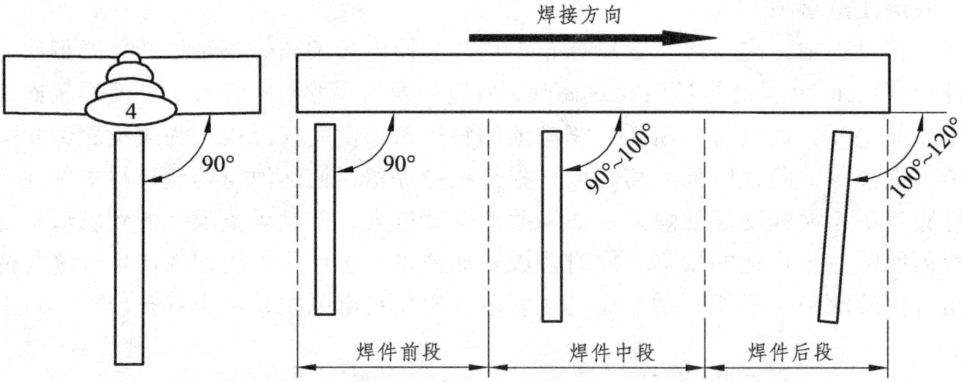

图 2-100　盖面层焊条角度

采用锯齿形或月牙形运条法，短弧焊接。运条时要平稳，并注意观察熔池的温度和形状。当焊肉过高时可适当加快向前摆动速度、加大焊条后倾角度，避免熔化的金属堆积；当焊肉过低或焊缝两侧焊肉不饱满时，可适当降低向前摆动速度、减小焊条后倾角度、增加焊条在坡口两侧的停留时间，以保证熔池形状始终为圆形或椭圆形。如图 2-101 所示。

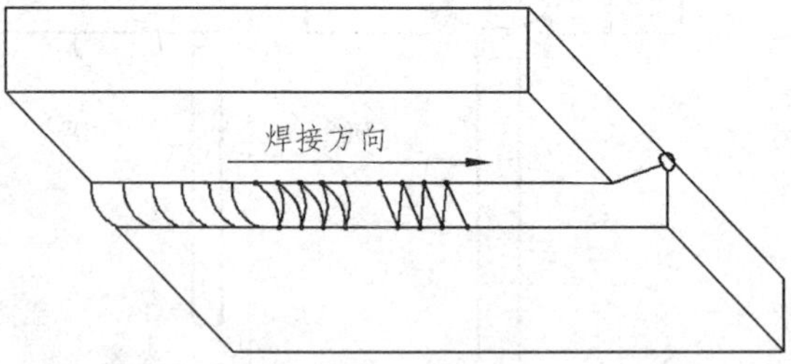

图 2-101　填充层、盖面层运条方法

接头时应快速更换焊条。在弧坑前 20 ~ 30 mm 处引燃电弧，然后回拉至弧坑处，沿弧坑边缘摆动将弧坑填满后转入正常焊接。接头时注意观察接头位置，避免焊缝重叠过多造成焊缝过高，或未将弧坑填满造成脱节现象。

盖面层注意事项：

咬边缺陷是仰焊盖面层焊接中最难克服的缺陷。产生的原因是液态金属流动时受自身重力下垂，或由于焊接位置相对困难造成握枪手臂的抖动产生咬边。

为防止产生咬边要做到以下几点：

（1）运条时要平稳，避免抖动使焊缝边缘产生点状咬边缺陷；避免因焊条角度不正确产生长距离的线状咬边缺陷。

（2）运条时摆动要均匀，在坡口两侧一定要压低电弧并稍做停留，熔化坡口棱边 0.5 ~ 1 mm，反复摆动将坡口两边填满。

（3）运条时摆动步距不要过大，避免焊缝产生脱节现象。

八、外观检验

检验基本要求：

（1）焊后应将焊道表面的熔渣、飞溅清理干净。焊缝表面应当是焊后原始状态，焊缝表面没有加工修磨或者返修焊。

（2）焊件的外观检查，采用目视或 5 倍放大镜进行。焊件两端各 20 mm 范围内的缺陷不计。焊缝的余高和宽度可用焊缝检验尺测量最大值和最小值，不取平均值。单面焊的背面焊缝宽度可不测定。

V 形坡口板对接仰焊评分如表 2-15 所示。

表 2-15　V 形坡口板对接仰焊评分表

考核项目	考核内容	考核要求	配分	评分要求
安全文明生产	能正确执行安全技术操作规程	按达到规定的标准程度评定	5	根据现场纪律，视违反规定程度扣 1 ~ 5 分
	按有关文明生产的规定，做到工作地面整洁、工件和工具摆放整齐	按达到规定的标准程度评定	5	根据现场纪律，视违反规定程度扣 1 ~ 5 分
主要项目	焊缝的外形尺寸	焊缝余高 0 ~ 4 mm。余高差 ≤3 mm	10	每项不合格扣 5 分
		焊缝宽度比坡口每侧增宽 0.5 ~ 2.5 mm。宽度差 ≤3 mm	10	每项不合格扣 5 分
		焊缝直线度 ≤2 mm	5	每超差 0.5 mm 扣 1 分
		焊后角变形 ≤3°	5	每超 1 度扣 1 分
		背面焊缝的余高 0 ~ 3 mm	5	每超差 0.5 mm 扣 1 分
	焊缝的外观质量	焊缝平直、波纹均匀细密	5	视波纹均匀程度扣 1 ~ 3 分
		焊缝咬边深度 ≤0.5 mm；焊缝两侧咬边累计总长不超过焊缝有效长度范围内的 10%	20	焊缝两侧咬边累计总长每 2 mm 扣 1 分，咬边深度 >0.5 mm 或累计总长 >30 mm 此项不得分
		焊缝错位量 ≤1.2 mm	5	超差 0.5 mm 扣 1 分
		电弧擦伤	5	任意位置有电弧擦伤，该项不得分
	焊缝内部质量	按照 NB/T 47013《承压设备无损检测》标准进行检测	20	射线透照质量不低于 AB 级，焊缝缺陷等级不低于Ⅱ级为合格
注：焊件焊接未完成，表面修补及焊缝正反两面有裂纹、夹渣、气孔、未熔合缺陷，该件作 0 分处理				

九、常见焊接问题及缺陷

1. 打底层背面未焊透、接头凹陷

产生原因：

① 焊件的组对间隙过小，阻碍焊缝金属过渡到背面；

② 未将接头处焊缝打磨出斜坡，焊接时无法熔透；

③ 焊接时未将焊条伸入坡口根部；

④ 引弧、断弧的位置不正确。

2. 填充层焊缝两侧夹角深中间高

产生原因：焊接时焊条在坡口两侧停留时间短，中间时间长。

3. 焊缝表面余高过高、高低不平、接头脱节

产生原因：

① 填充层过高、焊接速度过慢、焊接速度不均匀，导致熔化的焊接金属堆积；

② 接头时未将弧坑填满。

4. 焊缝成型宽窄不齐

产生原因：运条时摆动宽度不一致。

5. 咬　边

产生原因：

① 焊接时熔化的焊接金属受自身重力影响下垂，产生咬边现象；

② 焊接位置相对困难，运条不稳定；

③ 焊条角度不正确；

④ 焊接时焊条在坡口两侧停留时间不足。

十、想一想

（1）仰焊操作的难点有哪些？

（2）如何防止打底层背面凹陷？

（3）克服咬边的方法有哪些？

第八单元　T形接头平角焊

一、学习目标

（1）掌握角焊缝相关基础知识；
（2）掌握角焊缝的装配与定位焊的方法；
（3）掌握焊缝起头、接头、收尾方法与技巧；
（4）掌握角焊缝多层多道焊技术。

系列视频
平角焊（T形）

如图2-102所示。

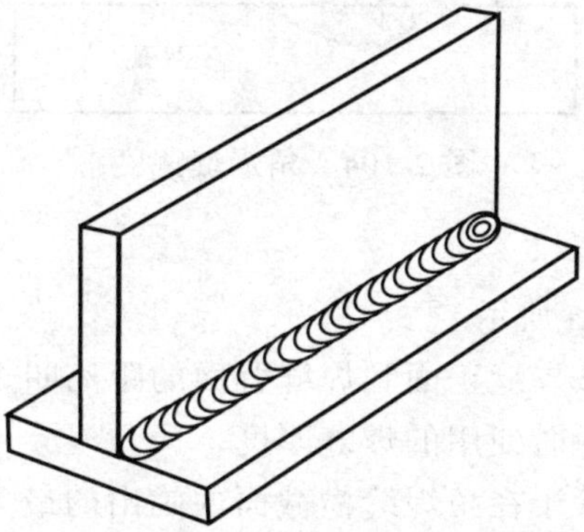

图2-102　平角焊

二、相关知识

（一）角焊缝各部分名称

角焊缝各部分名称如图2-103所示。

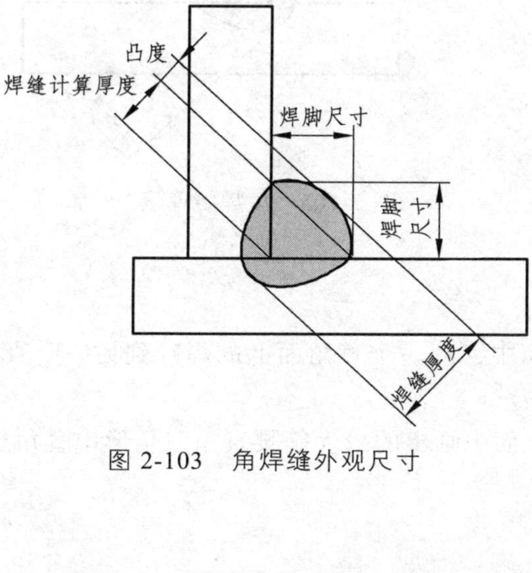

图2-103　角焊缝外观尺寸

1. 角焊缝宽度

角焊缝宽度如图 2-104 所示。

① 焊缝表面两焊趾之间的距离叫焊缝宽度。

② 焊缝表面与母材交界处叫焊趾。

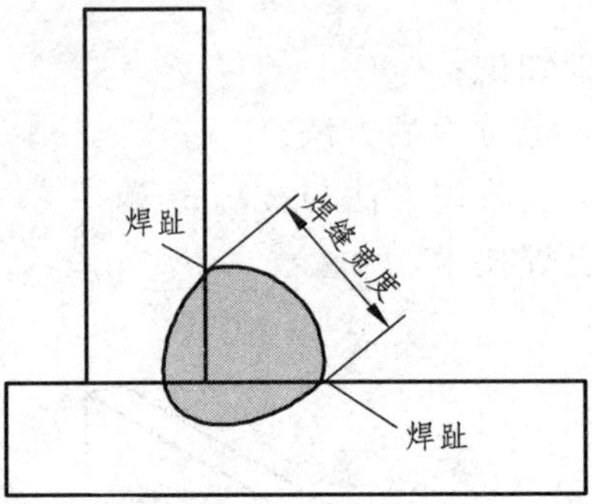

图 2-104 角焊缝宽度

2. 角焊缝的厚度

角焊缝的厚度如图 2-105 所示。

① 在焊缝横截面中，从焊缝正面到焊缝背面的距离叫焊缝厚度。

② 计算厚度是设计焊缝时使用的焊缝厚度。

③ 角焊缝的计算厚度等于在角焊缝横截面内画出的最大等腰直角三角形中,从直角的顶到斜边的垂线长度。

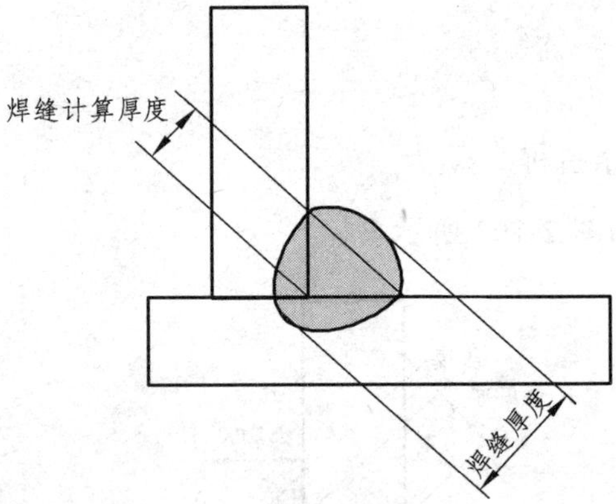

图 2-105 角焊缝厚度

3. 焊 脚

焊脚如图 2-106 所示。

① 角焊缝的横截面中，从一个直角面上的焊趾到另一个直角面表面的最小距离叫焊脚。

② 在角焊缝的横截面中画出的最大等腰直角三角形中直角边的长度叫作焊脚尺寸。

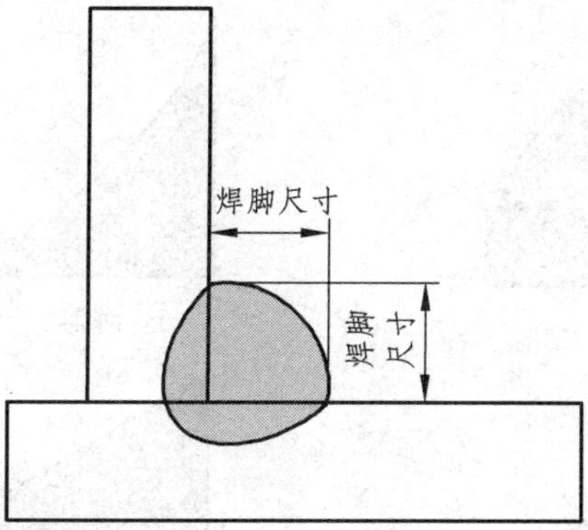

图 2-106　角焊缝焊脚尺寸

4. 熔　深

熔深如图 2-107 所示，在焊接接头横截面上，母材或前道焊缝熔化的深度叫熔深。

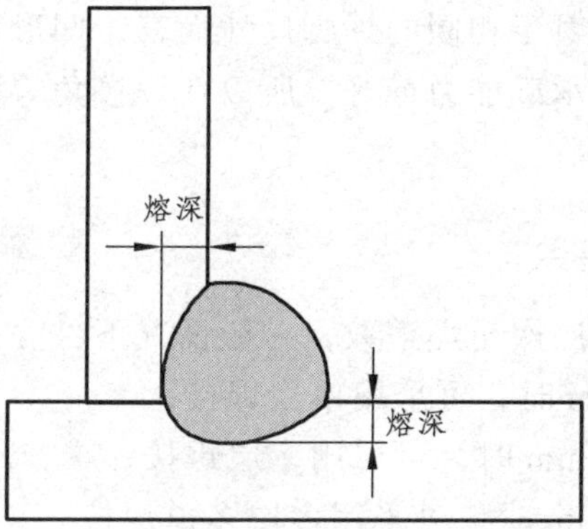

图 2-107　角焊缝熔深

（二）角焊缝尺寸的规定

1. 最大焊脚尺寸

为了避免烧穿较薄的焊件，减少焊接应力和焊接变形，且扩大热影响区，角焊缝的焊脚尺寸不宜太大。除了直接焊接钢管结构的焊脚尺寸不宜大于支管壁厚的 2 倍之外，焊脚尺寸不宜大于较薄焊件厚度的 1.2 倍。

2. 最小焊脚尺寸

焊脚尺寸不宜太小，以保证焊缝的最小承载能力，并防止焊缝因冷却过快而产生裂纹。角焊缝的焊脚尺寸不得小于$1.5\sqrt{t}$，t 为较厚焊件厚度（单位：mm）；对 T 形连接的单面角焊缝，应增加 1 mm，当焊件厚度等于或小于 4 mm 时，最小焊脚尺寸与焊件厚度相同。

（三）角焊缝的截面形状

角焊缝截面形状一般分为凸形、凹形、等边形和不等边形，如图 2-108 所示。

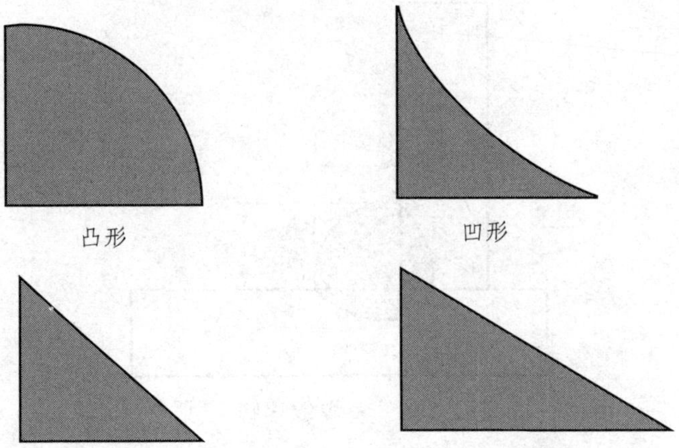

图 2-108　角焊缝截面形状

上述 4 种截面形状中，对于相同的焊脚尺寸而言，凹形截面的过渡最为平缓，应力集中系数最小，焊后材料的承载能力最好。所以在焊接角焊缝时应使焊缝与母材圆滑过渡，以达到最佳的力学性能。

（四）焊缝层次及焊道数

根据焊脚尺寸选择焊接层次与焊道数，一般情况下：

（1）焊脚尺寸小于 8 mm 时，可采用单层焊接；

（2）焊脚尺寸为 8 ~ 10 mm 时，可采用多层焊接；

（3）焊脚尺寸大于 10 mm 时，可采用多层多道焊接。

三、操作准备

焊机：松下 YC-400TX。

焊条：E5015 Φ3.2、Φ4.0。

焊件：Q235B 300 mm × 100 mm × 10 mm 钢板两块一组。

辅助工具：角磨机、钢丝刷、焊条筒、扁铲、锤子、焊缝检查尺、直尺、个人劳动保护用品，等。

四、平角焊操作步骤

清理焊件→装配与定位焊→固定焊件→焊接→清渣→检查。

五、焊件的准备（见视频 2-8-1）

（一）清理焊件

将待焊面 20 ~ 30 mm 以内打磨干净，直至露出金属光泽。

（二）装配与定位焊

将焊件装配成 90° T 形接头，不留间隙。采用与正式焊缝相同的焊接方法在距焊件两端 30 ~ 40 mm 处的立板两侧对称处点，定位焊缝长度为 15 ~ 20 mm。点固结束后矫正焊件，保证立板的垂直度，将焊缝周围的熔渣、飞溅清理干净。如图 2-109 所示。

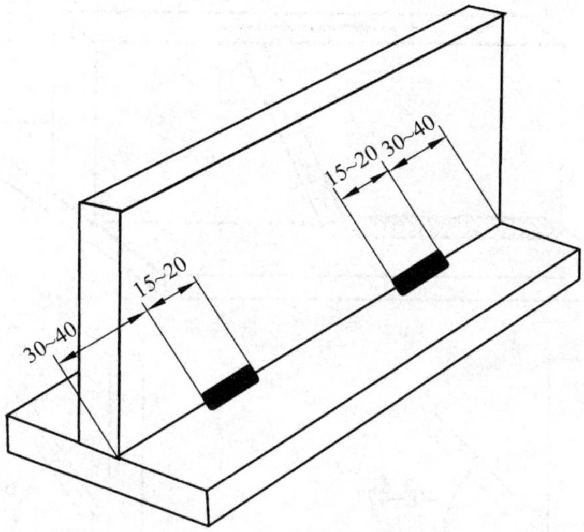

图 2-109　定位焊（单位：mm）

组对结束后将焊件放在平焊位置固定。

六、焊接操作

（一）单层焊接

当焊脚尺寸 < 8 mm 时通常采用单层焊接（单层单道）来完成。根据钢板厚度选择不同直径的焊条。焊接电流比相同条件下的平对接焊增加 10%左右。

焊接参数如表 2-16 所示。

表 2-16　平角焊单层焊焊接参数

焊道分布	焊接层数	焊条直径 /mm	焊接电流 /A	电源极性
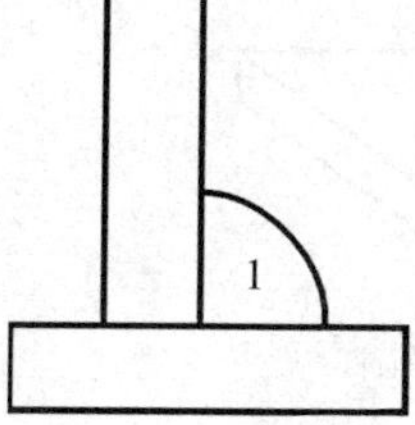	一层 焊道 1	Φ3.2	110 ~ 140	直流反接
		Φ4.0	150 ~ 160	直流反接

（1）焊脚尺寸小于 5 mm（见视频 2-8-2）。

采用直线形运条法，短弧焊接，焊接速度要均匀。焊条角度与水平板呈 45°，与焊接方向呈 60°～80°。焊条角度过小会造成根部熔深不足；角度过大会使液态熔渣流到熔池前面造成夹渣。如果两焊件厚度不同，焊接时应将电弧偏向较厚板才能使两焊件温度均匀，如图 2-110 所示。

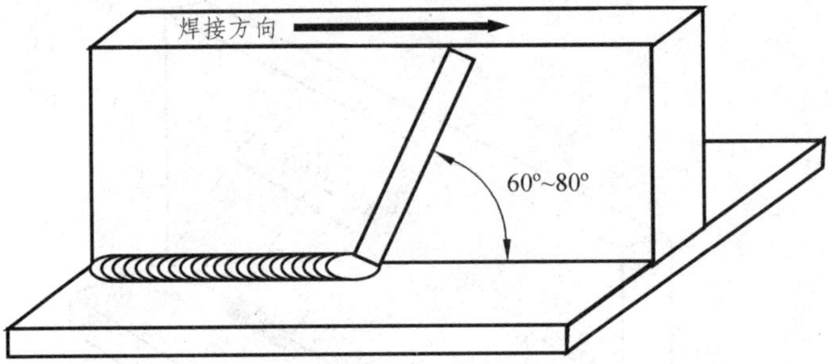

（a）与焊接方向的角度

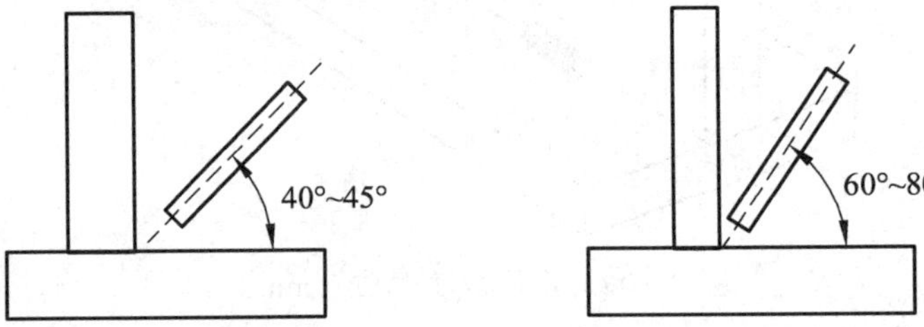

（b）两板等厚　　（c）两板不等厚

图 2-110　焊条角度

在使用直线形运条法焊接时，可将焊条端头的边缘倚靠在焊缝上，并轻轻地压住。当焊条熔化时，熔池会逐渐沿着焊接方向移动。这样不但便于操作，而且熔深较大，焊缝成型也美观。

（2）焊脚尺寸为 5～8 mm（见视频 2-8-3）。

可通过摆动焊条获得足够宽的焊脚尺寸。采用锯齿形运条法、月牙形运条法或斜圆圈形运条法进行焊接。

焊接时若两焊件厚度相同，保持焊条角度与两焊件之间呈 45°，与焊接方向呈 60°～80°。若两焊件厚度不同，电弧应偏向厚板才能使两焊件温度较均匀，如图 2-111 所示。

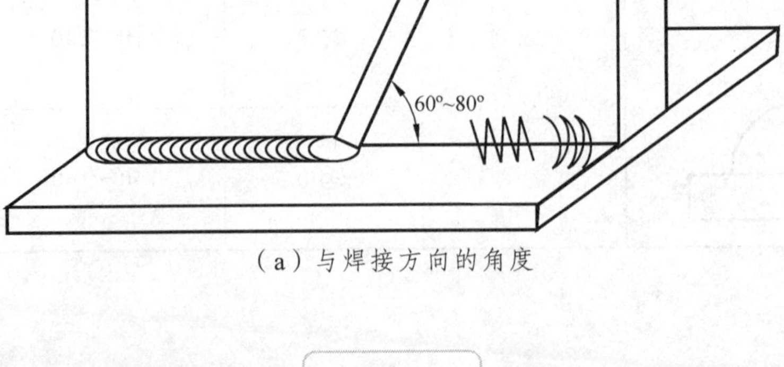

（a）与焊接方向的角度

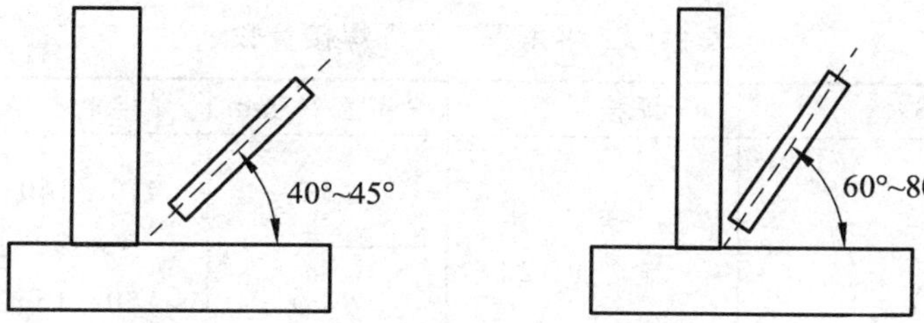

（b）两板等厚　　（c）两板不等厚

图 2-111　焊条角度

斜圆圈形运条操作方法。如图 2-112 所示，a 点至 b 点运条速度要稍慢些，保证熔化金属与水平板充分熔合；b 点至 c 点的运条速度要稍快些，防止熔化金属下淌，在 c 点要稍做停留以保证熔化金属与垂直板充分熔合，并且还能避免产生咬边现象；c 点至 b 点的运条速度要稍慢些，避免产生夹渣现象及保证根部熔化；b 点至 d 点的运条速度与 a 点至 b 点一样，要稍慢些；d 点至 e 点的运条速度与 b 点至 c 点的速度相同；摆动到 e 点时要稍做停留，与 c 点的停留时间相同。

采用短弧焊接不断地重复上述操作步骤，完成运条操作的全过程。在摆动过程中各点位置运条速度不同，这样才能使焊缝宽窄一致，高低平整，不产生咬边、夹渣、下垂等缺陷。

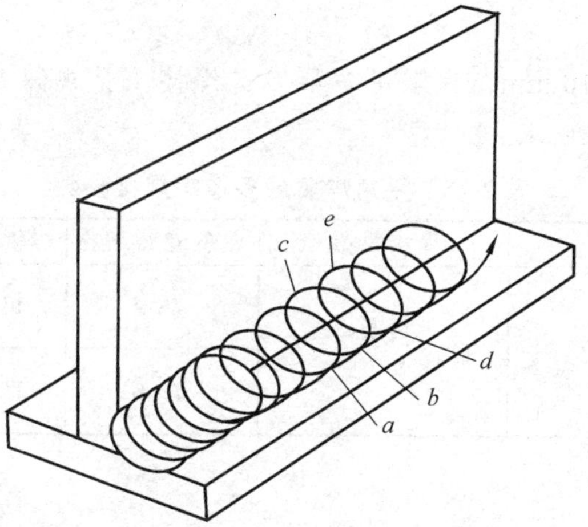

图 2-112　斜圆圈形运条法

说明：焊接时如果焊条与焊接方向的角度过小，会造成根部熔深不足；如果角度过大，熔渣容易流淌到熔池前面造成夹渣。摆动要有规律，在焊道两侧要稍做停留，避免产生咬边、夹渣、边缘熔合不良等缺陷。

（二）多层焊接

焊脚尺寸为 8 ~ 10 mm，宜采用多层焊接（见视频 2-8-4）。

焊接参数如表 2-17 所示。

表 2-17　平角焊多层焊焊接参数

焊道分布	焊接层数	焊条直径/mm	焊接电流/A	电源极性
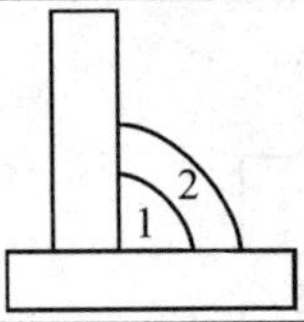	两层 焊道 1、2	$\Phi3.2$	110 ~ 140	直流反接
		$\Phi4.0$	150 ~ 160	直流反接

1. 第一层焊道 1

焊接时采用较大的焊接电流，以获得较深的熔深。焊条角度与单层焊一致，采用直线形运条法操作，短弧焊接。将焊条前端倚靠在焊缝夹角处，随焊条熔化向焊接方向移动。收尾时应把弧坑填满或稍高些，这样在第二层收尾时不会因焊件温度增高而产生弧坑过深的现象。

2. 第二层焊道 2

焊前必须将第一层的熔渣、药皮、飞溅清理干净，方可焊接第二层。采用锯齿形或月牙形运条法操作，焊条角度与第一层一致。如发现第一层焊道与母材熔合处有咬边现象，摆动焊条时应在咬边处适当多停留，将咬边处填满。收尾时将弧坑填满。

（三）多层多道焊接

1. 焊脚尺寸大于 10 mm，宜采用多层多道焊接（见视频 2-8-5）

焊接参数如表 2-18 所示。

表 2-18　平角焊多层多道焊焊接参数

焊道分布	焊接层数	焊条直径/mm	焊接电流/A	电源极性
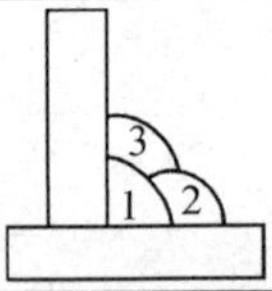	两层 焊道 1 ~ 3	$\Phi3.2$	110 ~ 140	直流反接
		$\Phi4.0$	150 ~ 160	直流反接

如图 2-113 所示。

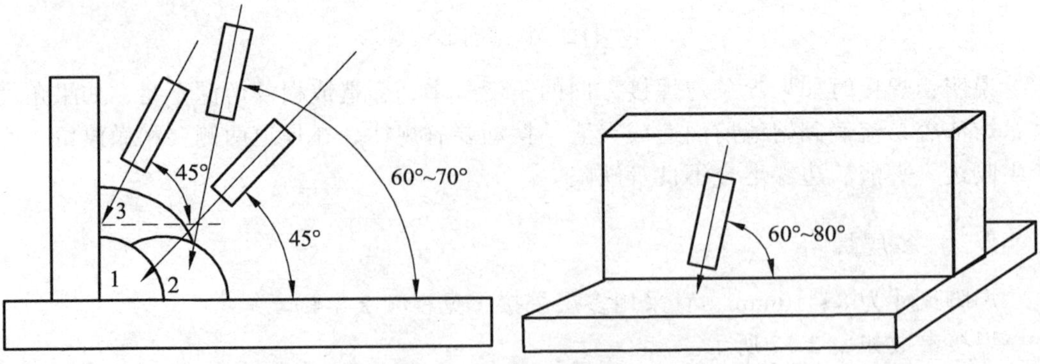

图 2-113　多层多道焊条角度

（1）第一层焊道 1。

可采用较大的电流，直线形运条法操作。焊条角度与单层焊接方法一致，收尾时将弧坑填满。焊完后将熔渣、飞溅清理干净。

（2）第二层焊道 2。

可采用直线形运条法、斜锯齿形运条法或斜圆圈形运条法进行焊接。焊条与两焊件的夹角为 60° ~ 70°，焊条与焊接方向夹角为 60° ~ 80°。焊接该焊道时覆盖前层焊道 1 不少于 1/2。

（3）第二层焊道 3。

可采用直线形运条法。焊条与两焊件夹角为 45°左右，与焊接方向夹角为 60° ~ 80°。焊接该焊道时应覆盖焊道 2 的 1/3 ~ 1/2，使两道最高点位于同一平面上。焊接时保持速度均匀，如速度过慢，会产生下垂现象，造成焊缝成形不美观。

2. 焊脚尺寸大于 12 mm

可焊接更多层数、更多焊道以满足外形尺寸要求，焊道排列方式如图 2-114 所示。

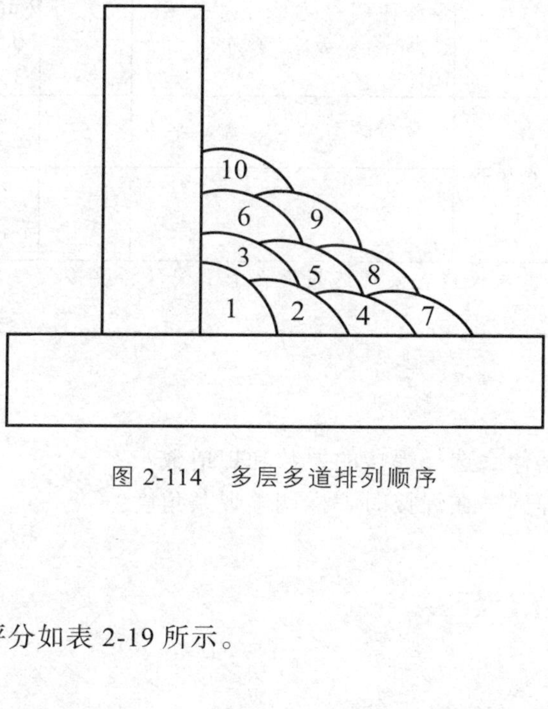

图 2-114　多层多道排列顺序

七、外观检查

T 形接头平角焊评分如表 2-19 所示。

检验基本要求：

（1）焊后应将焊道表面的熔渣、飞溅清理干净。焊缝表面应当是焊后原始状态，焊缝表面没有加工修磨或者返修焊。

（2）焊件的外观检查，采用目视或 5 倍放大镜进行。焊件两端各 10 mm 范围内的缺陷不计。焊缝的凹凸度可用焊缝检验尺测量最大值和最小值，不取平均值。

表 2-19　T 形接头平角焊评分表

考核项目	考核内容	考核要求	配分	评分要求
安全文明生产	能正确执行安全技术操作规程	按达到规定的标准程度评定	5	根据现场纪律，视违反规定程度扣 1～5 分
	按有关文明生产的规定，做到工作地面整洁、工件和工具摆放整齐	按达到规定的标准程度评定	5	根据现场纪律，视违反规定程度扣 1～5 分
主要项目	焊缝的外形尺寸	焊脚尺寸 0.5～1T	10	超差 0.5 mm 扣 2 分
		两板之间夹角为 88°～92°	10	超差 1°扣 2 分
		焊接接头脱节≤2 mm	10	超差 0.5 mm 扣 2 分
		焊脚两边尺寸差≤2 mm	10	超差 0.5 mm 扣 2 分
		焊缝直线度≤2 mm	10	超差 0.5 mm 扣 2 分
		焊缝的凹凸度≤1.5 mm	10	超差 0.5 mm 扣 2 分
		焊缝咬边深度≤0.5 mm；焊缝两侧咬边累计总长不超过焊缝有效长度范围内的 10%	20	焊缝两侧咬边累计总长 2 mm 扣 1 分，咬边深度 >0.5 mm 或累计总长 >30 mm 此项不得分
	焊缝的外观质量	波纹均匀细密、焊缝平直	5	视波纹不均匀、焊缝不平直扣 1～3 分
		电弧擦伤	5	任意位置有 1 处，该项不得分
注：焊件焊接未完成，表面修补及焊缝正反两面有裂纹、夹渣、气孔、未熔合缺陷，该件作 0 分处理				

八、想一想

（1）平角焊是依据什么选择焊接的层数和焊道数？

（2）不同厚度的焊件，在焊接时怎样调整焊条角度？

第九单元　T 形接头立角焊

一、学习目标

（1）掌握焊接工艺参数的选择；
（2）熟练掌握运条方法；
（3）掌握焊缝起头、接头、收尾方法与技巧；
（4）掌握控制熔池形状与温度的技巧。

系列视频
立角焊（T 形）

二、相关知识

立角焊（见图 2-115）与立对接焊的操作有许多相似之处，宜采用小直径焊条短弧焊接。焊接时需注意以下几点。

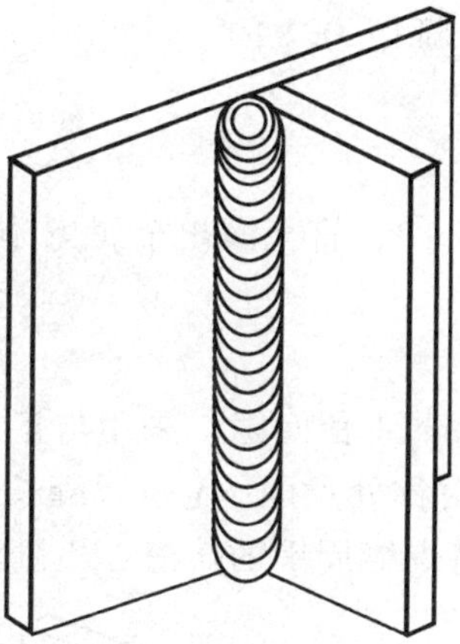

图 2-115　立角焊

（1）焊接电流：第一层焊接电流可稍大些，以保证熔深。

（2）焊条角度：为使焊件两侧受热均匀，保证熔深和焊接效率，应注意焊条的倾斜角度。当两焊件厚度相同时，焊条与两焊件左右的夹角应相等，焊条与焊缝中心线的夹角保持在 60° ~ 80°。如焊件厚度不相同，电弧应偏向厚板，焊条与焊缝中心线的夹角不变。

（3）熔化金属的控制：焊接时要特别注意对熔池形状、温度、大小的控制。断弧焊时如果前一个熔池尚未冷却到一定温度，就急于引弧焊接，会造成熔池温度过高，焊接金属下淌形成焊瘤。焊接时始终保持将熔池覆盖至前一个熔池的 1/2 ~ 2/3，如果覆盖位置不正确，会使焊缝波纹脱节不整齐，影响焊缝美观和焊接质量。焊接过程中一旦熔池出现异常情况应立即调整焊条角度或作断弧处理。

（4）焊条的摆动：可采用月牙形或锯齿形运条法操作，运条时匀速摆动焊条，并保持步距一致。为避免出现咬边等缺陷，焊条在焊缝两侧应稍停留，使熔化金属将焊缝两侧填满。

三、操作准备

焊机：松下 YC-400TX。

焊条：E5015 Φ3.2。

焊件：Q235B 300 mm × 100 mm × 10 mm 钢板两块一组。

辅助工具：角磨机、钢丝刷、焊条筒、扁铲、锤子、焊缝检查尺、直尺、个人劳动保护用品等。

四、立角焊操作步骤

清理焊件→装配与定位焊→固定焊件→焊接→清渣→检查。

五、焊件的准备（见视频 2-9-1）

（一）清理焊件

将待焊面 20 ~ 30 mm 打磨干净，直至露出金属光泽。

（二）装配与定位焊

将焊件装配成 90° T 形接头，不留间隙。采用与正式焊缝相同的焊接方法在距焊件两端 30 ~ 40 mm 处的立板两侧对称处点固，定位焊缝长度为 15 ~ 20 mm。点固结束后矫正焊件，保证立板的垂直度，将焊缝周围的熔渣、飞溅清理干净，如图 2-116 所示。

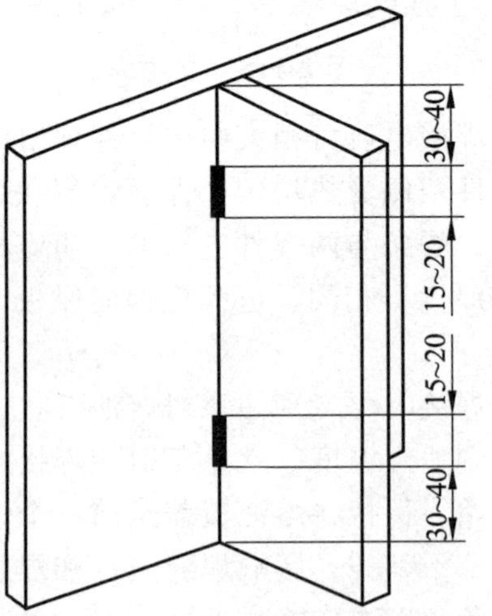

图 2-116　定位焊（单位：mm）

组对结束后将焊件放在立焊位置固定。

六、焊接操作

(一）焊角尺寸小于 8 mm，可采用单层焊接

焊接参数如表 2-20 所示。

表 2-20　立角焊单层焊焊接参数

焊道分布	焊接层次	焊条直径/mm	焊接电流/A	电源极性
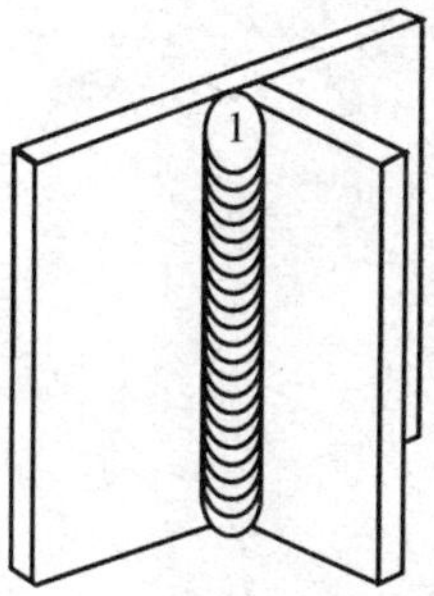	一层 焊道 1	$\Phi 3.2$	90 ~ 120	直流反接

1. 断弧法焊接（见视频 2-9-2）

焊条与两焊件间的夹角为 45°，下倾与焊缝呈 60° ~ 80°，如图 2-117 所示。采用锯齿形运条法或月牙形运条法操作，如图 2-118 所示。

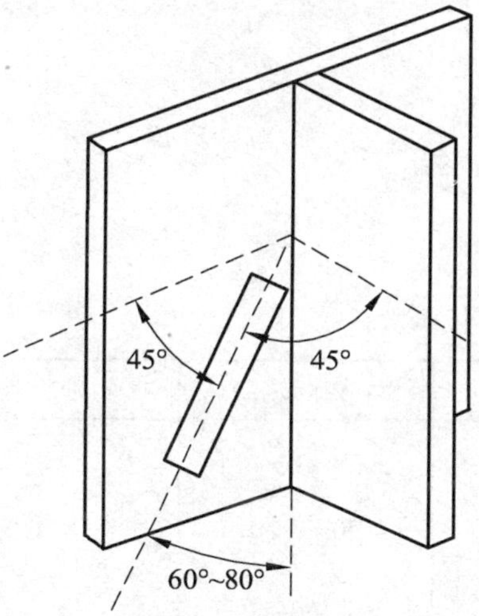

图 2-117　焊条角度

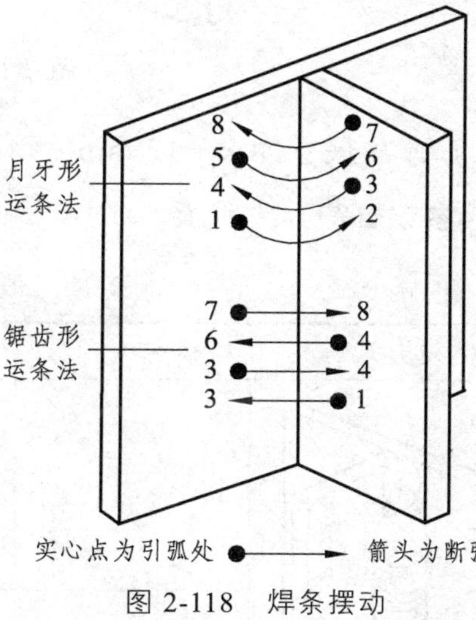

图 2-118　焊条摆动

在焊缝起始端前 20 ~ 30 mm 处引弧。电弧引燃后回拉至焊缝起始端，左右摆动形成第一个熔池，在焊接时应保证将夹角处熔化，熔池温度升高后立即断弧。当熔池冷却，颜色变为暗红色时，将焊条下压到弧坑处重新引燃电弧，左右摆动焊条在两侧母材处稍

做停留、中间一带而过形成新的熔池。新熔池应覆盖前面熔池的 1/2 ~ 2/3，然后重复断弧操作，这样就能有节奏、有规律地形成立角焊缝。

如果前一个熔池尚未冷却到一定温度就急于引弧焊接，会造成熔池温度过高，焊接金属下淌形成焊瘤。如果焊条引弧位置不正确，会造成波纹脱节，焊道宽度不整齐，影响焊缝成型美观和焊接质量。

2. 连弧法焊接（见视频 2-9-3）

焊接时焊条角度与断弧焊时一致。焊接时熔池金属始终处于熔化状态，熔池温度高，所以要适当减小焊接电流。采用锯齿形或月牙形运条法交替摆动向上焊接。焊接时在两侧母材处稍停留，中间一带而过，如图 2-119 所示。

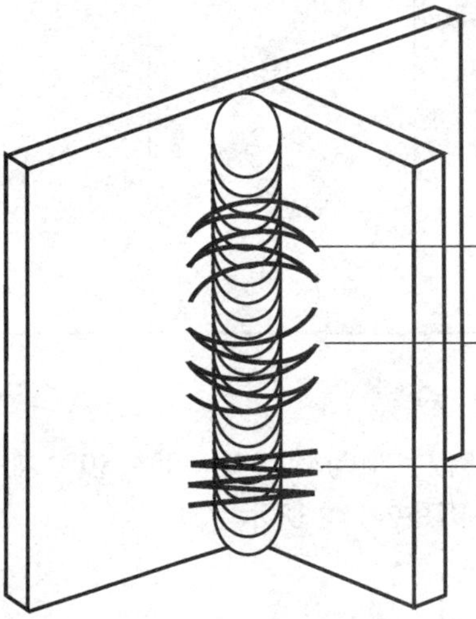

图 2-119　摆动方法

（二）焊角尺寸为 8 ~ 12 mm，可采用多层焊接

焊接参数如表 2-21 所示。

表 2-21　立角焊多层焊焊接参数

焊道分布	焊接层次	焊条直径/mm	焊接电流/A	电源极性
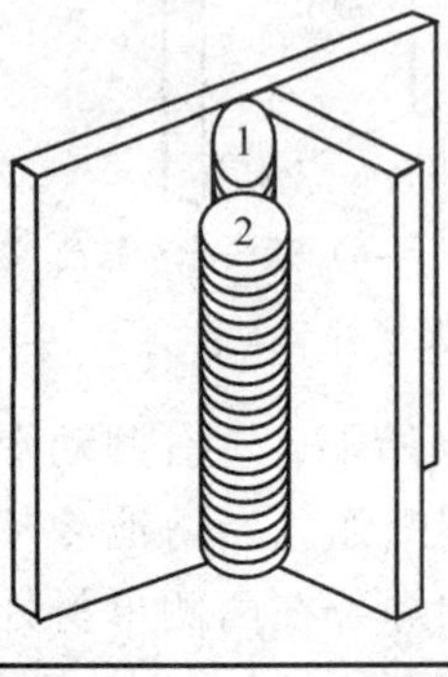	第一层 焊道 1	$\Phi3.2$	90 ~ 120	直流反接
	第二层 焊道 2	$\Phi3.2$	90 ~ 100	直流反接

1. 第一层焊道 1（见视频 2-9-2）

可采用断弧法或连弧法焊接，操作方法同单层焊接一致。焊条角度如图 2-120 所示。

2. 第二层焊道 2（见视频 2-9-4）

焊接前将前一层焊道的熔渣、飞溅、药皮清理干净。焊条角度如图 2-120 所示。采用连弧法焊接，锯齿形或反月牙形运条法，短弧焊接，如图 2-121 所示。

焊接时焊条角度同打底层一致。焊条摆动的幅度以焊条中心到达前层焊道两侧与母材熔合的焊趾处为宜，摆动到两侧时要稍做停留，以保证与母材良好地熔合，避免产生咬边缺陷，中间摆动要稍快些，合理控制熔池的温度，防止在焊缝中间凸起，如图 2-122 所示。

为保证熔池始终为椭圆形，焊接时应随时调整焊条角度。如果熔池温度增高、熔化的铁水有下淌的倾向时，应立即断弧。待熔池温度降低后重新接头焊接。

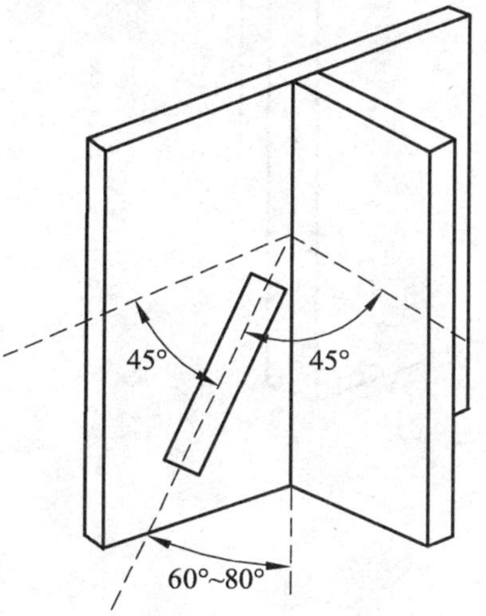

图 2-120　焊条角度

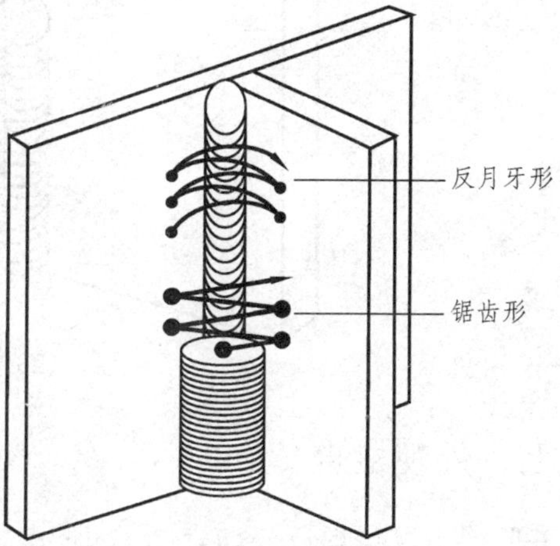

图 2-121　运条方法

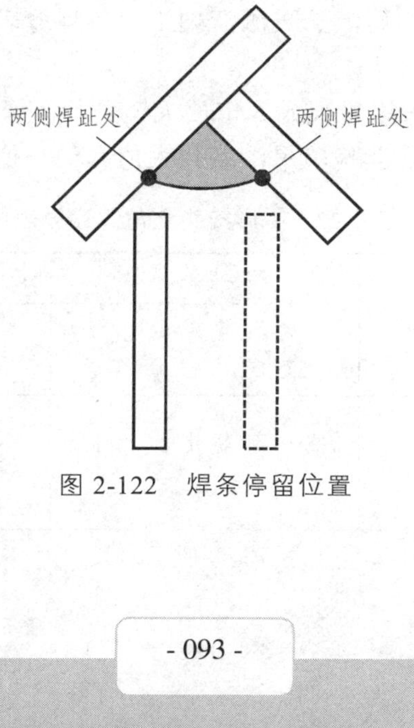

图 2-122　焊条停留位置

（三）焊脚尺寸大于 12 mm

可焊接更多层数、更多焊道以满足外形尺寸要求，焊道排列方式如图 2-123 所示。

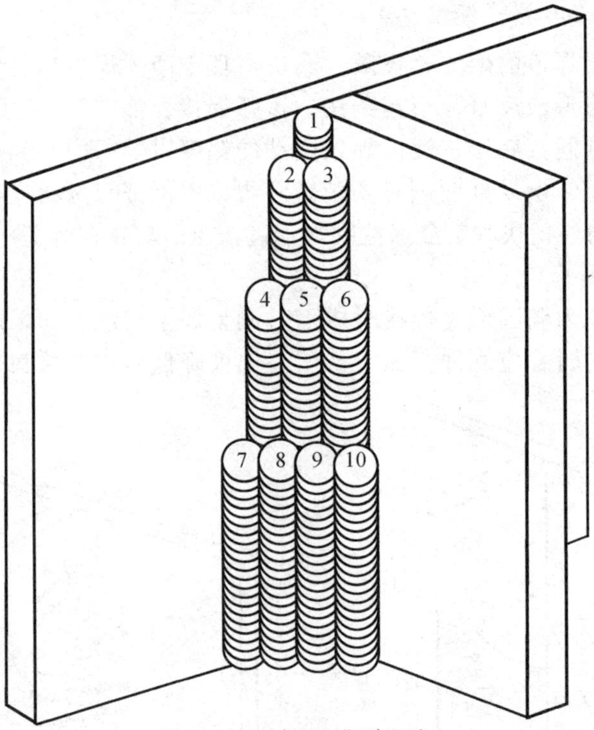

图 2-123　焊道排列顺序

七、外观检查

T 形接头立角焊评分如表 2-22 所示。

检验基本要求：

（1）焊后应将焊道表面的熔渣、飞溅清理干净。焊缝表面应当是焊后原始状态，焊缝表面没有加工修磨或者返修焊。

（2）焊件的外观检查，采用目视或 5 倍放大镜进行。焊件两端各 10 mm 范围内的缺陷不计。焊缝的凹凸度可用焊缝检验尺测量最大值和最小值，不取平均值。

表 2-22　T 形接头立角焊评分表

考核项目	考核内容	考核要求	配分	评分要求
安全文明生产	能正确执行安全技术操作规程	按达到规定的标准程度评定	5	根据现场纪律，视违反规定程度扣 1～5 分
	按有关文明生产的规定，做到工作地面整洁、工件和工具摆放整齐	按达到规定的标准程度评定	5	根据现场纪律，视违反规定程度扣 1～5 分

续表

考核项目	考核内容	考核要求	配分	评分要求
主要项目	焊缝的外形尺寸	焊脚尺寸 0.5T ~ 1T	10	超差 0.5 mm 扣 2 分
		两板之间夹角为 88° ~ 92°	10	超差 1°扣 2 分
		焊接接头脱节≤2 mm	10	超差 0.5 mm 扣 2 分
		焊脚两边尺寸差≤2 mm	10	超差 0.5 mm 扣 2 分
		焊缝直线度≤2 mm	10	超差 0.5 mm 扣 2 分
		焊缝的凹凸度≤1.5 mm	10	超差 0.5 mm 扣 2 分
		焊缝咬边深度≤0.5 mm；焊缝两侧咬边累计总长不超过焊缝有效长度范围内的 10%	20	焊缝两侧咬边累计总长 2 mm 扣 1 分，咬边深度 >0.5 mm 或累计总长 >30 mm 此项不得分
	焊缝的外观质量	波纹均匀细密、焊缝平直	5	视波纹不均匀、焊缝不平直扣 1 ~ 3 分
		电弧擦伤	5	任意位置有 1 处，该项不得分
注：焊件焊接未完成，表面修补及焊缝正反两面有裂纹、夹渣、气孔、未熔合缺陷，该件作 0 分处理				

八、想一想

（1）立角焊的操作困难有哪些？

（2）立角焊时常产生的缺陷有哪些，如何预防？

第十单元　T 形接头仰角焊

一、学习目标

（1）掌握焊接工艺参数的选择；
（2）熟练掌握运条方法；
（3）掌握焊缝起头、接头、收尾方法与技巧；
（4）掌握控制熔池形状与温度的技巧；
（5）掌握仰角焊多层多道焊技术。

系列视频
仰角焊（T 形）

二、相关知识

仰角焊（见图 2-124）的特点：

仰角焊是各种角焊位置中难度最大的。由于熔池位于焊件下面，焊条熔滴金属的重力会阻碍熔滴过度，熔池金属也受自身重力作用下垂。

熔池体积越大、温度越高，则熔池表面张力越小，与平板侧熔合处容易出现咬边；熔池温度越高、表面张力越小，易出现焊瘤，且焊缝成形较为困难。

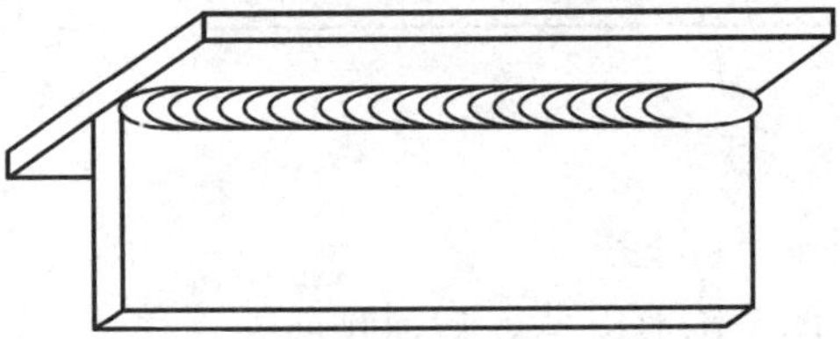

图 2-124　仰角焊

三、操作准备

焊机：松下 YC-400TX。

焊条：E5015 Φ3.2。

焊件：Q235B 300 mm × 100 mm × 10 mm 钢板两块一组。

辅助工具：角磨机、钢丝刷、焊条筒、扁铲、锤子、焊缝检查尺、直尺、个人劳动保护用品等。

四、仰角焊操作步骤

清理焊件→装配与定位焊→固定焊件→焊接→清渣→检查。

五、焊件的准备（见视频 2-10-1）

（一）清理焊件

将待焊面 20 ~ 30 mm 打磨干净，直至露出金属光泽。

（二）装配与定位焊

将焊件装配成 90°T 形接头，不留间隙。采用与正式焊缝相同的焊接方法在距焊件两端 30 ~ 40 mm 处的立板两侧对称处点固，定位焊缝长度为 15 ~ 20 mm。点固结束后矫正焊件，保证立板的垂直度，将焊缝周围的熔渣、飞溅清理干净，如图 2-125 所示。

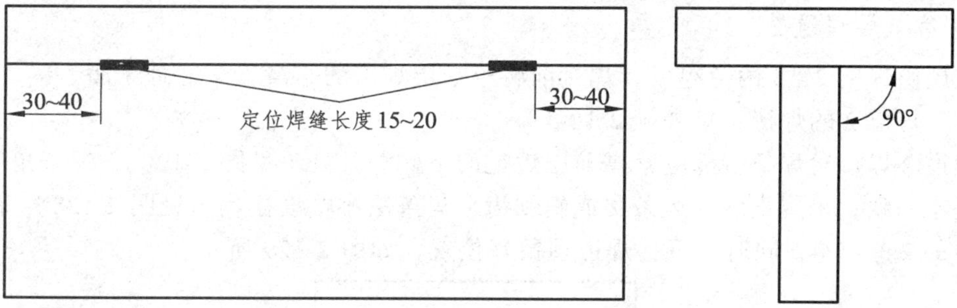

图 2-125　定位焊（单位：mm）

组对结束后将焊件放置仰焊位置固定。

六、焊接操作

本项目选择焊脚尺寸 10 ~ 12 mm，以多层多道焊接的方法为例进行讲解。

焊接参数如表 2-23 所示。

表 2-23　仰角焊焊接参数

焊道分布	焊接层次	焊条直径/mm	焊接电流/A	电源极性
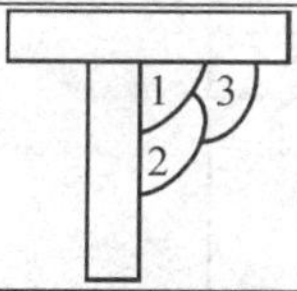	第一层焊道 1	Φ3.2	100 ~ 120	直流反接
	第二层焊道 2、3	Φ3.2	100 ~ 120	直流反接

1. 第一层焊道 1（见视频 2-10-2）

在距起焊端 20 ~ 30 mm 处引燃电弧后回拉至起焊处开始焊接，采用直线形运条法操作，短弧焊接。焊接时可将焊条的前端倚靠在两板间的夹角处，随焊条的熔化向焊接方向移动。应保证将顶角处熔化并与两侧母材充分熔合。焊条角度如图 2-126 所示。

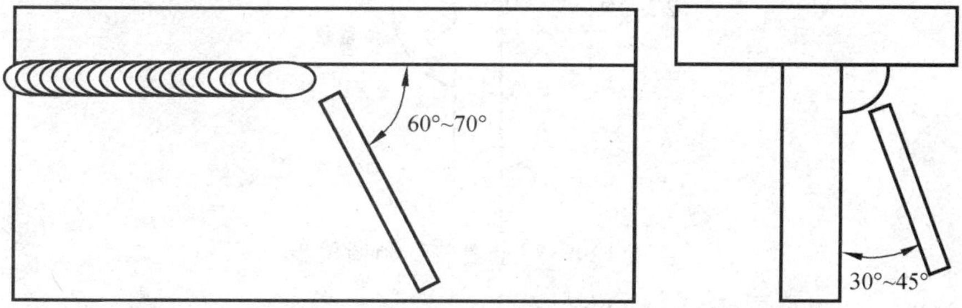

图 2-126　焊条角度

接头时在弧坑前 20 ~ 30 mm 处引燃电弧，回拉至弧坑处将弧坑填满后转入正常焊接。

焊至焊件后半段时会出现磁偏吹现象，此时应向后调整焊条角度并压住电弧，保证两侧母材熔合。收尾时采用反复断弧法将弧坑填满。

2. 第二层焊道 2、3

该层由焊道 2、3 两道组成，焊接前将第一层焊道的熔渣飞溅清理干净。

（1）焊道 2 的焊接（见视频 2-10-3）。

焊道 2 焊接时焊条端部应紧靠前层焊道的下侧焊趾处（见图 2-127），焊条角度与焊道 1 基本一致，采用直线形运条法或斜锯齿形运条法小幅度摆动（见图 2-128），覆盖前层焊道的 2/3 ~ 3/4，同时为下一焊道预留好位置，如图 2-129 所示。

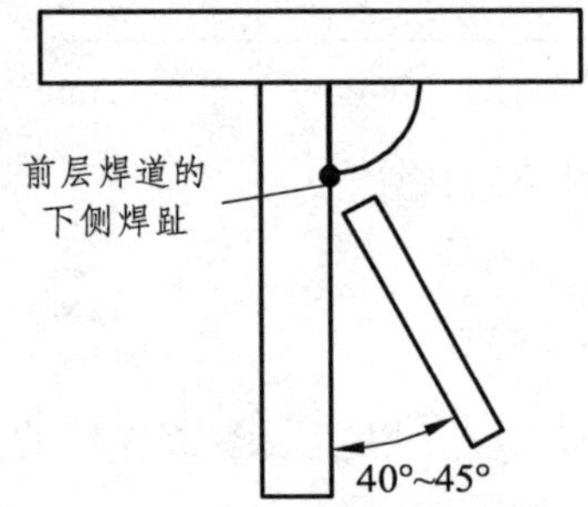

图 2-127　焊条位置及角度

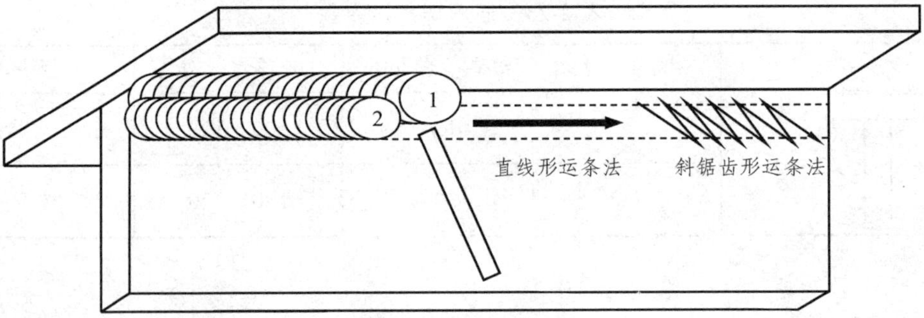

图 2-128　运条法

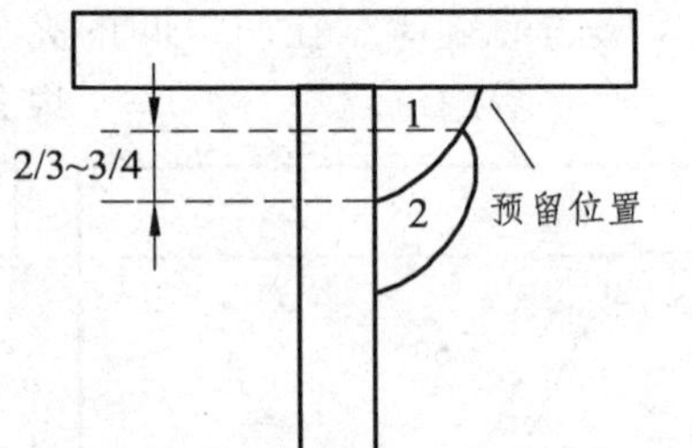

图 2-129　焊道覆盖及预留位置

（2）焊道 3 的焊接：（见视频 2-10-4）。

采用直线形运条法操作，短弧焊接，焊条角度如图 2-130 所示。焊接时将电弧对准预留的沟槽将底部熔化，熔池的下边缘覆盖焊道 2 的 1/2，（即最高点）处；熔池的上边缘与平板侧母材熔合好，这样能保证该层上下两焊道平整，高度一致。

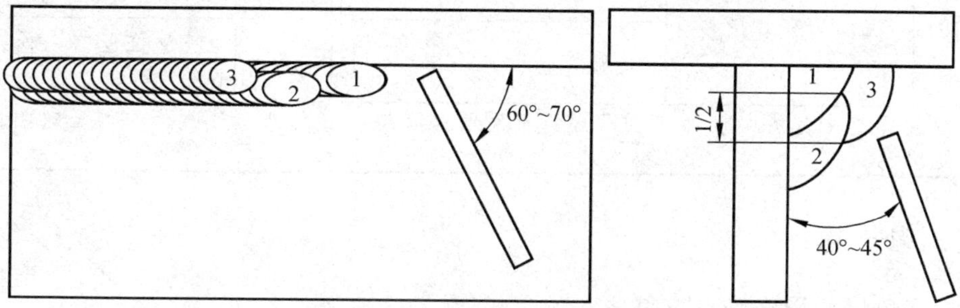

图 2-130　焊条角度

焊接时运条速度不宜太慢以防止焊道凸起过高或下垂，影响焊缝成型美观。收弧时采用反复断弧法将弧坑填满。

七、外观检查

T 形接头仰角焊评分如表 2-24 所示。检验基本要求：

（1）焊后应将焊道表面的熔渣、飞溅清理干净。焊缝表面应当是焊后原始状态，焊缝表面没有加工修磨或者返修焊。

（2）焊件的外观检查，采用目视或 5 倍放大镜进行。焊件两端各 10 mm 范围内的缺陷不计。焊缝的凹凸度可用焊缝检验尺测量最大值和最小值，不取平均值。

表 2-24　T 形接头仰角焊评分表

考核项目	考核内容	考核要求	配分	评分要求
安全文明生产	能正确执行安全技术操作规程	按达到规定的标准程度评定	5	根据现场纪律，视违反规定程度扣 1～5 分
	按有关文明生产的规定，做到工作地面整洁、工件和工具摆放整齐	按达到规定的标准程度评定	5	根据现场纪律，视违反规定程度扣 1～5 分
主要项目	焊缝的外形尺寸	焊脚尺寸 0.5T～1T	10	每超差 0.5 mm 扣 2 分
		两板之间夹角 88°～92°	10	每超差 1°扣 2 分
		焊接接头脱节≤2 mm	10	每超差 0.5 mm 扣 2 分
		焊脚两边尺寸差≤2 mm	10	每超差 0.5 mm 扣 2 分
		焊缝直线度≤2 mm	10	每超差 0.5 mm 扣 2 分
		焊缝的凹凸度≤1.5 mm	10	每超差 0.5 mm 扣 2 分
		焊缝咬边深度≤0.5 mm；焊缝两侧咬边累计总长不超过焊缝有效长度范围内的 10%	20	焊缝两侧咬边累计总长 2 mm 扣 1 分，咬边深度 >0.5 mm 或累计总长 >30 mm 此项不得分

续表

考核项目	考核内容	考核要求	配分	评分要求
主要项目	焊缝的外观质量	波纹均匀细密、焊缝平直	5	视波纹不均匀、焊缝不平直扣 1～3 分
		电弧擦伤	5	任意位置有一处，该项不得分
注：焊件焊接未完成，表面修补及焊缝正反两面有裂纹、夹渣、气孔、未熔合缺陷，该件作 0 分处理				

八、想一想

（1）仰角焊的操作难点有哪些？

（2）电弧长度对仰角焊缝的质量有什么影响？

（3）仰角焊怎样压道？

第三章 手工钨极氩弧焊焊接技术

第一单元 手工钨极氩弧焊的相关基础知识

手工钨极氩弧焊是使用钨棒和工件之间产生电弧熔化金属，采用氩气作为保护气体将空气隔离在焊接区之外，防止焊接区氧化的一种焊接技术。

一、手工钨极氩弧焊的工作原理

钨极氩弧焊是通过钨极与工件之间产生电弧，利用从焊枪喷嘴中喷出的氩气流在电弧区形成严密封闭的气层，使电极和金属熔池与空气隔离，以防止空气的侵入。同时利用电弧热来熔化基本金属和填充焊丝形成熔池。液态金属凝固后形成焊缝。

由于氩气是一种惰性气体，不与金属起化学反应，所以能充分保护金属熔池不被氧化。同时氩气在高温时不溶于液态金属中，所以焊缝不易生成气孔。因此，氩气的保护作用是有效和可靠的，可以获得较高质量的焊缝，如图 3-1 所示。

图 3-1　钨极氩弧焊焊接过程

二、手工钨极氩弧焊的特点

手工钨极氩弧焊使用的电流种类有 3 种：直流、交流和脉冲电流。为减小或排除因弧长变化而引起的电流波动，手工钨极氩弧焊要采用陡降或恒流外特性的电源。与其他焊接方法相比，手工钨极氩弧焊有如下的特点。

（一）优　点

（1）能够焊接除熔点非常低的铅、锡以外的绝大多数金属，即便是化学活泼性非常强的铝、镁及其合金也能用手工钨极氩弧焊焊接。

（2）焊接过程无飞溅，焊后焊缝表面不用清渣。

（3）能够进行全位置焊接，焊接过程中可以根据需要决定是否填加焊丝。

（4）在薄板焊接时，利用脉冲焊接设备，可减少焊接热输入，有利于减小焊接应力和焊接变形，改善焊接接头的力学性能。

（5）焊接过程是明弧，便于观察电弧和焊缝熔池。

（6）焊接过程填加焊丝，不受焊接电流的影响。

（二）缺　点

（1）焊接速度低，熔敷率小。

（2）焊接时需要采取防风措施，保护焊接电弧及电弧周围的氩气保护区不被风破坏，所以在室外焊接受到限制。

（3）氩气价格比较贵，焊接生产成本比焊条电弧焊高。焊缝金属易受钨的污染，夹钨将降低焊缝的力学性能。

（4）钨极氩弧焊产生的紫外线是手弧焊的 5 ~ 30 倍，生成的臭氧对焊工有危害，所以要加强防护。

三、应用范围

钨极氩弧焊是一种高质量的焊接方法，因此在工业行业中被广泛地采用。特别是一些化学性能活泼的金属，用其他电弧焊焊接非常困难，而用钨极氩弧焊则可容易得到高质量的焊缝。另外，在压力管道焊接中，越来越多采用钨极氩弧焊打底，以提高焊接接头的质量，以及保证压力管道内部的清洁度。

四、手工钨极氩弧焊工艺参数

手工钨极氩弧焊的工艺参数：焊接电源种类和极性、钨极直径和形状、焊接电流、电弧电压、保护气体流量、焊接速度、喷嘴直径及喷嘴至焊件的距离和钨极伸出长度等。必须正确地选择并合理地配合，才能得到满意的焊接质量。

（一）焊接电源种类和极性

手工钨极氩弧焊所用的电源：交流电源、直流电源两类。

交流手工钨极氩弧焊接过程中，电流的极性呈周期性的变化，在交流正极性半周时

（焊件为正），因为钨极承载电流能力较大，使焊缝能够得到足够的熔深；在交流反极性半周时（焊件为负），因为氩的正离子流向焊件，在它撞击焊缝熔池金属表面的瞬间，能够将高熔点且又致密的氧化膜击碎，使焊接顺利进行，这就是“阴极破碎”作用，通常用来焊接铝、镁及其合金。

直流电源在焊接过程中，焊接电弧产生的热量集中在阳极，当钨极为阳极时（直流反接，焊件为阴极），电极本身被剧烈加热，相同的直径的钨电极电流承载能力低，为直流正接的 1/10 左右，极易烧损。但是直流反接时，焊接电弧具有清除熔池表面氧化膜的作用。

直流正接时，钨极电流承载能力高，电弧稳定，适用于焊接低碳钢、低合金钢、不锈钢、钛及钛合金、铜及铜合金等。

（二）钨极直径和形状

钨极直径的大小，与电流的种类、焊件厚度、电源极性、焊接电流的大小有关。钨极的形状与焊接电流大小有关。当焊接电流较小时，采用较小直径的钨极，为了容易起弧并且稳定电弧燃烧，钨极尖角磨成尖角形，尖角为 20° ~ 30°；大电流焊接时，采用较大直径的钨极，为了防止阴极斑点游动，稳定电弧，使加热集中，应该把钨极尖角磨成带有平顶的锥形。

（三）焊接电流

焊接电流的大小，应该根据焊件的厚度和钨电极的承受能力以及焊接空间位置来选择。钨极氩弧焊焊接电流选择过小，电弧的燃烧就不稳定，甚至发生电弧偏吹现象，使焊缝表面成形及力学性能变差；如果焊接电流选择过大，不仅容易发生焊缝下塌或烧穿、咬边等缺陷，还会加大钨电极的烧损量以及由此而产生的焊缝夹钨，使焊缝力学性能变差。

（四）电弧电压

钨极氩弧焊电弧电压的大小主要由弧长决定。弧长增加，电压增大，焊缝宽度增加，焊缝熔深减小；焊接电流增大，焊缝熔深增加，焊缝宽度减小。所以通过焊接电流和电弧电压的配合，可以控制焊缝形状。但是当电弧长度太长时，导致电弧热量不集中，焊缝不仅产生未焊透缺陷，而且电弧还容易摆动，使空气侵入氩气保护区，造成熔池金属氧化。

电弧电压不仅取决于焊接电弧的长度，也与钨电极尖端的角度有关。钨电极端部越尖，电弧电压就越高，电弧电压过高，气体保护效果就不佳，影响焊接质量；电弧电压过低，在焊接过程中影响焊工观察焊缝熔池的变化，同样也影响焊接质量。所以，钨极氩弧焊焊接过程中，在保证焊工视线的前提下，尽量采用短弧焊接，通常电弧电压为 10 ~ 20 V。

（五）保护气体流量

保护气体流量与喷嘴直径、焊接速度大小有关，在一定的条件下，气体流量与喷嘴直径之比有一个最佳的范围。此时，气体保护效果最佳，有效的保护区也最大。当气体流量过低时，保护气流的挺度差，不能有效地排除电弧周围的空气，使焊接质量降低；当保护气体流量过大时，容易造成紊流，把空气卷入保护气流中，降低保护效果。气体流量按以下的经验公式选取：

$$Q = KD$$

式中 Q——保护气体流量，L/min；

D——喷嘴直径，mm；

K——系数，$K = 0.8$（小喷嘴）；$K = 1.2$（大喷嘴）。

（六）焊接速度

为了获得良好的焊缝，应根据焊接电流、焊件厚度、预热温度等条件，综合考虑焊接速度的选择。如果焊接速度过高，不仅保护气流严重偏后，使钨极端部、电弧弧柱、焊缝熔池的一部分暴露在空气中产生气孔缺陷，还会因金属未充分熔化形成未焊透缺陷，影响焊缝的力学性能。

（七）喷嘴直径

在保护气体流量一定的条件下，如果喷嘴直径过小，不仅保护气体的保护范围小，还因为气体流速变大，产生紊流现象，把空气卷入保护气流中，降低气体的保护作用，此外，喷嘴直径过小，在焊接过程中，还容易烧毁喷嘴；如果喷嘴直径过大，不仅气体流速过低，气流的挺度小，不能排除电弧周围的空气，而且也妨碍焊工观察焊缝熔池的变化，同样也会降低焊缝质量。一般情况下选择喷嘴直径的经验公式如下：

$$D = (2.5 \sim 4.5)d$$

式中 d——钨极直径，mm；

D——喷嘴直径，mm。

（八）喷嘴至焊件的距离和钨极伸出长度

钨极伸出长度越小，气体保护效果就越好，但是喷嘴距焊接熔池太近，会影响焊工的视线，不利于焊接操作，同时还容易使钨极因为操作不当而与熔池接触造成短路，产生焊缝夹钨缺陷。通常钨极伸出长度为 5 ~ 8 mm，喷嘴距焊件的距离为 7 ~ 10 mm。

五、钨极氩弧焊的焊接材料

（一）钨　极

钨极要求具有电流容量大、损耗小、引弧和稳弧性能好等特性。常用的钨极有纯钨极、钍钨极、铈钨极3种。其中铈钨极不易烧损，放射性小因而应用最广。随多元复合稀土钨电极材料产业化关键技术取得突破性进展，多元复合稀土钨极将在焊接制造中广泛应用。如图3-2所示。

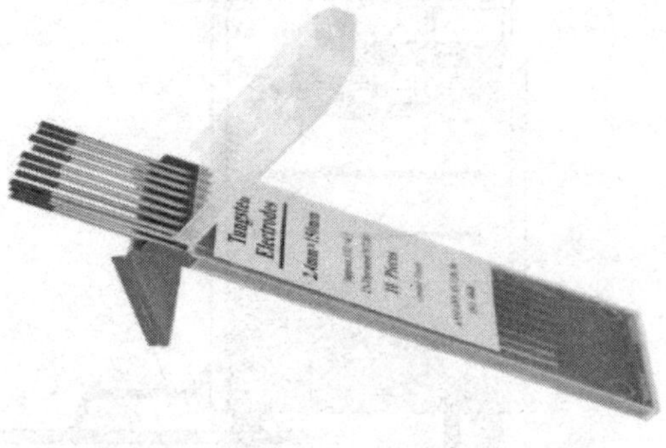

图3-2　钨极

（二）氩　气

氩气是无色无味的惰性气体，不与金属起化学反应，也不溶于金属。而且氩气比空气重25%，使用时气流不易漂浮散失，有利于对焊接区的保护作用。

钨极氩弧焊对氩气的纯度要求很高，如果氩气纯度不够，将会降低氩气的保护性能，对焊接质量造成不良影响。按我国现行标准规定，其纯度应达到99.99%。

（三）焊丝（见图3-3）

焊丝的选用原则：

（1）应满足接头的化学成分、力学性能和其他特殊性能要求；

（2）焊接工艺性能要好，具有抗裂、防止气孔的能力；

（3）焊丝含有害杂质S、P等要少；

（4）焊丝应清洁、光滑、干燥、无油渍、污物和锈蚀。

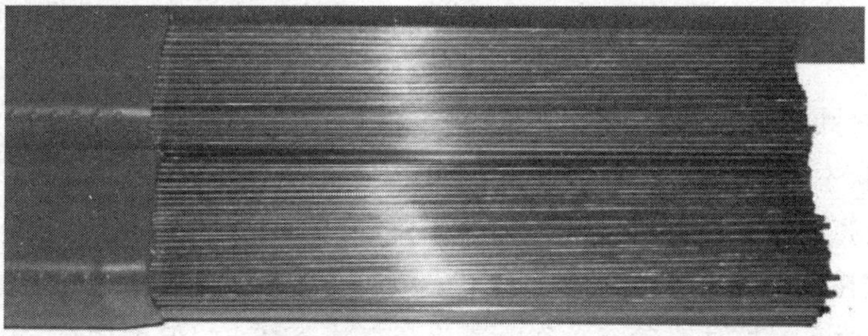

图3-3　焊丝

六、钨极氩弧焊设备

氩弧焊设备由氩弧焊机、供气系统、氩弧焊枪组成，如图3-4所示。

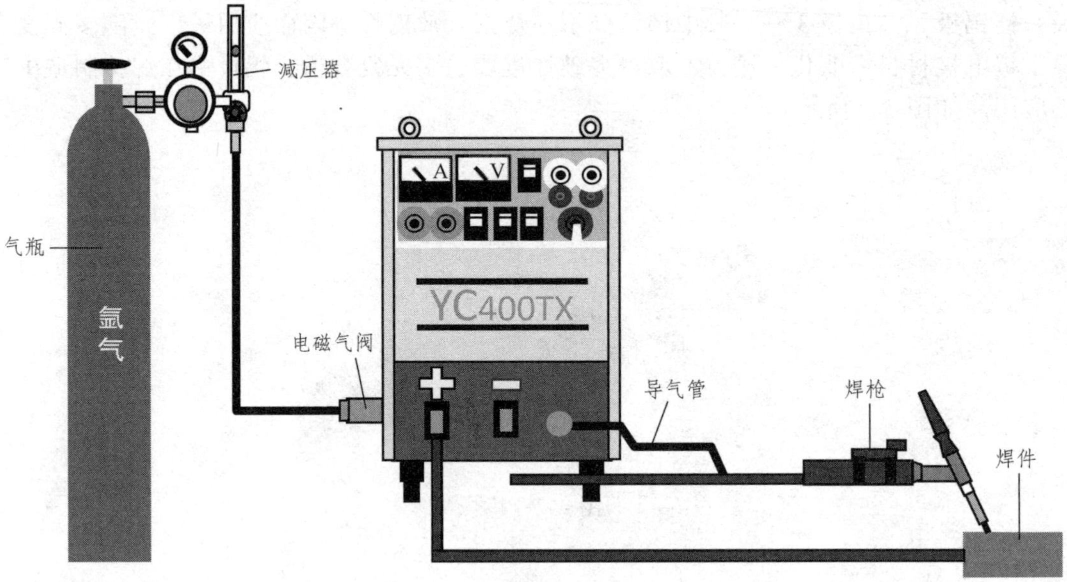

图 3-4　氩弧焊设备结构

（一）氩弧焊机

以松下 YC-400TX 为例，讲解焊机功能，该焊机为氩弧焊和电弧焊两用机，重点讲解氩弧焊功能部分，其他品牌、型号的焊机功能类似。

（1）液晶屏：显示焊接电流、电压。

（2）显示选择键：可切换电压、电流显示。

（3）电压指示灯：焊机电压异常时，该灯亮起。

（4）温度指示灯：焊机过热温度过高，该灯亮起。

（5）电源指示灯：正常开机后，该灯亮起。

（6）手工焊/TIG 焊：可切换焊接模式，焊条电弧焊和手工钨极氩弧焊切换。

（7）气体检查键：按下检查键可预调节氩气流量，确定后按下焊接键进入焊接供气模式。

（8）焊炬冷却方式：空冷/水冷，常用空冷。

（9）收弧状态调节键。

① 有：收弧时按住高频开关，电流逐渐衰减变小，直到停弧。

② 无：按住开关起弧正常焊接，松开关立即停弧。

③ 反复：收弧时按住高频开关，电流逐渐衰减至最小，但不熄弧，松开关后电流恢复到正常大小。

（10）起始电流。

① 焊条电弧焊：起弧瞬间电流，起弧后立即转入焊接电流。

② 手工钨极氩弧焊：按住高频开关，起弧后进入起始电流，不松开关始终是起始电

流，松开后进入正常焊接电流。

（11）焊接电流：正常焊接时的电流。

（12）收弧电流：在氩弧焊模式下，焊接结束时，按下控制开关，电弧衰减到最弱时的电流。

（13）上升时间：起始电流到焊接电流的时间。

（14）下降时间：收弧时电弧衰减到最弱的时间。

（15）滞后停气：电弧停止后，继续供气对未冷却的熔池进行保护。

（16）点焊/连续：点焊，有规律的断续焊接；连续，连续焊接，不断弧。

（17）正负极接口：氩弧焊时，焊炬接负极，焊件连线接正极。

（二）供气系统

1. 氩　气

氩气一般是将空气液化后采用分馏法制取的，是制氧过程中的副产品。

氩气的密度大，可形成稳定的气流层覆盖在熔池周围，对焊缝区有良好的保护作用。氩气是惰性气体，高温时不溶于液态金属，特别适用于有色金属的焊接。氩气焊对氩气纯度的要求很高，应达到99.99%

2. 氩气瓶

焊接用工业纯氩以瓶装供应，在温度20 °C时满瓶压力为14.7 MPa，容积为40 L。氩气钢瓶外表涂灰色，并标有深绿色“氩气”字样,如图3-5所示。

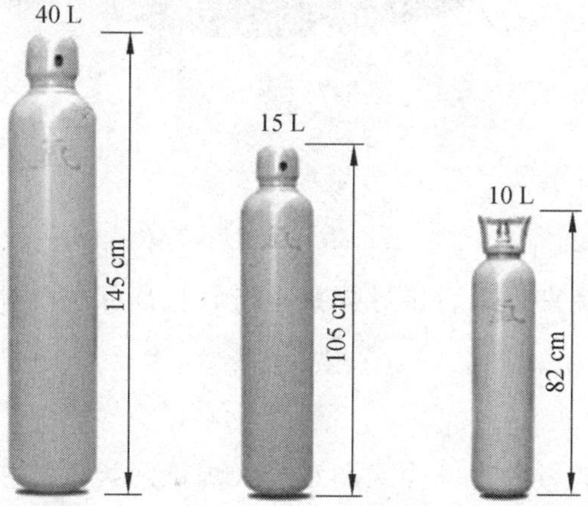

图3-5　氩气瓶

3. 减压器（氩气表）

减压器是指把储存在氩气瓶内的高压氩气体减压为焊接工作需要的低压氩的装置，如图3-6所示。

图 3-6　氩气减压器

4. 导气管

橡胶制品，起到将氩气引导输送到焊机及焊枪的作用，如图 3-7 所示。

图 3-7　导气管

（三）氩弧焊枪

1. 氩弧焊枪

氩弧焊枪的作用是装夹钨极、传导焊接电流、输出保护气体及启动或停止焊接工作系统。

2. 氩弧焊焊枪的分类

氩弧焊枪按冷却方式可分为气冷式和水冷式焊枪两类。

（1）气冷式氩弧焊枪的特点。

它是直接利用保护气流动对导电部件进行冷却的一种焊枪。因没有冷却系统，所以减少了焊枪质量，操作时较轻便、灵活，适用在小于 300 A 焊接电流时使用。

气冷式氩弧焊枪由钨极、喷嘴、密封环、导流件、钨极夹、焊枪体、绝缘压盖、高频开关、进气管、电源线、高频开关控制线组成，如图 3-8 所示。

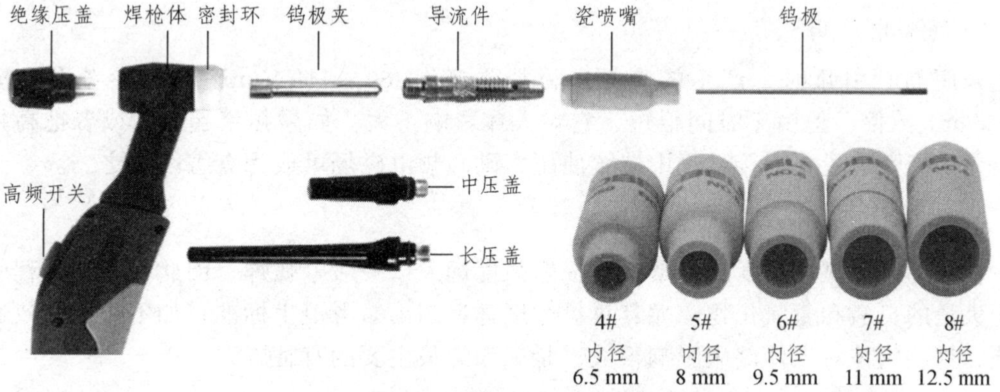

图 3-8　氩弧焊枪结构组成

① 钨极是借助轴向压力来紧固的，通过旋转绝缘压盖可使钨极夹紧固或放松。

② 每把焊枪配有长、中、短 3 个绝缘压盖，可适用于不同长度的钨极以适应不同位置的焊接。

③ 每把焊枪配有 3 个不同孔径的钨极夹，可以配合不同直径的钨极，以适应不同的焊接电流使用。

④ 导流件上有一圈分布均匀的小孔，可使保护气体均匀地喷出，有效地保护金属熔池不被氧化。

⑤ 瓷喷嘴的大小根据焊缝宽度、熔池宽度选择，熔池、焊缝宽度越大需要的保护范围也越大，所以要求瓷嘴就越大。

⑥ 高频开关的作用是启动或停止焊接系统。

（2）水冷式氩弧焊枪的特点。

水冷焊枪配有冷却水的进、出水管，采用循环水冷却导电枪体及焊接电缆，适用于大电流、长时间焊接时使用。

（3）手工钨极氩弧焊焊枪的选用。

选用焊枪时应考虑以下因素：焊接材料、焊件厚度、焊接层次、额定焊接电流、钨极直径及经济性。

七、钨极氩弧焊安全知识

（一）氩弧焊的有害因素

氩弧焊影响人体的有害因素有 3 个方面。

1. 放射性

钍钨极中的钍元素是放射性元素，但钨极氩弧焊时钍钨极的放射剂量很小，在允许范围之内，危害不大。如果放射性气体或微粒进入人体作为内放射源则会严重影响身体健康。

2. 高频电磁场

采用高频引弧时，产生的高频电磁场强度在 60 ~ 110 V/m，超过参考卫生标准（20 V/m）数倍。但由于时间很短，它对人体影响不大。如果频繁起弧，或者把高频振荡器作为稳弧装置在焊接过程中持续使用，则高频电磁场可成为有害因素之一。

3. 有害气体——臭氧和氮氧化物

氩弧焊时，弧柱温度高。紫外线辐射强度远大于一般电弧焊，因此在焊接过程中会产生大量的臭氧和氮氧化物。尤其臭氧浓度远远超出参考卫生标准。如不采取有效通风措施，这些气体对人体健康影响很大，是氩弧焊最主要的有害因素。

（二）安全防护措施

1. 通风措施

氩弧焊工作现场要有良好的通风装置，以排出有害气体及烟尘。除厂房通风外，可在焊接工作量大、焊机集中的地方，安装几台轴流风机向外排风。此外，还可采用局部通风的措施将电弧周围的有害气体抽走。例如采用明弧排烟罩、排烟焊枪、轻便小风机，等。

2. 防护射线措施。

尽可能采用放射剂量极低的铈钨极。钨极加工时，应采用密封式或抽风式砂轮磨削。操作者应配戴口罩、手套等个人防护用品，加工后要洗净手脸。钨极应放在铅盒内保存。

3. 防护高频的措施

为了防备和削弱高频电磁场的影响，采取的措施有

（1）工件良好接地，焊枪电缆和二次线要用金属编织线屏蔽；

（2）适当降低频率；

（3）尽量不使用高频振荡器作为稳弧装置，减小高频电作用时间；

（4）其他个人防护措施。

钨极氩弧焊时，由于臭氧和紫外线作用强烈，宜穿戴非棉布工作服。在容器内焊接又不能采用局部通风的情况下，可以采用送风式头盔、送风口罩或防毒口罩等个人防护措施。

（三）钨极氩弧焊操作安全规程

（1）遵守焊工通用安全技术操作规程。工作前检查设备、工具是否良好。

（2）检查焊接电源，控制系统是否有接地线，传动部分是否正常，氩气、水源是否畅通。如有漏气现象，应立即修理。

（3）采用高频引弧，必须经常检查是否漏电。

（4）设备发生故障，应停电检查，操作工人不得自行修理。

（5）在电弧附近不准赤膊或裸露身体其他部位。

（6）磨钨极时，必须戴口罩、手套，并遵守砂轮机安全技术操作规程。

（7）手工操作时，应随时佩戴静电防尘口罩。尽量减少高频电作用时间，连续工作不得超过 6 h。

（8）氩弧焊工作场地必须空气流通。工作中应开通风排毒设备，通风装置失效时，应停止工作。

（9）氩气瓶不许撞砸，立放必须有支架或捆绑，并远离明火 3 m 以上。

（10）钨棒应存放在铅盒内，避免由于大量钨棒集中在一起，其放射性剂量超出安全规定而导致伤害人体。

第二单元　手工钨极氩弧焊平敷焊

系列视频
氩弧焊平敷焊

一、学习目标

（1）熟悉氩弧焊接设备的结构、调试方法；
（2）掌握氩弧焊引弧、焊接、送丝、收弧的操作方法；
（3）掌握焊接参数对焊缝的影响及调节；
（4）提高焊丝与焊枪的配合协调性。

二、相关知识

手工钨极氩弧焊平敷焊是用氩弧焊接方法在焊件平焊位置表面上堆敷焊道的一种操作方法。

（一）手工钨极氩弧焊平敷焊操作

其包括引弧、焊接、送丝、收弧 4 个基本动作。

1. 引　弧

氩弧焊采用高频引弧。这种方法的优点是钨极与焊件之间保持一定距离不接触，能在施焊位置上直接引燃电弧，可使钨极端部保持完整，钨极损耗小，引弧处不会出现夹钨缺陷。如焊机没有高频引弧功能，可采用接触引弧。用焊丝划擦钨极端部，使钨极与母材接触引燃电弧，这种方法很容易烧损钨极端部。

2. 焊　接

手工钨极氩弧焊采用左焊法，焊枪从右向左移动，电弧指向未焊部分，有预热作用。在沿焊接方向移动的同时，还要左右摆动以获得足够宽的焊道。

左焊法焊接时容易观察熔池和控制熔池温度，焊缝成形好，便于操作。

3. 送丝方式（见视频 3-2-1）

送丝方式可以分为连续送丝法和断续送丝法。

（1）连续送丝是指连续不间断地向熔池内送入焊丝，这种方法对氩气保护层扰动小，但比较难掌握。

（2）断续送丝是指间断地一滴一滴向熔池内送入焊丝。应注意回撤焊丝时始终将端部处于氩气保护区内，避免脱离保护区产生氧化而影响焊接质量。此方法适用于焊件组对间隙小且需采用较大电流焊接时。

常用送丝手法姿势如图 3-9 所示。

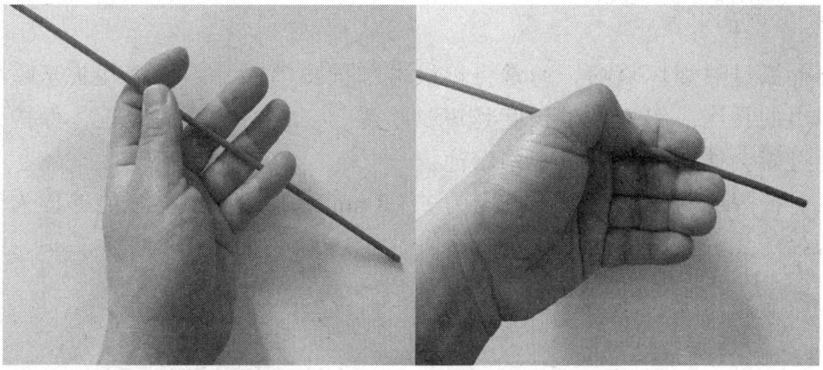

图 3-9　送丝手法

4. 收　弧

收弧方法不正确容易产生弧坑、裂纹、气孔、缩孔等缺陷，所以要采用衰减电流的方法由大到小逐渐熄灭电弧。

如果焊机没有衰减功能，收弧时可将弧坑填满后慢慢向前上方移动电弧，待熔池温度降低后再快速切断电弧。

（二）钨极的修磨（见视频 3-2-2）

1. 钨极的角度

（1）钨极端部的形状会影响电弧的稳定性，所以钨极端部必须打磨成尖锥角（θ= 20°～30°），这样电弧容易引燃和保持稳定，如图 3-10 所示。

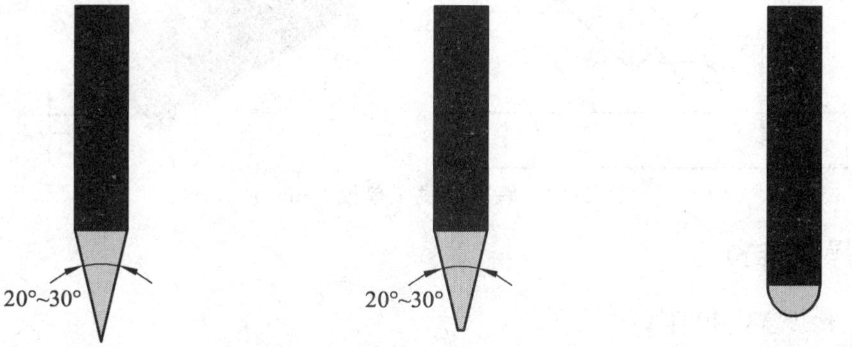

（a）尖锥形：适用于小电流焊接　（b）平顶锥形：适用于大电流焊接　（c）圆形：适用于交流焊机焊接铝及铝合金

图 3-10　钨极角度、形状及用途

（2）打磨方法。对钨极端部修正打磨时，应将钨极轴向置于与砂轮片打磨点的同一平面上，均匀转动钨极打磨即可。采用这种打磨方式，钨极端部的打磨纹路沿着钨极轴线方向延伸。这种钨极焊接时可在端部产生稳定的电弧。如果采用其他的打磨方式，例如将钨极轴向垂直于砂轮片切线进行打磨，则打磨的钨极表面纹路比较紊乱，焊接时易产生不稳定的电弧。

2. 钨极伸出的长度

为防止电弧过热烧坏喷嘴，通常将钨极端部伸出喷嘴外。钨极端头至喷嘴端面的距离为钨极伸出的长度。钨极伸出长度越短，喷嘴与工件之间距离越近，保护效果越好。但伸出长度过短会妨碍操作人员观察熔池。

通常在对接焊缝时，钨极伸出长度为 5 ~ 8 mm，这样保证电弧能够伸入坡口根部将钝边熔化，如图 3-11 所示。

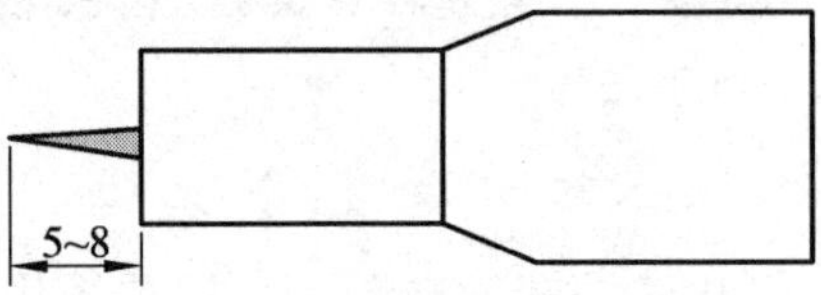

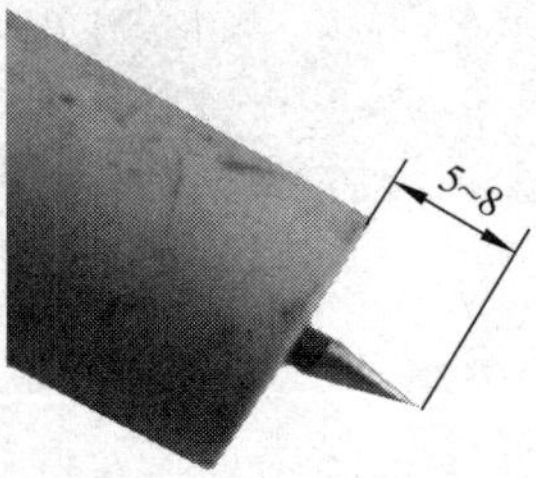

图 3-11　钨极伸出长度（单位：mm）

3. 钨极端部与熔池之间的距离

如果电弧压得过低易导致钨极端部触碰焊缝金属，造成钨极烧损和焊缝夹钨现象；如果电弧抬得过高会导致电弧热量不集中，无法熔化焊缝金属，气体保护不良产生气孔现象。所以一般钨极端部与熔池之间的距离控制在 1 ~ 2 mm 为最佳。如图 3-12 所示。

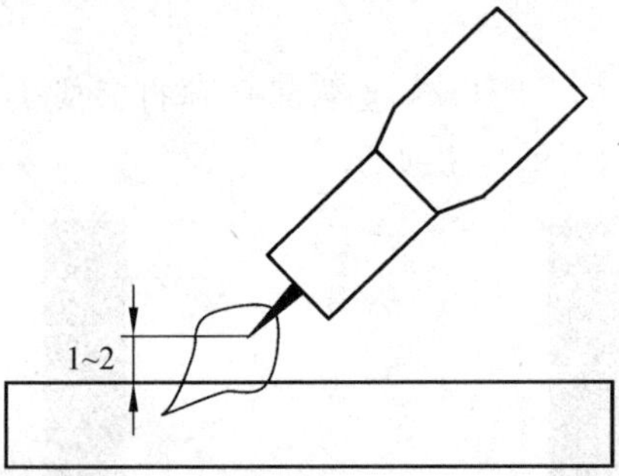

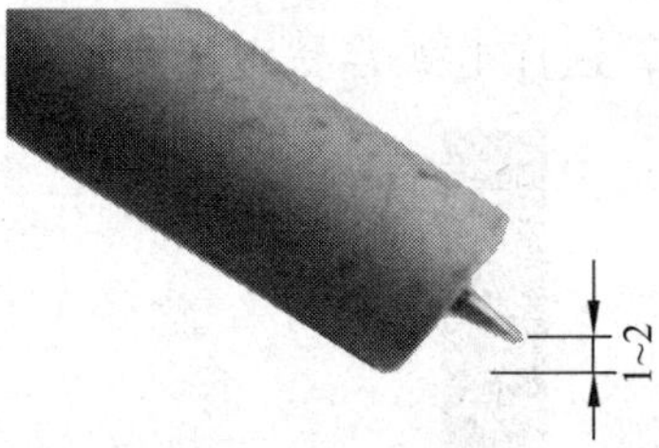

图 3-12　钨极高度（单位：mm）

三、操作准备

焊机：松下 YC-400TX。

焊丝：H08Mn2SiA　*Φ*2.4。

焊件：Q235B 200 mm × 200 mm × 12 mm 钢板一片。

氩气：纯度≥99.99%。

钨极直径：*Φ*2.4。

辅助工具：角磨机、钢丝刷、焊缝检查尺、直尺、个人劳动保护用品等。

四、氩弧焊平敷焊操作步骤

清理焊件→固定焊件→选择焊接工艺参数→焊接→检验。

五、焊件的准备（见视频 3-2-3）

（一）清理焊件

将焊件待焊区域打磨干净，直至露出金属光泽。

（二）固定焊件

打磨结束后将焊件固定在平焊位置。

六、焊接操作

采用手工钨极氩弧焊进行平敷焊操作，焊接参数如表 3-1 所示。

表 3-1　平敷焊焊接参数

焊道分布	焊接层数	焊丝直径 /mm	焊接电流 /A	电源极性	喷嘴直径 /mm	氩气流量 /（L/min）
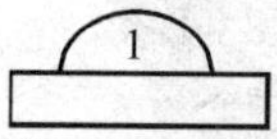	1 层	$\Phi2.4$	160～180	直流正接	10～14	9～15

操作方法分为端把焊接和摇把焊接两类。

1. 端把焊接（见视频 3-2-4）

端把焊接就是指用四指握把一指作为支撑以提高焊枪稳定性的操作方法。

端把焊接采用的送丝方式又分为断续送丝法和连续送丝法。

（1）断续送丝法（见视频 3-2-5）。

电流调整为 160～180 A，焊枪角度如图 3-13 所示。将焊件放平，用拇指、食指、无名指、和小拇指握住焊枪手柄，用中指接触焊件作为支点以保证焊枪稳定。

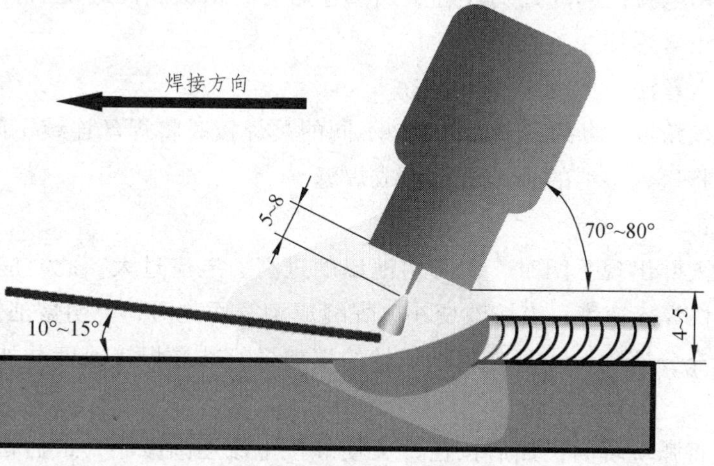

图 3-13　焊枪焊丝角度（单位：mm）

将喷嘴与焊件保持一定距离，按下高频开关引燃电弧。稍做停留，待焊接处熔化形成熔池后送入焊丝，同时向焊接方向移动枪。

当焊丝前端送入熔池中被熔化后，将焊丝回撤移出熔池，但不应离开氩气保护区，以免高温的焊丝端部被氧化，同时摆动焊枪将填充金属与母材金属熔合，然后再将焊丝送入熔池，重复上述步骤进行焊接。

在焊接过程中应平稳运行焊枪，焊丝在氩气保护层内均匀、准确、平稳地送入熔池，以保证焊接质量。

采用断续送丝法时应从熔池前沿送入焊丝。送丝时不能把焊丝过多地直接放在电弧下面，否则会造成焊丝未充分熔化形成栽丝现象；也不能将焊丝抬起过高，否则会造成“滴渡”现象；更不能触碰钨极，否则钨极将被氧化烧损，引起与熔池金属粘连形成夹钨缺陷，从而破坏了电弧稳定燃烧，影响焊接质量。如图 3-14 所示。

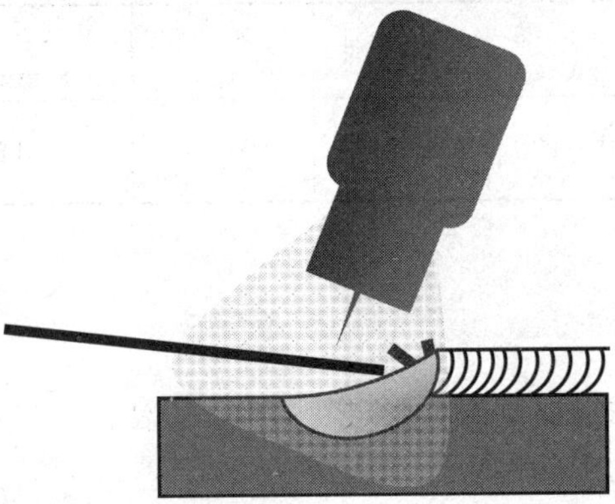

焊丝送入熔池位置过深造成栽丝现象

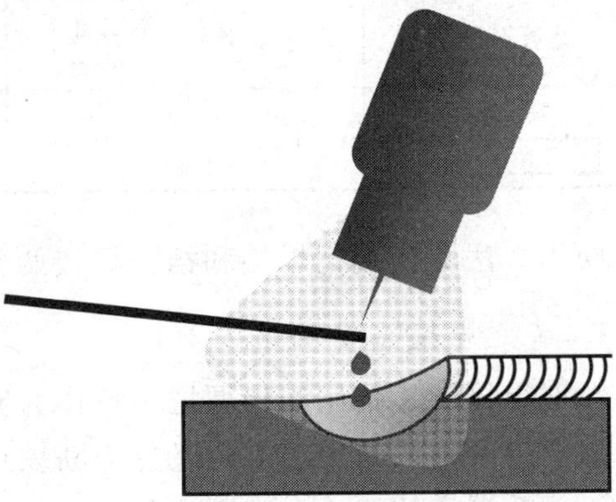

焊丝滴度现象

图 3-14　焊丝位置

接头时要用电弧把起焊处的焊缝金属重新熔化，形成新的熔池后再加入焊丝，将熔池填满后转入正常焊接。

（2）连续送丝法（见视频 3-2-6）。

焊枪和焊丝角度与断续送丝法一致。不同的是焊接时将焊丝连续不间断地送入熔池。通过摆动焊枪将送入熔池的焊丝熔化形成焊缝。

注意事项：

当熔池增大并出现下凹时，说明熔池温度过高、电流过大，此时应迅速调整焊枪与焊件角度，加快焊接速度；当熔池变小，焊缝成型窄而高时，说明熔池温度低、电流小、填充金属未能充分熔化，此时应减小焊丝的填加量，减慢焊接速度并加大电流直至焊缝成型均匀为止。

收弧时要将弧坑填满，然后按住开关使焊接电流逐渐减小，最后松开高频开关熄灭电弧。焊接时焊枪要摆动均匀，送丝量要一致从而获得成型良好的焊缝。

2. 摇把焊接（见视频 3-2-7）

摇把焊接是通过将氩弧焊枪的喷嘴始终倚靠在焊件上作为支点，灵活运用手腕摇动焊枪，使喷嘴作月牙形摆动以实现焊接过程的一种操作手法。

（1）摇把焊的优点。

① 成型美观。

摇把焊时喷嘴是倚靠在坡口内或焊道表面上摇动，有较好的稳定性。焊接时可根据焊缝的宽窄、深浅、温度等选择适当的焊接速度、摆动频率、送丝方法，使坡口两侧熔合得更好、更美观，减少了在坡口两侧的咬边现象。焊接时采用小电流、快速焊，每层的焊接金属厚度较薄，所以能够很好地控制焊接线能量。

② 适用性广。

摇把焊适用于多种材质及直径、厚度的管材及板材的焊接。特别是不锈钢类的焊接优势更加明显，焊缝成形美观，合格率也很高。

练习氩弧焊摇把平敷焊的目的是掌握摇把焊的基本操作手法，体会以喷嘴作为支点，通过摆动过程中手腕、焊枪与焊丝之间的相互配合完成焊接，为管对接摇把焊打好基础。

（2）摇把焊的握把姿势。

摇把焊握把姿势分为 3 种：侧握把、正握把、反握把，如图 3-15 所示。

3 种握把方式适用于不同的焊接位置，可根据实际情况调整。

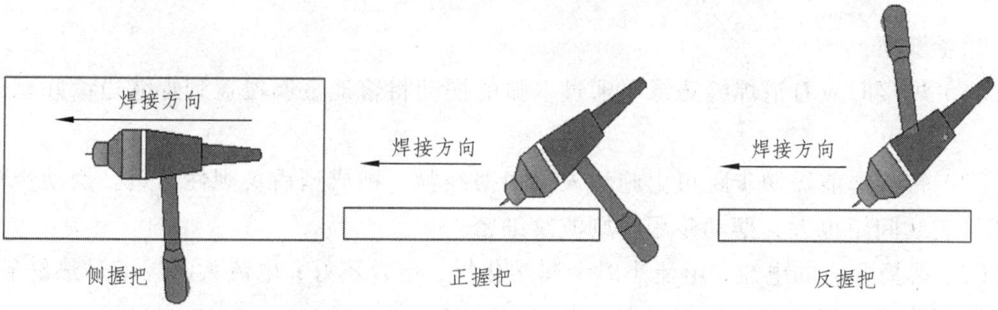

（a）侧握把　（b）正握把　（c）反握把

图 3-15　摇摆焊握把

（3）操作方法。

初学时先采用侧握把的方式，熟练后可练习其他握把方式。

轻握焊把，将喷嘴倚靠在焊件表面上以接触点作为支点，利用手腕发力摇动焊把，按“下—右—上—左”的方向将焊把逆时针转动，使喷嘴沿月牙形轨迹滚动（即到焊缝边缘时折转向焊缝另一侧滚动，到边缘时再折转滚动到另外一侧）。如此反复交替运动，实现电弧有规律地左右交替向前摆动焊接。

送丝方式采用连续送丝法，沿熔池的前边缘送入，利用电弧的摆动将熔化的铁水均匀地熔敷形成焊缝，如图 3-16 所示。

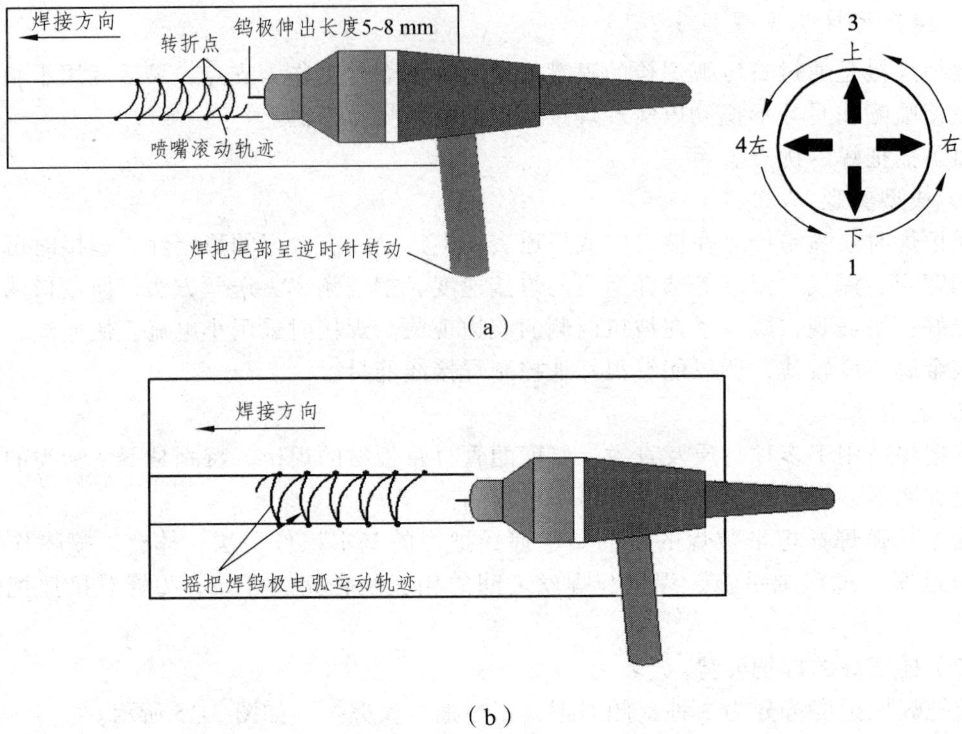

图 3-16　摇摆焊操作

注意事项：

（1）焊接时应看清焊缝边缘，通过电弧的摆动将熔池金属覆盖到焊缝边缘并充分熔合。

（2）每次向前摇摆步距可由施焊人员根据经验、视成型后美观性而定。摆动步距大则焊接波纹间距也大；摆动步距小则波纹细密。

（3）选择合适的电流，电流小时金属熔化慢，熔合不好；电流大时焊道过热易氧化，产生的氧化膜会阻碍喷嘴向前摇摆。

（4）轻握焊把，轻压喷嘴，灵活运用手腕发力。不要将身体重心施加到焊把上导致行进困难。用力过大容易造成“滑枪”现象，还容易扎伤送丝的手。

七、外观检验

摇把焊平敷焊评分如表 3-2 所示。

检验基本要求：

（1）焊后应将焊道表面清理干净。焊缝表面应当是焊后原始状态，焊缝表面没有加工修磨或者返修焊；

（2）焊件的外观检查，采用目视或 5 倍放大镜进行。

表 3-2　摇把焊平敷焊评分表

考核项目	考核内容	考核要求	配分	评分要求
安全文明生产	能正确执行安全技术操作规程	按达到规定的标准程度评定	20	根据现场纪律，视违反规定程度扣 1～20 分
	按有关文明生产的规定，做到工作地面整洁、工件和工具摆放整齐		20	根据现场纪律，视违反规定程度扣 1～20 分
主要项目	焊缝的外观缺陷	焊缝表面无气孔、焊瘤、裂纹、未熔合	30	焊缝表面有气孔、夹渣、焊瘤、裂纹、未熔合其中一项扣 1～30 分
	焊缝的表面成形	波纹均匀、焊缝平直	30	视波纹不均匀、焊缝不平直扣 1～30 分

八、想一想

（1）钨极怎样修磨，钨极端部的角度是多少？
（2）送丝方式有哪几种，分别怎样操作？
（3）端把焊接操作要领是什么？
（4）摇把焊接的操作要领是什么？

第三单元　管对接水平转动焊

一、学习目标

（1）掌握管对接焊相关基础知识；

（2）掌握焊件的装配与定位焊方法；

（3）掌握氩弧焊打底层的操作技术；

（4）掌握焊条电弧焊填充层、盖面层的操作方法。

系列视频管对接水平转动焊

二、相关知识

（一）管水平转动焊

管水平转动焊是采用手工钨极氩弧焊打底、焊条电弧焊填充盖面，通过转动管件始终对同一段位置（即立焊至平焊之间的位置）进行焊接的方法。

（二）认识管的焊接位置

将管的横截面按时钟的分布方式等分为 12 份，如图 3-17 所示。

其中，11 点—1 点为平焊位置；2 点—4 点和 8 点—10 点为立焊位置；5 点—7 点为仰焊位置；1 点—2 点和 10 点—11 点为平焊爬坡位置；4 点—5 点和 7 点—8 点为仰焊爬坡位置。

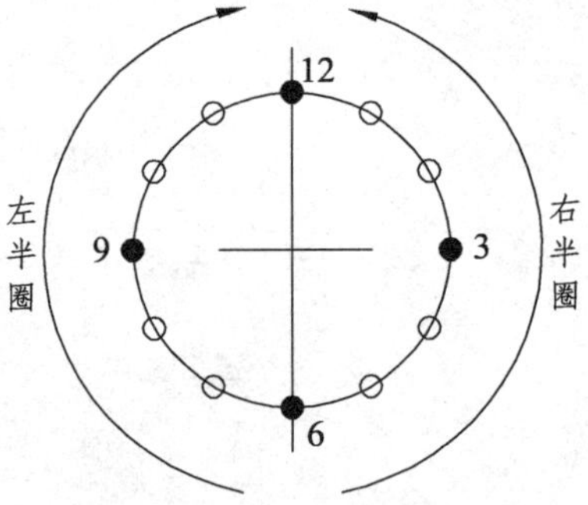

图 3-17　管的焊接位置

一道完整的焊口以 6 点和 12 点为中心线分成左右两半圈。从 6 点钟位置起焊自下而上，到 12 点钟位置结束，就是仰焊+立焊+平焊 3 种焊接位置的转换焊接，也是熔池在各种焊接位置转换中形成的过程。

三、操作准备

焊机：松下 YC-400TX。

焊丝：H08Mn2Si Φ2.4。

焊条：E5015 Φ3.2。

焊件：Q235B Φ219 mm × 150 mm × 8 mm 钢管，坡口角度为 30°±2.5°，两段一组。

钨极直径：Φ2.4。

氩气：纯度≥99.99%。

辅助工具：辅助胎具（见图 3-18）、角磨机、直磨机、钢丝刷、焊缝检查尺、直尺、个人劳动保护用品等。

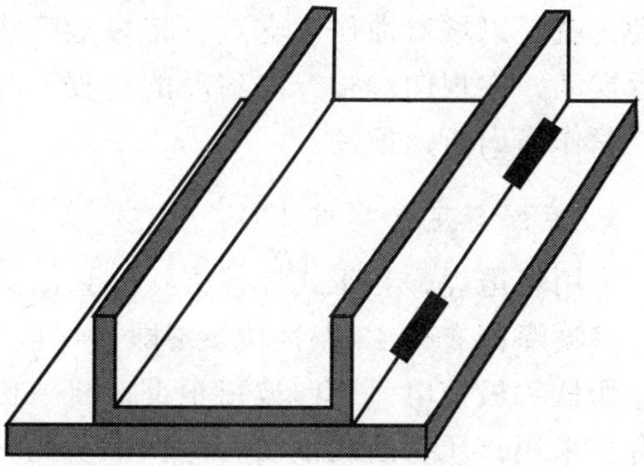

图 3-18 辅助胎具

四、管对接转动焊操作步骤

清理焊件→装配与定位焊→固定焊件→打底焊→填充焊→盖面焊→清渣→检查。

五、焊件的准备（见视频 3-3-1）

（一）清理焊件

将两管坡口面及内外口 10 ~ 20 mm 打磨干净，直至露出金属光泽；钝边打磨为 0.5 ~ 1 mm，并且无金属毛刺，如图 3-19 所示。

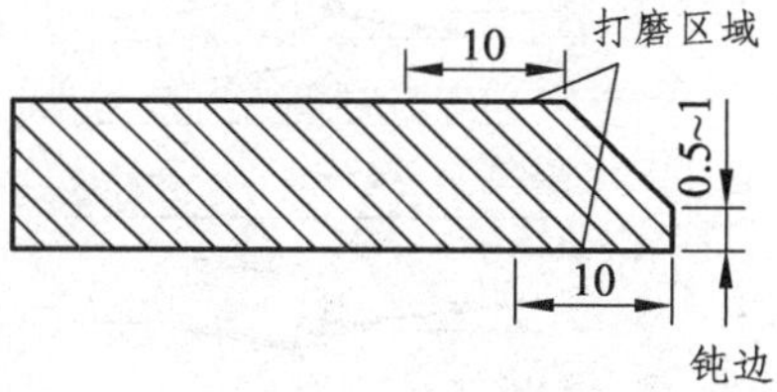

图 3-19 焊件打磨（单位：mm）

（二）装配与定位焊

1. 装配焊件

将两管放在辅助胎具上，预留组对间隙为 3.5 ~ 4 mm，错边量控制在 0.5 mm 以内，如图 3-20 所示。

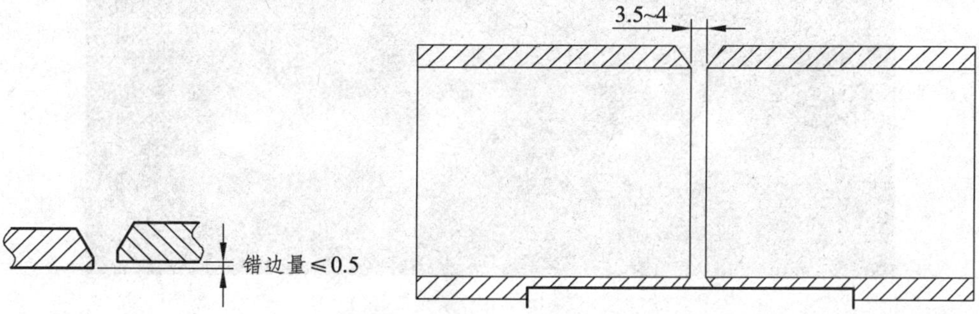

图 3-20 装配（单位：mm）

2. 焊枪的摆动方式

管对接氩弧焊点固及打底层焊接时，可采用挤压折返式摆动焊接。所谓挤压折返式摆动，就是以坡口面作为支点，将焊枪喷嘴挤压在坡口面上，手腕向前施加推力作交替折返摆动，实现向焊接方向移动的过程。与摇把焊不同的是在摆动移动过程中喷嘴不滚动，只作横向折返摆动。

3. 装配与定位焊的方法

采用熔透焊，与正式焊接方法一致。

将喷嘴倚靠在 12 点钟位置（即平焊位置）的两坡口内侧。随后按下高频开关引燃电弧，压低钨极使电弧伸向坡口根部。将一侧钝边熔化后送进焊丝，熔化焊丝与母材充分熔合。采用挤压折返式摆动将电弧摆动到另外一侧，待钝边熔化后送入焊丝使组对间隙缩小，用焊丝将两侧凸起的焊肉连接起来，然后将焊丝连续送入熔池中，同时摆动焊枪向焊接方向移动，将焊丝熔化与两侧坡口熔合在一起形成焊缝，定位焊缝的长度为 10～15 mm。如图 3-21 所示。

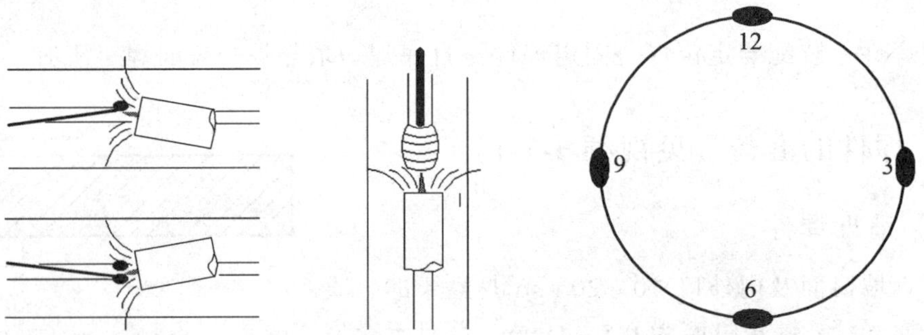

（a）

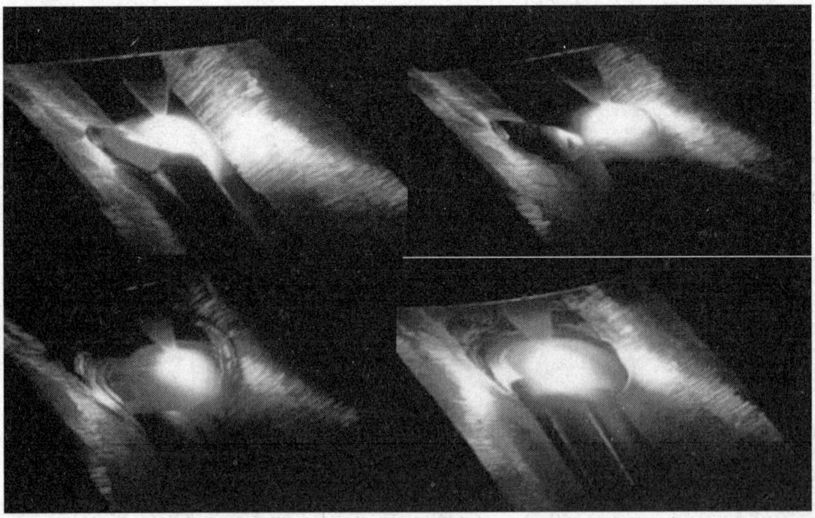

（b）

图 3-21　定位焊方法

第一点定位焊缝点固结束后，将焊缝对面位置（6 点钟位置）转动到平焊位置，调整好组对间隙，用同样的方法点固第二点。

再次调整组对间隙，使焊件一周的间隙一致。用同样的方法分别在 3 点钟和 9 点钟位置点固第三点和第四点。最后将四个定位焊缝两端打磨出斜坡便于起头、接头。

组对结束后将焊件放置在辅助胎具上准备焊接。

六、焊接操作

焊接参数如表 3-3 所示。

表 3-3　管对接转动焊焊接参数

焊道分布	焊接层数	焊条焊丝直径 /mm	焊接电流 /A	电源极性	喷嘴直径 /mm	氩气流量 /（L/min）
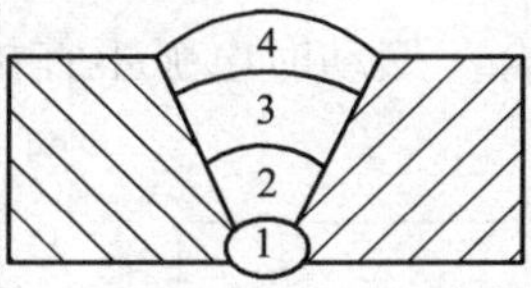	手工氩弧焊打底层焊道 1	Φ2.4	90～110	直流正接	8～10	6～12
	手工氩弧焊填充层焊道 2	Φ2.4	140～160	直流正接	8～10	6～12
	焊条电弧焊填充层焊道 3	Φ3.2	90～100	直流反接		
	焊条电弧焊盖面层焊道 4	Φ3.2	80～90	直流反接		

焊接层次和焊接顺序，如图 3-22 所示。

第一层为手工钨极氩弧焊打底层 1；第二层为手工钨极氩弧焊填充层 2；

第三层为焊条电弧焊填充层 3；第四层为焊条电弧焊盖面层 4。

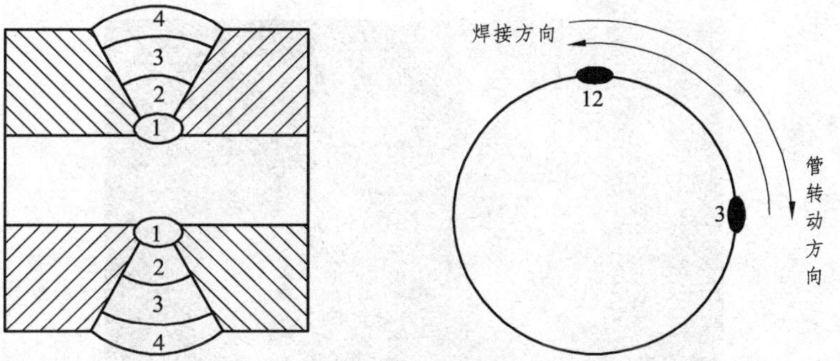

图 3-22　焊接层次和焊接顺序

转动口焊接是通过转动焊件，焊接 3 点钟位置到 12 点钟位置之间（由下至上）的焊缝。

（一）第一层 ——手工钨极氩弧焊打底层焊道 1（见视频 3-3-2）

将组对好的焊件放在辅助胎具上，12 点钟位置向上。将焊枪喷嘴倚靠在 3 点钟位置的定位焊缝处，以坡口接触面作为支点开始焊接。焊枪与焊丝的角度如图 3-23 所示。

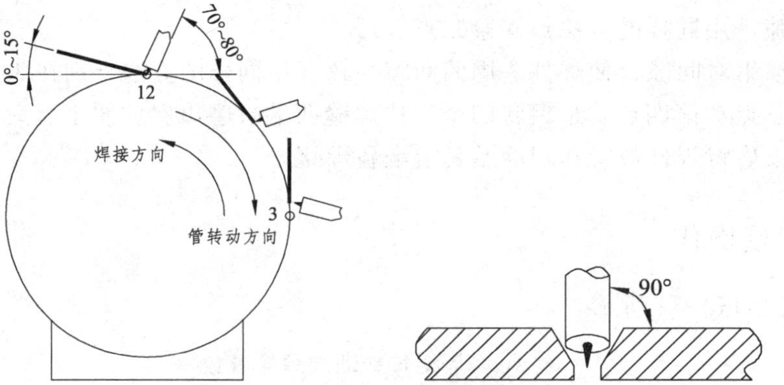

图 3-23　焊丝焊枪角度

引燃电弧后先不加焊丝，摆动焊枪用电弧对定位焊缝进行加热，当焊到定位焊缝前沿时，熔化焊缝金属形成熔池。坡口两侧出现熔孔后采用连续送丝法向熔池内不间断地送入焊丝，同时摆动焊枪将送入的焊丝熔化并与两侧母材充分熔合。摆动时电弧不宜抬起过高，与熔池的距离控制在 1 ~ 2 mm。如图 3-24 所示。

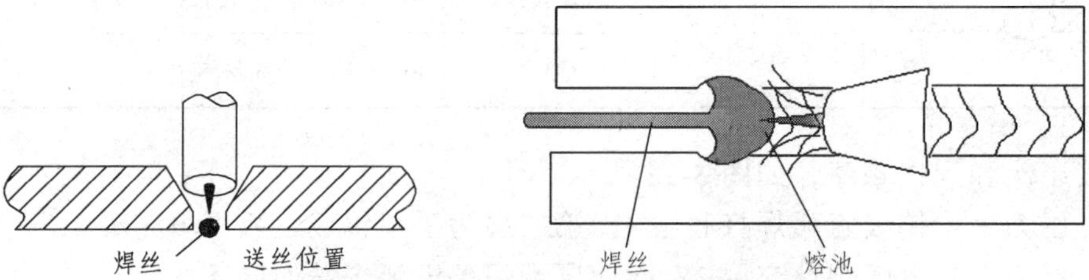

（a）

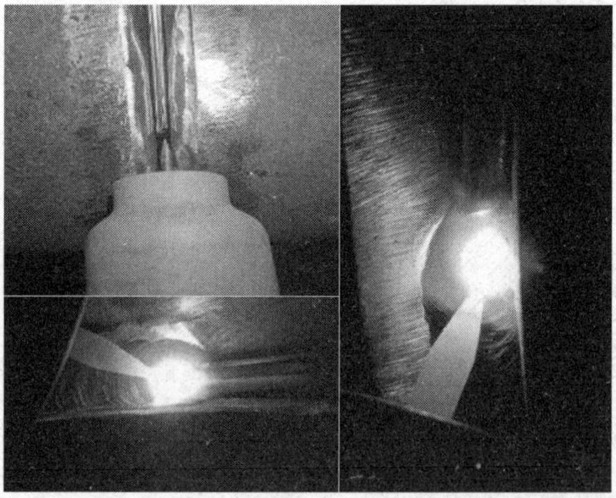

（b）

图 3-24　打底层送丝位置及熔池状态

当焊至平焊位置与定位焊缝接头时（即 12 点位置），在接头处小幅摆动加热焊缝，待充分熔合后填入焊丝，使背面凸起高度一致。

接头完成后按住高频开关收弧，待电流衰减到最小时松开关停弧。电弧熄灭后应保持喷嘴位置不变继续送气保护，待熔池完全冷却后再移开焊枪。焊完这一段之后，转动焊件将其焊缝复位到与第一段相同的位置，用同样的焊接方法将剩余 3/4 焊缝完成。

打底层注意事项：

在焊接时要密切注意焊接参数的变化及相互关系，随时调整焊枪角度和焊接速度。当熔池增大、焊缝变宽并且出现熔池下坠时，说明熔池温度偏高，这时应加快送丝速度、焊接速度。当发现熔池较小时，说明熔池温度过低，应减慢送丝速度、焊接速度。

（二）第二层 ——手工钨极氩弧焊填充层焊道 2（见视频 3-3-3）

焊接前应先检查打底层焊道表面是否存在缺陷，如发现缺陷需进行打磨修复处理。

焊件转动方法与打底焊时一致，焊接电流调整为 140 ~ 160 A，焊枪与焊丝的角度如图 3-25 所示。

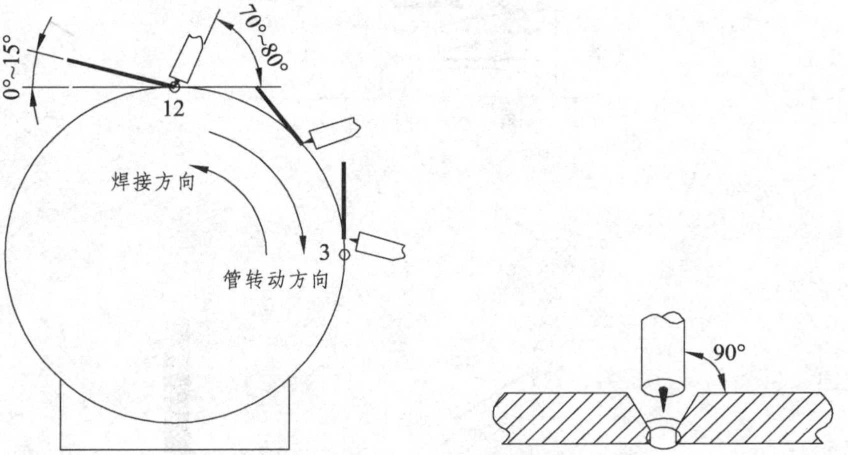

图 3-25　焊丝焊枪角度

焊接时采用挤压折返式摆动向上焊接，摆动宽度比打底层焊接时稍大。如图 3-26 所示。采用连续送丝法将焊丝送入熔池，电弧在坡口两侧稍做停留，保证填充金属与母材熔合好。收弧时尽量将电弧摆动到坡口两侧避免产生收弧缩孔。

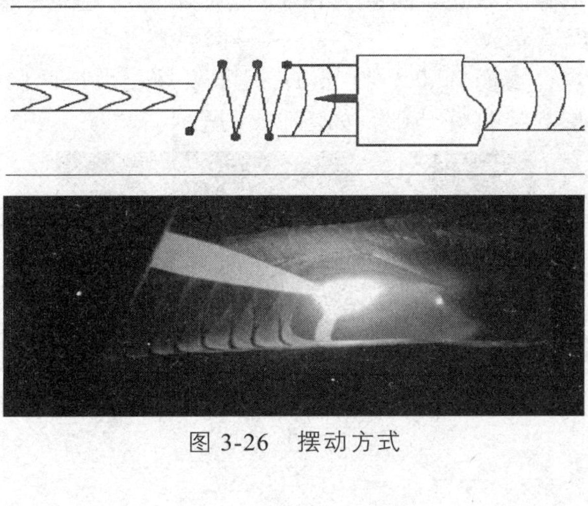

图 3-26　摆动方式

（三）第三层 ——焊条电弧焊填充层焊道 3（见视频 3-3-4）

焊接电流调整为 90 ~ 100 A。在 3 点钟（立焊位置）位置引弧，采用锯齿形或反月牙形运条法操作，短弧焊接（见图 3-27）。焊接时焊条与焊件左右呈 90°，与焊缝的角度随焊接位置的变化随时调整（见图 3-28）。摆动时将焊条在坡口两侧稍做停留，中间一带而过，匀速向上焊接。通过调整焊条角度、焊接速度、摆动步距使熔池保持为圆形或椭圆形，且大小和形状基本一致，并与母材熔合好。

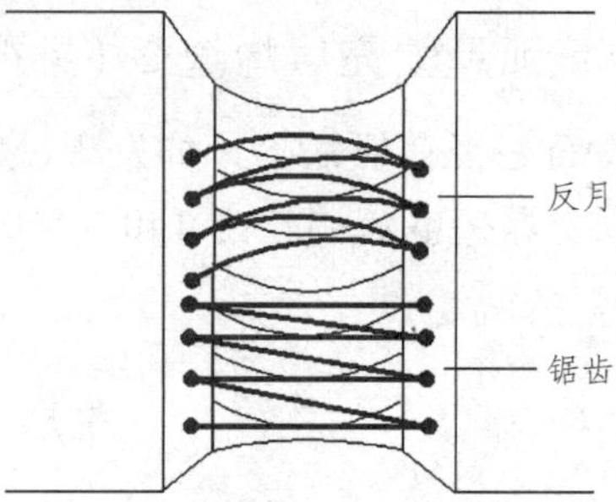

图 3-27　摆动方法

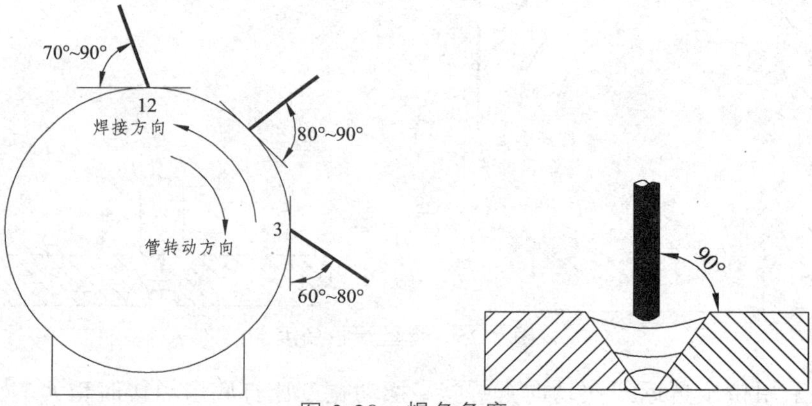

图 3-28　焊条角度

接头时更换焊条速度要快，在弧坑前 20 ~ 30 mm 处引燃电弧，回拉至弧坑处，沿弧坑边缘将弧坑填满之后再转入正常焊接。在 12 点钟位置处（即平焊位置）收弧。转动焊件复位，将剩余 3/4 焊道完成。

填充层焊缝应比焊件表面低 0.5 ~ 1 mm，且不要熔化坡口两侧棱边，保持坡口边缘的原始状态，为盖面层焊接打好基础，如图 3-29 所示。

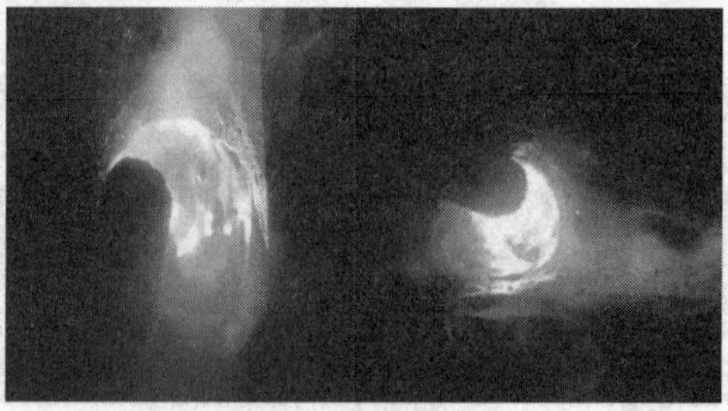

图 3-29　熔池状态

（四）第四层——焊条电弧焊盖面层焊道 4（见视频 3-3-5）

焊前先将填充层飞溅、熔渣清理干净，露出坡口的棱边作为焊接时的参照。

盖面层电流比填充层电流稍小，调整为 80 ~ 90 A。采用锯齿形或反月牙形运条法操作，短弧焊接。焊接时焊条与焊件左右呈 90°，与焊缝的角度随焊接位置的变化随时调整（见图 3-30）。焊条摆动到坡口边缘时稍做停留，熔化坡口棱边 0.5 ~ 1 mm，使焊缝金属与母材圆滑过渡以免产生咬边，如图 3-31 所示。通过调整焊条角度、焊接速度、摆动步距使熔池保持为圆形或椭圆形，且大小和形状基本一致。

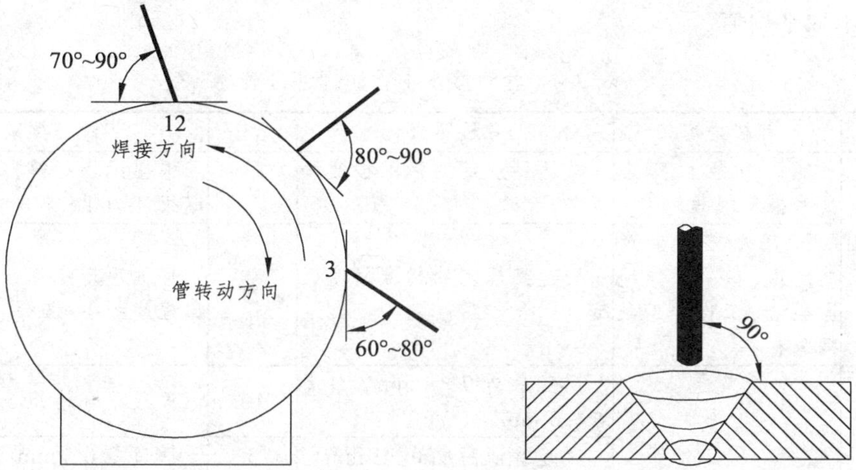

图 3-30　焊条角度

焊至 12 点钟位置断弧，转动管件复位。接头时在弧坑前 20 ~ 30 mm 处引弧，回拉至弧坑处，沿弧坑边缘将弧坑填满后转入正常焊接，将剩余 3/4 焊道完成。

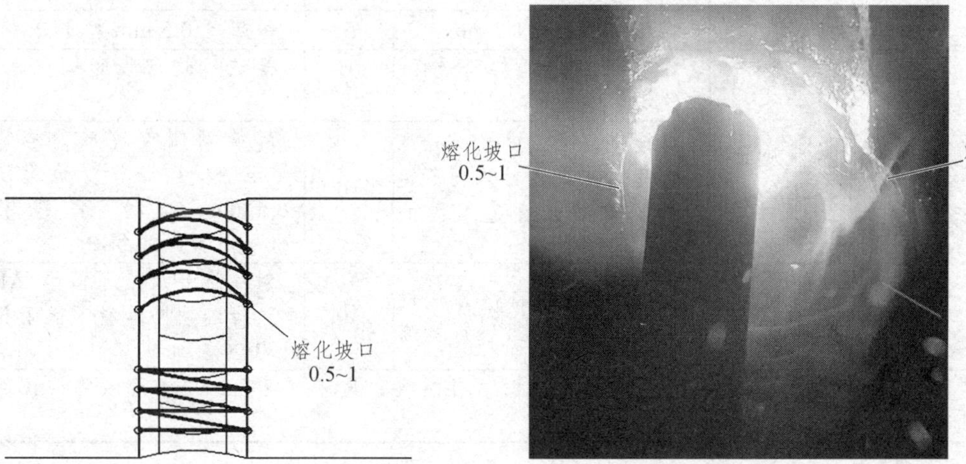

图 3-31　熔池覆盖及熔化坡口棱边（单位：mm）

七、外观检验

管对接水平转动焊评分如表 3-4 所示。

检验基本要求：

（1）焊后应将焊道表面的熔渣、飞溅清理干净。焊缝表面应当是焊后原始状态，焊缝表面没有加工修磨或者返修焊。

（2）焊件的外观检查，采用目视或 5 倍放大镜进行。焊件检验焊缝全长的正面和背面。单面焊的背面焊缝宽度可不测定。焊缝的余高和宽度可用焊缝检验尺测量最大值和最小值，不取平均值。

表 3-4 管对接水平转动焊评分表

考核项目	考核内容	考核要求	配分	评分要求
安全文明生产	能正确执行安全技术操作规程	按达到规定的标准程度评定	5	根据现场纪律，视违反规定程度扣 1～5 分
	按有关文明生产的规定，做到工作地面整洁、工件和工具摆放整齐	按达到规定的标准程度评定	5	根据现场纪律，视违反规定程度扣 1～5 分
主要项目	焊缝的外形尺寸	焊缝余高 0～4 mm。余高差≤3 mm。	10	每项不合格扣 5 分
		焊缝背面高度 0～3 mm	5	每超差 0.5 mm 扣 1 分
		焊缝宽度比坡口每侧增宽 0.5～2.5 mm。宽度差≤3 mm	10	每项不合格扣 5 分
		焊缝直线度≤2 mm	5	每超差 0.5 mm 扣 1 分
		焊后角变形 0°～3°	5	每超 1 度扣 1 分
		焊缝错位量≤1.2 mm	5	每超差 0.5 mm 扣 1 分
	焊缝的外观质量	焊缝表面成形：焊缝平直，波纹均匀细密	10	视波纹均匀程度扣 1～3 分
		焊缝咬边深度≤0.5 mm；焊缝两侧咬边累计总长不超过焊缝有效长度范围内的 10%	10	焊缝两侧咬边累计总长 5 mm 扣 1 分，咬边深度>0.5 mm 或累计总长>60 mm 此项不得分
	焊缝内部质量	按照 NB/T 47013《承压设备无损检测》标准进行检测	30	射线透照质量不低于 AB 级，焊缝缺陷等级不低于Ⅱ级为合格
注：焊件焊接未完成，表面修补及焊缝正反两面有裂纹、夹渣、气孔、未熔合缺陷，该件作 0 分处理				

八、想一想

（1）如何划分管对接焊缝的各焊接位置？

（2）挤压折返式摆动如何操作？
（3）如何进行管对接焊缝组对和定位焊？
（4）管对接焊应分几层进行焊接，分别是什么？
（5）钨极氩弧焊打底层怎样操作？
（6）焊条电弧焊填充层、盖面层怎样操作？

第四单元　管对接水平固定焊

一、学习目标

（1）掌握管对接水平固定焊相关基础知识；
（2）掌握焊件的装配与定位焊方法；
（3）掌握氩弧焊打底层的操作技术；
（4）掌握焊条电弧焊填充层、盖面层的操作方法；
（5）掌握管对接水平固定氩电联焊技术。

系列视频
管对接水平固定焊

二、相关知识

管对接水平固定是指将焊件置于水平位置进行焊接的操作，如图 3-32 所示。

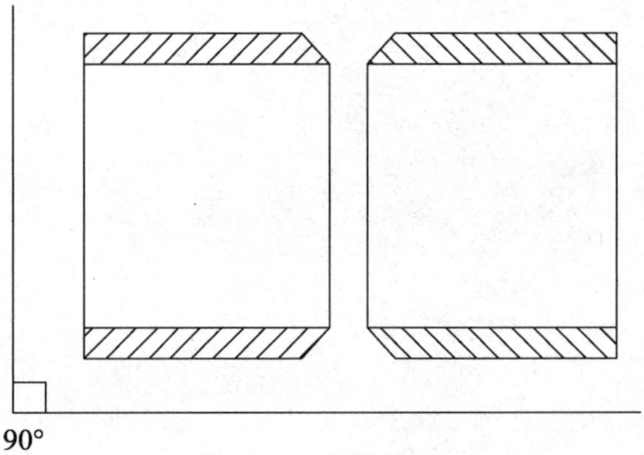

图 3-32　焊接位置

采用手工钨极氩弧焊进行打底层焊接、焊条电弧焊进行填充层及盖面层焊接，焊接时包括仰焊、立焊、平焊 3 种焊接位置，焊条角度变化较大，因此操作比较困难。

要使焊缝成形美观，就要求焊工在焊接位置转换过程中，必须相应调整焊条角度及焊接速度才能控制好熔池形状，否则就会造成焊缝宽窄不一致、高低相差大的现象，在平焊位置更容易出现焊缝下凹现象，在仰焊位置容易产生夹渣、未熔合和焊瘤缺陷；在仰焊爬坡位置处容易出现击穿现象，或焊道中间高、两侧咬边。

三、操作准备

焊机：松下 YC-400TX。
焊丝：H08Mn2Si Φ2.4。
焊条：E5015 Φ3.2。
焊件：Q235B Φ219 mm × 150 mm × 8 mm 钢管，坡口角度 30°±2.5°，两段一组。
钨极直径：Φ2.4。

氩气：纯度≥99.99%。

辅助工具：辅助胎具、角磨机、直磨机、钢丝刷、焊缝检查尺、直尺、个人劳动保护用品等。

四、管对接水平固定焊操作步骤

清理焊件→装配与定位焊→固定焊件→打底焊→填充焊→盖面焊→清渣→检查。

五、焊件的准备（见视频 3-4-1）

（一）清理焊件

将两管坡口面及内外口 10 ~ 20 mm 打磨干净，直至露出金属光泽。钝边打磨为 0.5 ~ 1 mm，并且无金属毛刺，如图 3-33 所示。

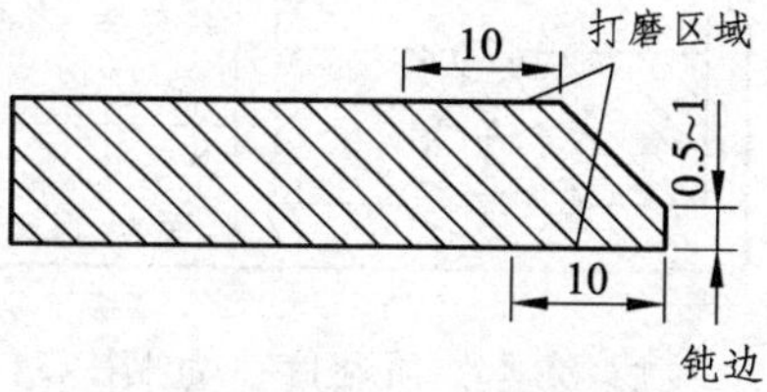

图 3-33　焊件打磨（单位：mm）

（二）装配与定位焊

将两管放在辅助胎具上，预留组对间隙为 3.5 ~ 4 mm，错边量控制在 0.5 mm 以内，如图 3-34 所示。分别在 3 点钟、9 点钟、12 点钟位置点固，6 点钟位置为仰焊位置起焊处不需点固。定位焊缝长 10 ~ 15 mm，将两端打磨出斜坡，便于起头和接头。如图 3-35 所示。

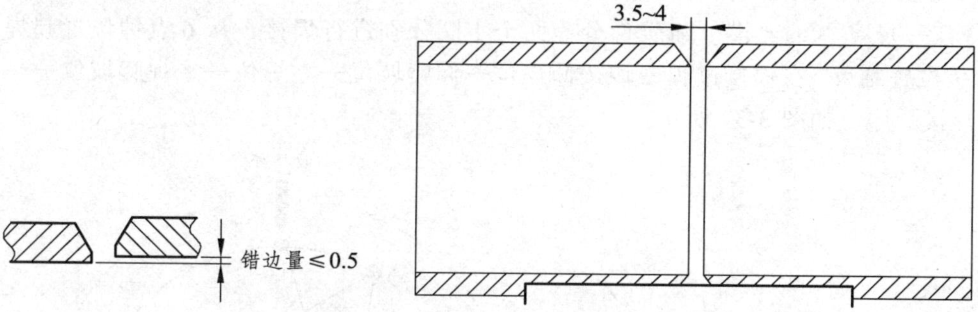

图 3-34　装配（单位：mm）

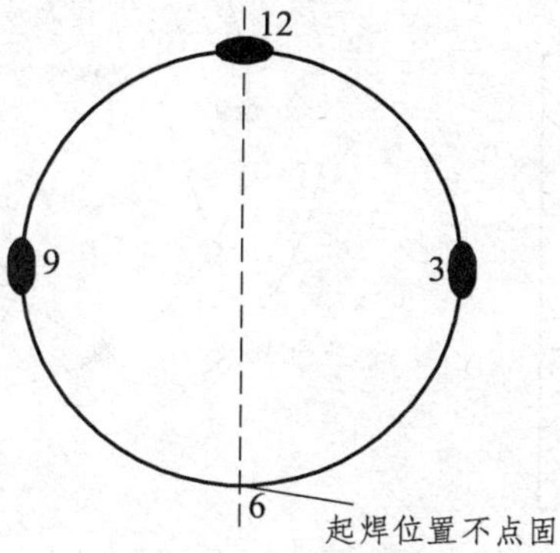

图 3-35　点固位置

组对结束后将焊件放置在水平位置固定。

六、焊接操作

焊接参数如表 3-5 所示。

表 3-5　管对接水平固定焊焊接参数

焊道分布	焊接层数	焊条焊丝直径/mm	焊接电流/A	电源极性	喷嘴直径/mm	氩气流量/（L/min）
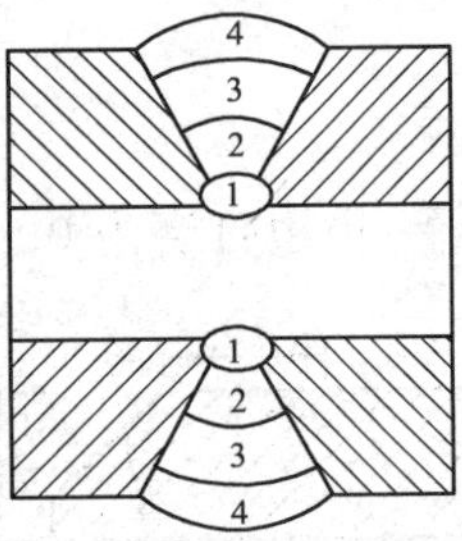	手工氩弧焊打底层焊道 1	Φ2.4	90 ~ 110	直流正接	8 ~ 10	6 ~ 12
	手工氩弧焊填充层焊道 2	Φ2.4	140 ~ 160	直流正接	8 ~ 10	6 ~ 12
	焊条电弧焊填充层焊道 3	Φ3.2	90 ~ 100	直流反接		
	焊条电弧焊盖面层焊道 4	Φ3.2	80 ~ 90	直流反接		

焊接层次和顺序，如图 3-36 所示。

第一层为手工钨极氩弧焊打底层 1；第二层为手工钨极氩弧焊填充层 2；第三层为焊条电弧焊填充层 3；第四层为焊条电弧焊盖面层 4。

焊接顺序：以 6 点钟到 12 点钟连线为中心线，其中 6 点—9 点—12 点为左半圈，6 点—3 点—12 点为右半圈。将管件分为两个半圈分别进行焊接，从 6 点钟位置起焊，到 12 点钟位置结束。在焊接过程中均按仰焊位—仰爬坡位—立焊位—平焊爬坡位—平焊位置的焊接顺序。如图 3-37 所示。

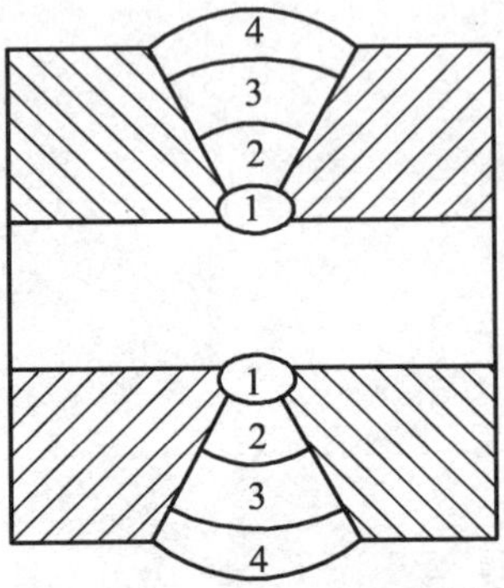

图 3-36　焊接层次

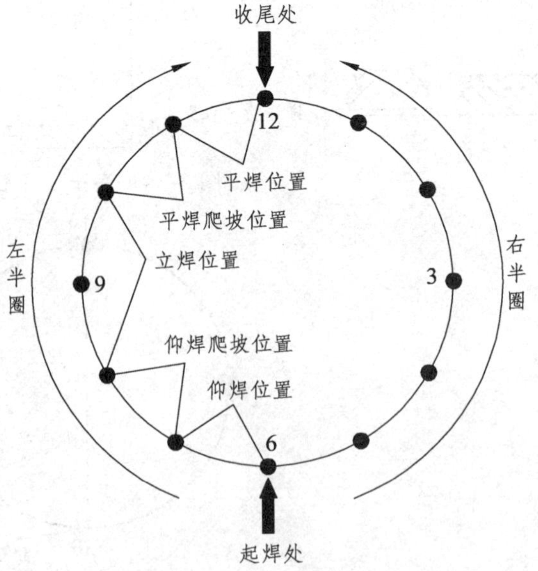

图 3-37　焊接顺序

（一）第一层——手工钨极氩弧焊打底层焊道 1（见视频 3-4-2）

焊接电流调整为 90～110 A，焊枪与焊缝的角度为 70°～90°，焊丝与管切线的角度为 10°～20°，如图 3-38 所示。

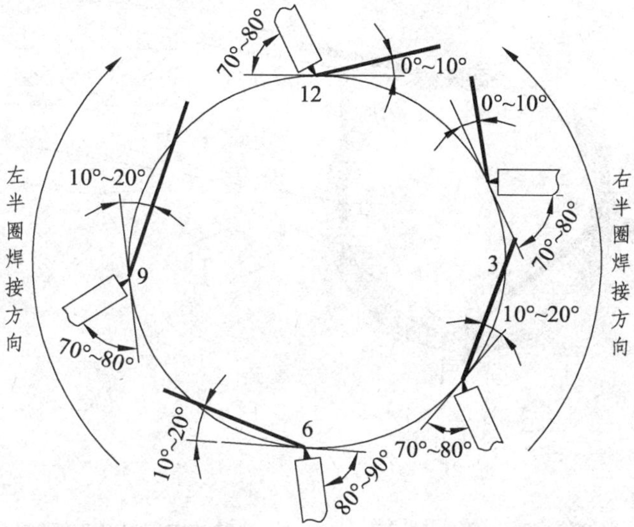

图 3-38　焊枪焊丝角度

1. 左半圈焊接

在 6 点钟位置开始焊接，引燃电弧后将电弧伸向坡口根部，待坡口钝边熔化后分别向坡口根部两侧送入焊丝，将两侧坡口连接起来形成完整的熔池，随后采用挤压折返式摆动焊枪向上焊接，同时采用连续送丝法向熔池中送入焊丝。

当焊至 9 点钟位置接头时，电弧在接头处小幅摆动，待与定位焊缝充分熔合后送入焊丝，看到铁水下沉后熄灭电弧，使焊缝背面凸起高度一致。

再次起焊时暂不送丝，对起焊处焊缝金属进行预热，待焊缝金属熔化形成熔池后再送入焊丝，随后转入正常焊接。

当焊至 12 点钟位置与定位焊缝接头时，电弧在接头处小幅摆动加热，待与定位焊缝充分熔合后送入焊丝，看到铁水下沉后按下高频开关熄灭电弧，使焊缝背面凸起高度一致。电弧熄灭后不要立即抬起焊枪，继续送气保护未完全冷却的熔池金属，待彻底冷却后抬起焊枪。

2. 右半圈焊接

焊前将 6 点钟起焊位置的焊缝打磨出斜坡，在此处起焊，焊接方法与左半圈一致。

打底层注意事项：

（1）焊接管下半部分时（6 点—9 点钟位置和 6 点—3 点钟位置），由于熔化的铁水受重力的作用易产生下垂现象，所以焊接时宜采用连续内送丝法操作，将焊丝倚靠在定位焊缝处（3 点钟、9 点钟位置），从组对间隙中穿过直接送入熔池的根部，以克服内凹缺陷。如图 3-39 所示。

焊接管上半部分时（9点钟—12点钟位置和3点钟—12点钟位置），焊丝送入的位置应逐渐向熔池外调整，焊至平焊位置时可调整至熔池的外部，同时提高焊接速度，避免产生焊瘤缺陷。

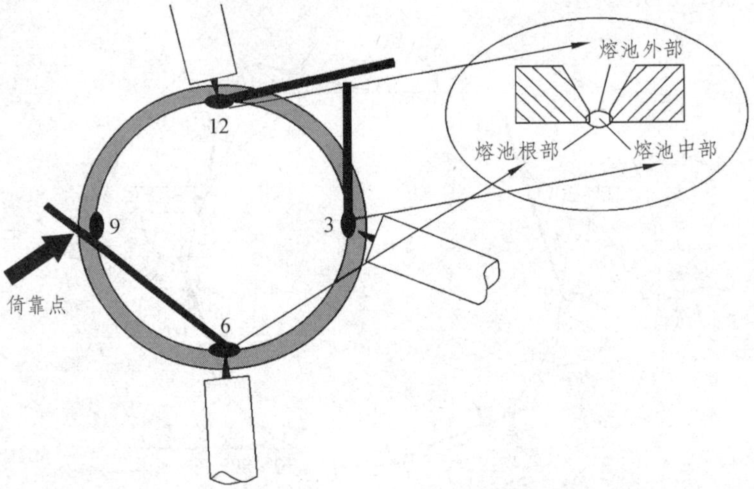

（a）

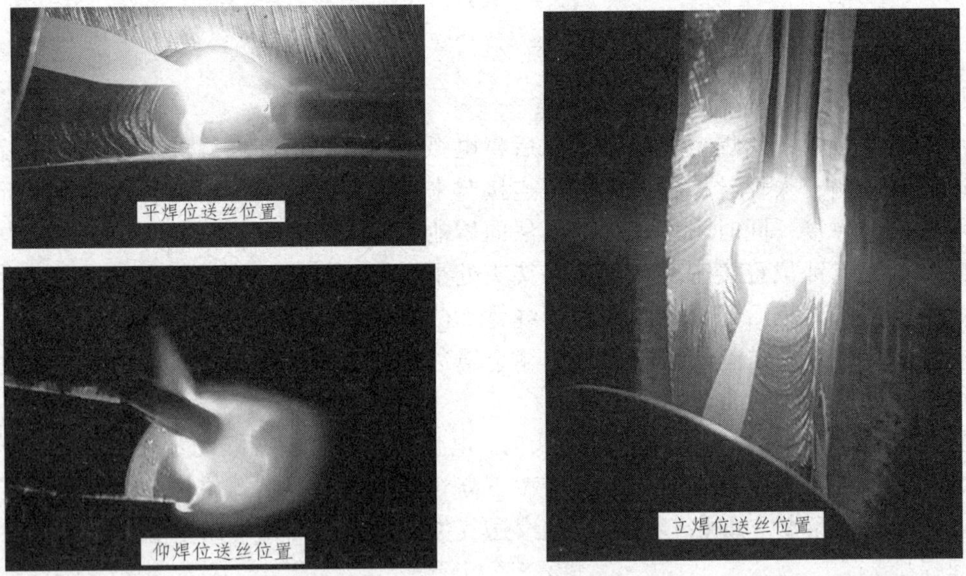

（b）

图 3-39　送丝位置及熔池状态

（2）摆动焊枪速度要与送丝速度相匹配，保证将送入熔池中的焊丝完全熔化与两侧母材充分熔合。如果焊枪摆动速度过快、送丝量过多，则焊丝未能完全熔化，会造成栽丝现象。如果焊枪摆动速度过慢，送丝量过多，会产生焊瘤缺陷。

（二）第二层——手工钨极氩弧焊填充层焊道2（见视频3-4-3）

由于打底层焊缝金属较薄，直接用焊条电弧焊填充焊接容易将打底层焊缝击穿，所以需要用手工钨极氩弧焊填充一层来增加焊缝金属厚度。

电流调整为 140 ~ 160 A，焊枪角度和焊接顺序与打底层焊接时基本一致，可先焊接左半圈。

在 6 点钟位置起焊，引燃电弧后小幅摆动加热焊缝金属，待熔化形成熔池后连续送入焊丝，同时摆动焊枪向上焊接。焊枪摆动幅度比打底层时略大，电弧在坡口两侧稍做停留以保证填充金属与坡口两侧良好地熔合，如图 3-40 所示。

图 3-40　摆动方法、熔池状态

氩弧焊填充层注意事项：

焊接仰焊位置和仰焊爬坡位置时，速度要稍快，避免将背面凸起的焊道烧塌。收弧时尽量将电弧摆动到坡口两侧母材上，避免产生收弧缩孔。

（三）第三层——焊条电弧焊填充层焊道 3（见视频 3-4-4）

电流调整为 80 ~ 100 A。焊接时焊条与焊件左右呈 90°，与焊缝角度随焊接位置的变化相应调整，可先焊接左半圈，如图 3-41 所示。

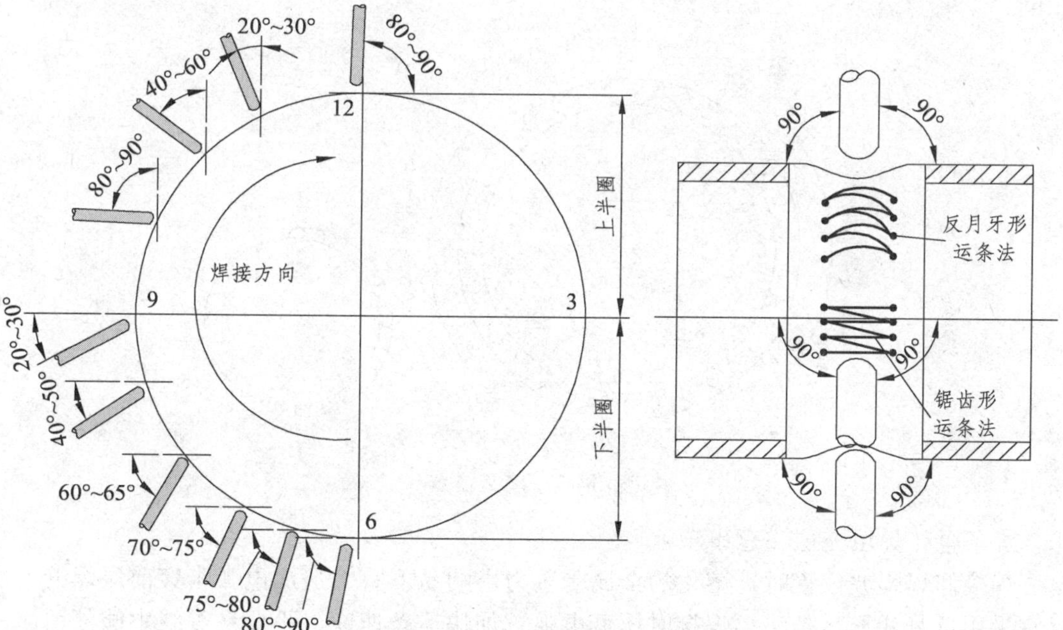

图 3-41　填充层焊条角度

在 6 点钟位置起焊，电弧引燃后稍停留，待焊条与母材熔化形成熔池后，采用锯齿形或反月牙形运条法，短弧焊接。焊条摆动到坡口两侧稍做停留，中间一带而过，保证与坡口两侧良好熔合。通过调整焊条角度和焊条在坡口两边的停留时间及焊接速度，来控制熔池的形状始终为圆形或椭圆形，且大小和形状基本一致，如图 3-42 所示。

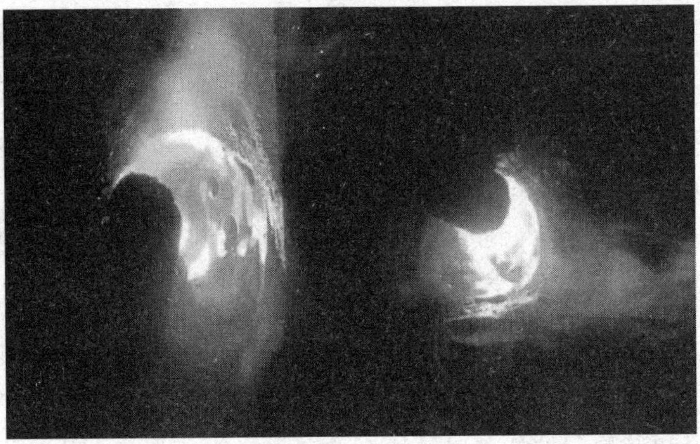

图 3-42　熔池状态

接头时更换焊条速度要快，在弧坑前 20 ~ 30 mm 处引燃电弧后回拉至弧坑处，沿弧坑边缘将弧坑填满后转入正常焊接。

左半圈焊完后，将 6 点钟位置起焊处打磨出斜坡便于接头，再用同样的方法将右半圈焊道焊完。填充层焊道要求平整，高度低于母材表面 0.5 ~ 1 mm，如图 3-43 所示。

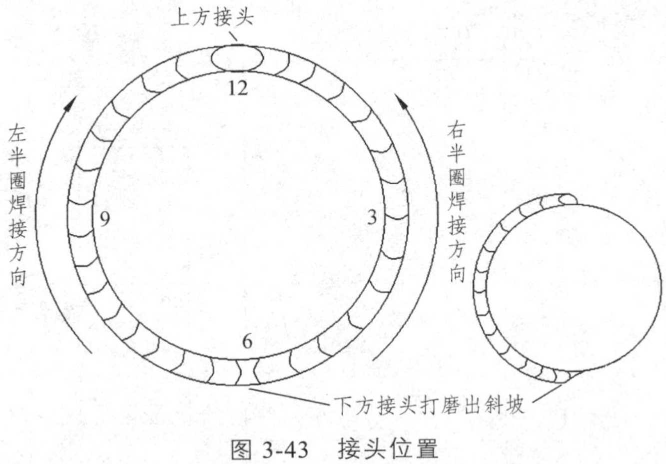

图 3-43　接头位置

焊条电弧焊填充层注意事项：

焊接仰焊爬坡位置时，熔化的金属受重力影响易下坠，造成电弧击穿前层焊缝，所以宜采用反月牙形运条法，焊接时压低电弧、加快运条速度，不要在焊缝中间停留。

焊接平焊位置时，为保证填充层高度，要适当减慢焊接速度，为盖面层打好基础。

（四）第四层——焊条电弧焊盖面层焊道 4（见视频 3-4-5）

盖面层电流比填充层电流稍小，焊接电流调整为 80 ~ 90 A。焊条与焊件左右呈 90°，与焊缝角度随焊接位置的变化相应调整，可先焊接左半圈。如图 3-44 所示。

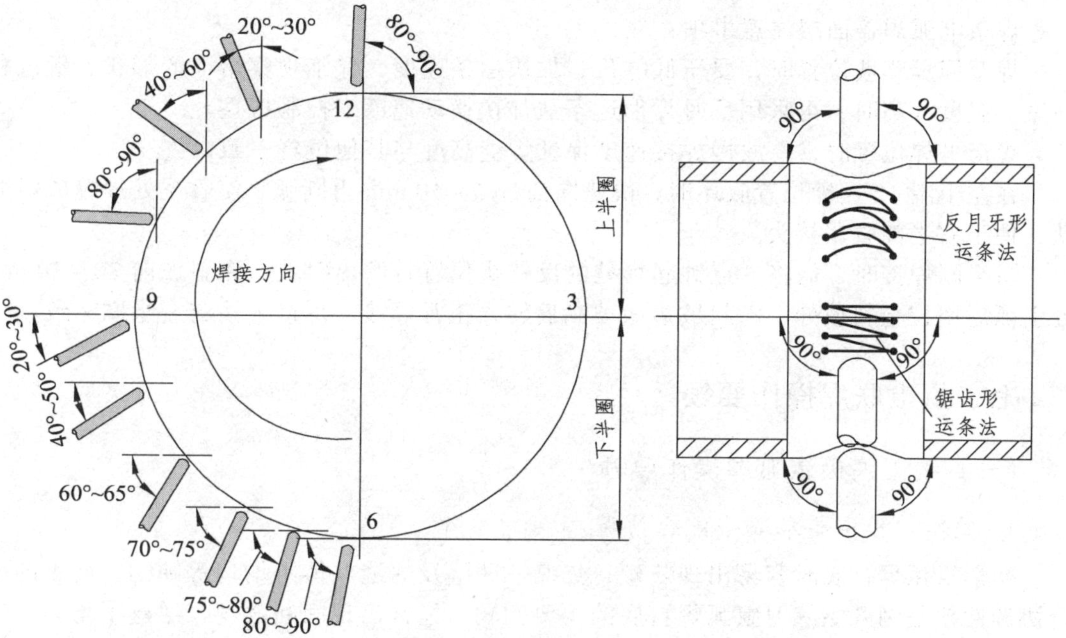

图 3-44　焊条角度及运条法

盖面层焊接前先将填充层的飞溅、熔渣清理干净。在 6 点钟位置前 20 ~ 30 mm 处引弧后回拉至 6 点钟位置开始焊接。压低电弧稍做停留，待焊条与母材熔化形成熔池后，采用锯齿形或反月牙形运条法，短弧焊接。焊条摆动到坡口边缘时稍做停留熔化坡口棱边 0.5 ~ 1 mm，中间一带而过，使焊缝金属与母材圆滑过渡以免产生咬边现象，如图 3-45 所示。

接头时更换焊条速度要快，在弧坑前 20 ~ 30 mm 处引燃电弧后回拉至弧坑处，沿弧坑边缘将弧坑填满后转入正常焊接。在焊接过程中通过调整焊条角度、焊条在坡口两边的停留时间、焊接速度、摆动步距，来控制熔池的形状始终为圆形或椭圆形，且大小和形状基本一致。

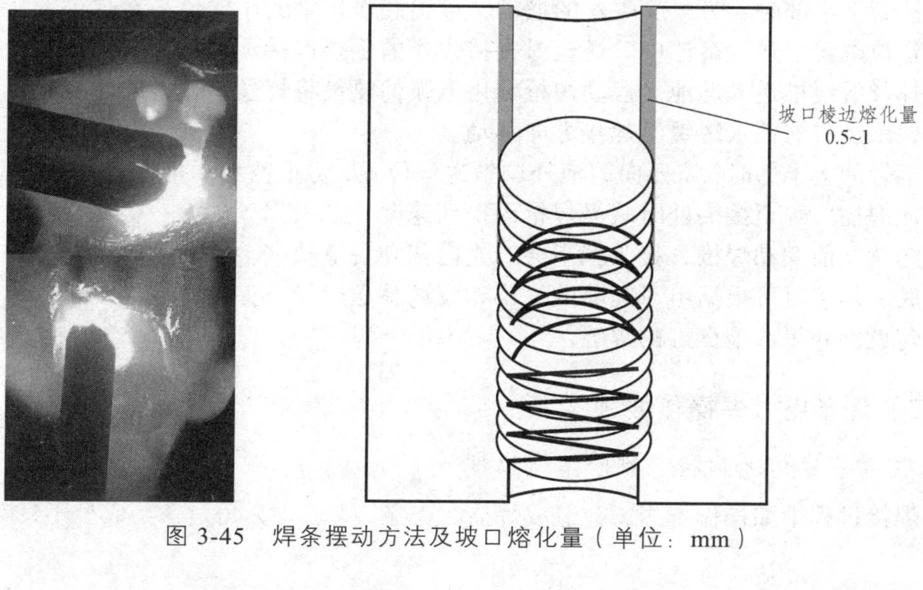

图 3-45　焊条摆动方法及坡口熔化量（单位：mm）

焊条电弧焊盖面层注意事项：

焊至仰焊爬坡位置时，要压低电弧、加快运条速度、仔细观察熔池的形状、颜色和亮度。温度太高时，可采用反月牙形运条法加快摆动速度来控制成型。

焊至平焊位置时，要放慢焊接速度保证焊缝高度与其他位置一致。

在左半圈 12 点钟位置收尾时，快速向前焊 5 ~ 10 mm 再断弧，使收尾处焊缝成斜坡状，便于右半圈收尾接头。

右半圈焊接时，需将 6 点钟起焊处的反接头位置打磨出斜坡，在斜坡前 20 ~ 30 mm 处引弧后回拉至斜坡处，沿斜坡边缘填满后转入正常焊接，焊接方法与左半圈一致。

七、氩电联焊操作要领

（一）手工钨极氩弧焊操作要领

1. 操作过程中要求双手配合协调

初学氩弧焊打底时容易出现栽丝、焊瘤、凹陷及焊缝整体不均匀等缺陷。两手的配合协调性差是刚开始练习氩弧焊打底的主要问题。经常出现间断送丝、送丝不均匀，焊枪移动忽快忽慢的现象。焊丝送入量少，则背面成型高度不够，甚至形成内凹缺陷；焊丝送入量过多，则背面成型过高，甚至形成焊瘤缺陷；未能将送入的焊丝全部熔化是造成栽丝现象的主要原因。

2. 仰焊位置焊接时一般采用连续内送丝法操作

采用内送丝法操作时可以通过组对间隙看见焊缝内部的成型高度和坡口钝边的熔合情况，发现有问题时可随时调整，从而有效地防止产生未熔合和未焊透缺陷，背面焊缝也会更容易凸起。

3. 采用合理的操作姿势

焊接管下半部时，为减少焊丝的摆动，可抬起送丝手的小臂倚靠在焊件上，将焊丝倚靠在定位焊缝上送入熔池中。送丝时夹持焊丝的手指保持不动，用大拇指和食指向前摩擦将焊丝缓缓推送入熔池。摆动焊枪利用电弧的热量将焊丝熔化，同时焊丝轻轻地向上挑起铁水，带着铁水缓缓沿焊接方向移动。

焊至管的上半部时，需要向熔池外调整送丝位置，防止铁水下垂造成背面成型过高，甚至形成焊瘤。焊至接头处时减慢焊枪的摆动速度，送入焊丝多熔一会儿，当看到铁水下沉时继续向前摆动焊枪，接头就不会产生内凹和脱节缺陷。

打底层焊接时可根据组对间隙的大小相应调整送丝量，保持每次送丝量一致，焊枪摆动均匀就能获得成型良好的焊缝。

（二）焊条电弧焊操作要领

1. 注意观察熔池形状、判断熔池温度

在焊接过程中如操作不当，会造成焊瘤、烧穿、夹渣、夹角过深、成型不良等缺陷。

分析产生这些缺陷的原因，主要是在焊接过程中焊接速度不均匀、不能清楚地判断熔池温度的高低、不善于观察熔池的形状，没有有效地控制熔池温度而产生的。

焊接时由于坡口两侧温度低，焊条摆动到坡口两侧时要停留，可以防止未熔合的缺陷；由于熔池中间温度高，焊条要快速通过以防止烧穿和产生焊瘤缺陷。尤其在填充层焊接时，焊缝经常出现中间高两侧低的现象，是因为在两侧坡口处停留的时间不够，造成铁水不足，未能将两侧坡口填满，造成夹角过深或夹渣缺陷。

2. 合理调整焊条角度、摆动步距等因素来控制熔池形状

焊接时焊条角度应随焊接位置的变化而调整，匀速地向前摆动焊条并始终保持在坡口两侧稍停留。焊接时要观察熔池的形状，通过调整焊条角度、焊接速度、坡口两侧的停留时间、摆动步距等因素来控制熔池形状。注意填充层焊接时不要破坏坡口两侧的棱边，焊缝成型后以低于母材 0.5 ~ 1 mm 为最佳，为盖面层焊接打好基础。

3. 采用合理的运条法

焊接时要采用短弧焊接，运条方法可采用锯齿形或反月牙形运条法。反月牙运条法可有效避开熔池中心高温区域，熔深较浅，熔池冷却速度快，可有效地控制表面成形。

初学者练习时要学会观察熔池温度及形状的变化，掌握有效控制熔池的方法，能根据熔池形状，迅速调整焊条角度、坡口两侧停留时间等关键动作，从而获得成型良好的焊缝。

八、外观检验

（1）焊后应将焊道表面的熔渣、飞溅清理干净。焊缝表面应当是焊后原始状态，焊缝表面没有加工修磨或者返修焊。

（2）焊件的外观检查，采用目视或 5 倍放大镜进行。焊件检验焊缝全长的正面和背面。单面焊的背面焊缝宽度可不测定。焊缝的余高和宽度可用焊缝检验尺测量最大值和最小值，不取平均值。

管对接水平固定焊评分如表 3-6 所示。

表 3-6　管对接水平固定焊评分表

考核项目	考核内容	考核要求	配分	评分要求
安全文明生产	能正确执行安全技术操作规程	按达到规定的标准程度评定	5	根据现场纪律，视违反规定程度扣 1 ~ 5 分
	按有关文明生产的规定，做到工作地面整洁、工件和工具摆放整齐	按达到规定的标准程度评定	5	根据现场纪律，视违反规定程度扣 1 ~ 5 分
主要项目	焊缝的外形尺寸	焊缝余高 0 ~ 4 mm。余高差≤3 mm	10	每项不合格扣 5 分

续表

考核项目	考核内容	考核要求	配分	评分要求
主要项目	焊缝的外形尺寸	焊缝背面高度 0～3 mm	5	每超差 0.5 mm 扣 1 分
		焊缝宽度比坡口每侧增宽 0.5～2.5 mm。宽度差≤3 mm	10	每项不合格扣 5 分
		焊缝直线度≤2 mm	5	每超差 0.5 mm 扣 1 分
		焊后角变形 0°～3°	5	每超 1 度扣 1 分
		焊缝错位量≤1.2 mm	5	每超差 0.5 mm 扣 1 分
主要项目	焊缝的外观质量	焊缝表面成形：焊缝平直，波纹均匀细密	10	视波纹均匀程度扣 1～3 分
		焊缝咬边深度≤0.5 mm；焊缝两侧咬边累计总长不超过焊缝有效长度范围内的 10%	10	焊缝两侧咬边累计总长 5 mm 扣 1 分，咬边深度 >0.5 mm 或累计总长 >60 mm 此项不得分
	焊缝内部质量	按照 NB/T 47013《承压设备无损检测》标准进行检测	30	射线透照质量不低于 AB 级，焊缝缺陷等级不低于Ⅱ级为合格
注：焊件焊接未完成，表面修补及焊缝正反两面有裂纹、夹渣、气孔、未熔合缺陷，该件作 0 分处理				

九、想一想

（1）打底层焊时各位置如何送丝？怎样克服仰焊位内凹的缺陷？

（2）采用焊条电弧焊在仰爬坡位置焊接时，填充层及盖面层时怎样操作？

（3）焊条电弧焊在 6 点钟位置反接头时，填充及盖面时怎样操作？

（4）焊接时如何判断熔池温度高低？

第五单元　管对接垂直固定焊

系列视频
管对接垂直固定焊

一、学习目标

（1）掌握管对接横焊相关基础知识；
（2）掌握焊件的装配与定位焊方法；
（3）掌握氩弧焊打底层的操作技术；
（4）掌握焊条电弧焊多层多道焊技术；
（5）掌握管对接垂直固定氩电联焊技术。

二、相关知识

管对接垂直固定焊是指两管垂直，焊缝位于两管间横焊的位置进行焊接的方法，如图 3-46 所示。

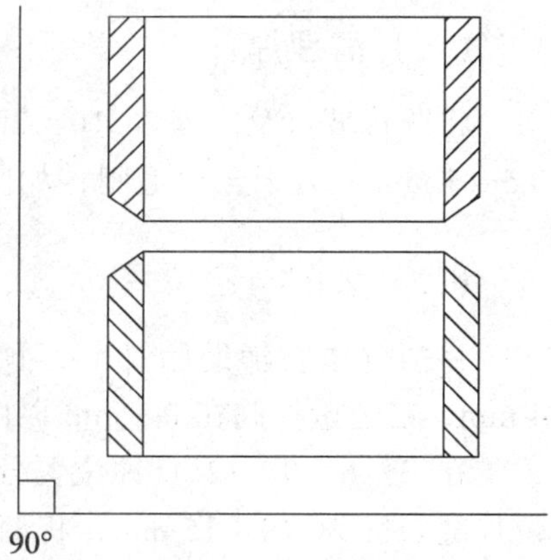

图 3-46　焊接位置

操作要点：

（1）管对接垂直固定焊和板对接横焊的焊接位置为横位，不同的是焊工在焊接过程中要不断按着管子的弧度移动身体，并相应调整焊接位置。

（2）操作时由于熔池金属受重力作用下垂，焊缝最高点易向下方偏移，无法得到对称的表面。在下坡口处易产生焊瘤或造成下坡口边缘熔合不良；在上坡口处易产生沟槽和咬边，所以宜采用多层多道法焊接，并选择合适的焊接参数，同时还要控制熔池的体积和温度，以便获得成形良好的焊缝。

（3）垂直固定焊时，由于焊道较多，易造成较大的角变形。角变形的大小既与焊接参数有关，又与焊道层数及每层焊道数、焊道间的焊接间歇时间有关。通常焊接电流较大、焊接间隔时间短、层间温度高时产生的角变形较大，反之角变形较小。

因此初学者应根据练习过程中的实际操作情况，总结角变形的规律，焊前预留合理的反变形量，以防止焊后焊件角变形超差。

三、操作准备

焊机：松下 YC-400TX。

焊丝：H08Mn2Si Φ2.4。

焊条：E5015 Φ3.2。

焊件：Q235B Φ219 mm × 150 mm × 8 mm 钢管，坡口角度 30°±2.5°，两段一组。

钨极直径：Φ2.4。

氩气：纯度≥99.99%。

辅助工具：辅助胎具、角磨机、直磨机、钢丝刷、焊缝检查尺、直尺、个人劳动保护用品等。

四、管对接垂直固定焊操作步骤

清理焊件→装配与定位焊→固定焊件→打底焊→填充焊→盖面焊→清渣→检查。

五、焊件的准备（见视频 3-5-1）

（一）清理焊件

将两管坡口及内外口 10 ~ 20 mm 以内打磨干净，直至露出金属光泽。钝边打磨为 0.5 ~ 1 mm 并且无金属毛刺，如图 3-47 所示。

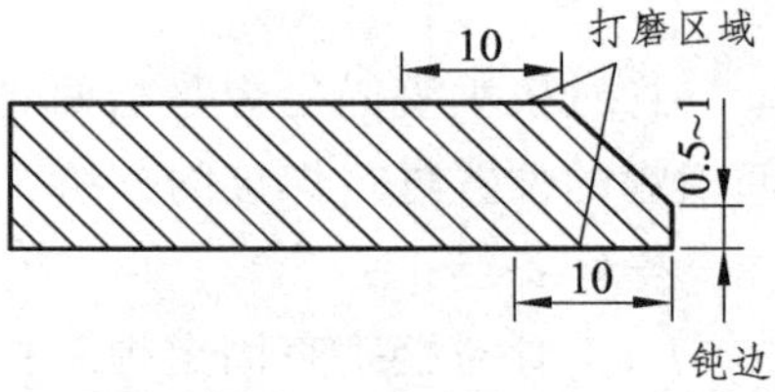

图 3-47　焊件打磨（单位：mm）

（二）装配与定位焊

将两管放在辅助胎具上，预留组对间隙为 3.5 ~ 4 mm，错边量控制在 0.5 mm 以内，如图 3-48 所示。

在 3、6、9、12 点钟位置分别进行点固，每个定位焊缝长度为 10 ~ 15 mm，将两端打磨出斜坡便于起头和接头。如图 3-49 所示。

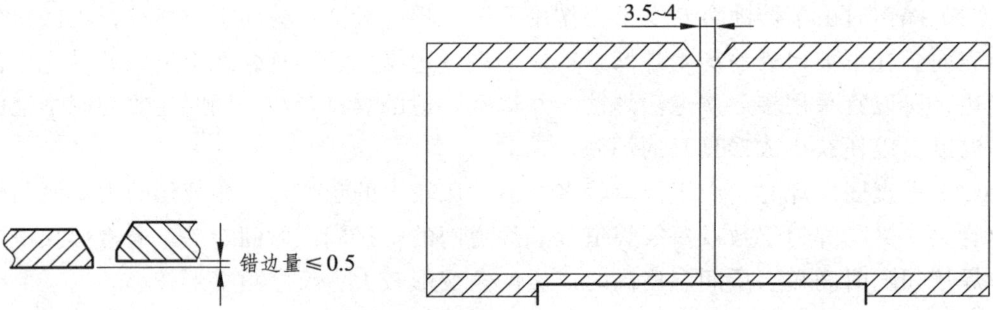

图 3-48　装配（单位：mm）

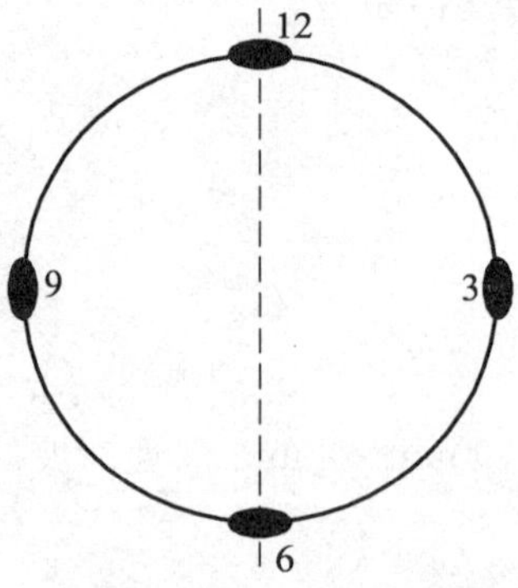

图 3-49　点固位置

组对结束后将焊件置于垂直位置固定。

六、焊接操作

焊接参数如表 3-7 所示。

表 3-7 管对接垂直固定焊焊接参数

焊道分布	焊接层数	焊条焊丝直径/mm	焊接电流/A	电源极性	喷嘴直径/mm	氩气流量/（L/mm）
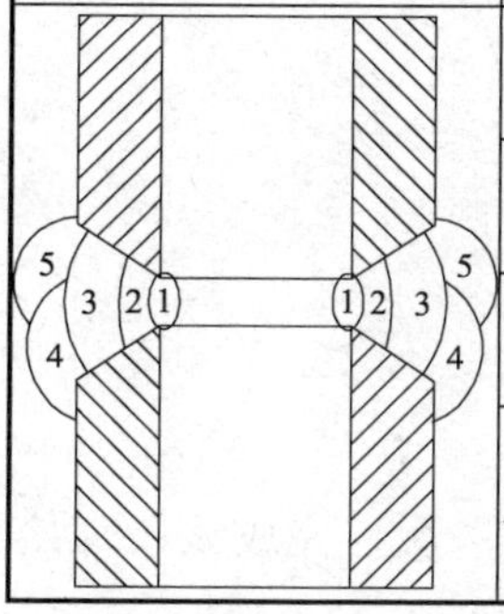	手工氩弧焊打底层焊道 1	Φ2.4	90 ~ 110	直流正接	8 ~ 10	6 ~ 12
	手工氩弧焊填充层焊道 2	Φ2.4	140 ~ 160	直流正接	8 ~ 10	6 ~ 12
	焊条电弧焊填充层焊道 3	Φ3.2	100 ~ 110	直流反接		
	焊条电弧焊盖面层焊道 4、5	Φ3.2	100 ~ 110	直流反接		

焊接层次和顺序，如图 3-50 所示。

第一层为手工钨极氩弧焊打底层 1；

第二层为手工钨极氩弧焊填充层 2；

第三层为焊条电弧焊填充层 3；

第四层为焊条电弧焊盖面层 4、5（两道）。

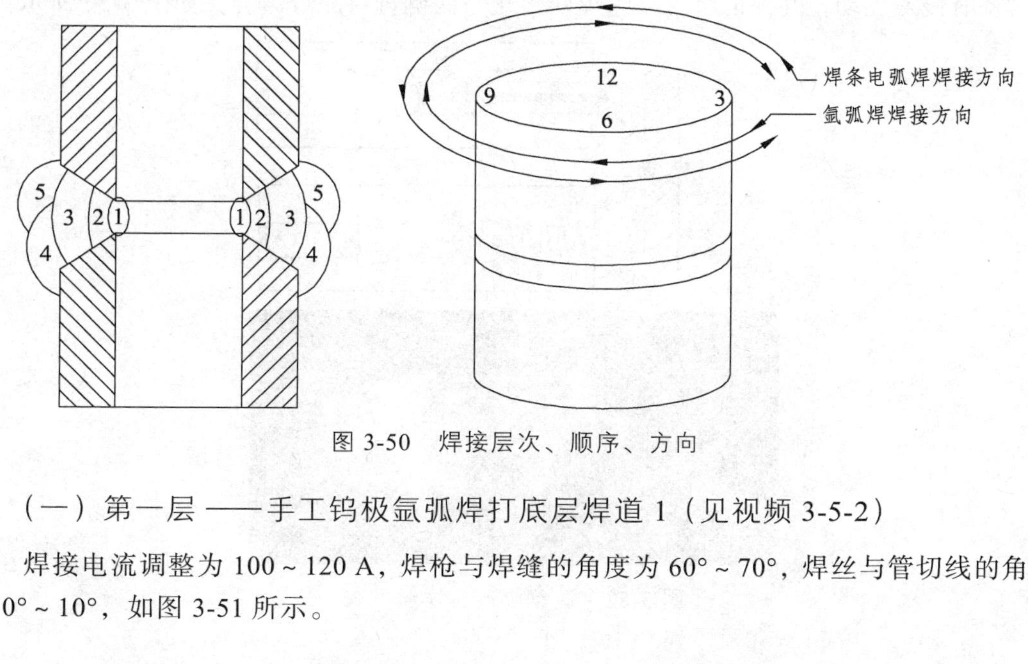

图 3-50 焊接层次、顺序、方向

（一）第一层——手工钨极氩弧焊打底层焊道 1（见视频 3-5-2）

焊接电流调整为 100 ~ 120 A，焊枪与焊缝的角度为 60° ~ 70°，焊丝与管切线的角度为 0° ~ 10°，如图 3-51 所示。

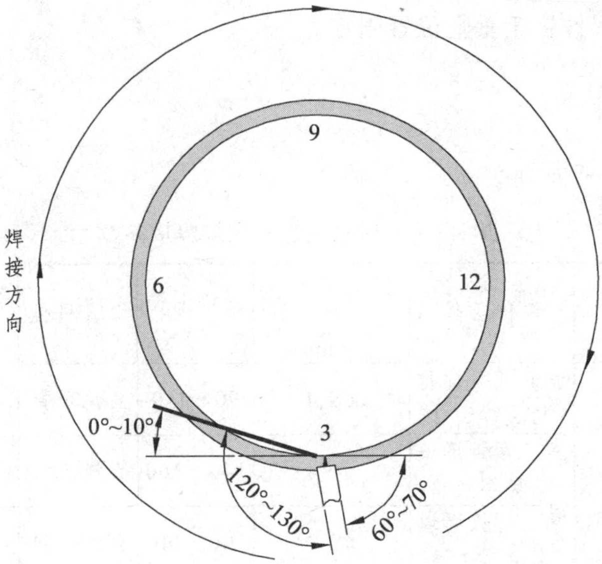

图 3-51　焊枪、焊丝角度

焊前选择合适的焊接姿势，预估每次能焊接的最长距离，保证一次性完成该段焊接，并保证此距离内能够清楚地观察熔池的情况。

在任意定位焊缝处起焊，引燃电弧后先不送焊丝，采用挤压折返式上下摆动焊枪进行预热，将定位焊缝前沿熔化，形成熔孔后向熔池内送丝，然后沿焊接方向小幅度上下摆动焊枪焊接。

送丝方式采用连续内送丝法，将焊丝连续不间断地从组对间隙穿过送入熔池根部。摆动时电弧不宜抬起过高，与熔池的距离控制在 1 ~ 2 mm。送丝速度保持均匀稳定，不能时快时慢或晃动，并保证将送入的焊丝熔化与两侧母材充分熔合。如图 3-52 所示。

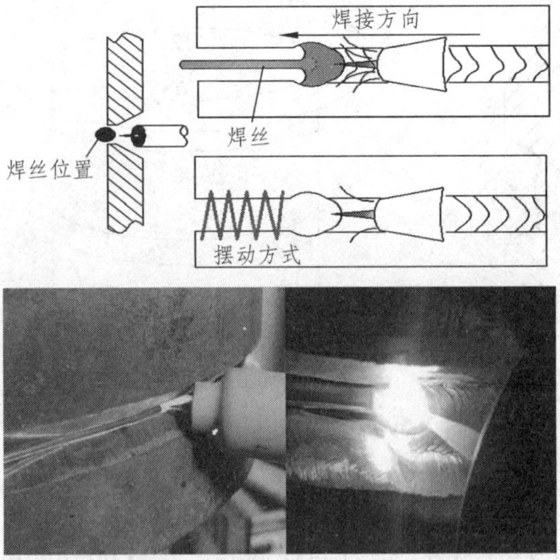

图 3-52　送丝位置、摆动方式

转换焊接站位前应先停弧，再次焊接前将焊缝收弧处打磨成斜坡状并清理干净。在斜坡上引弧熔化焊缝，形成熔池后送入焊丝继续焊接。焊至与定位焊缝接头处时应小幅摆动焊枪加热定位焊缝，待完全熔化后再送入焊丝，保证与焊缝金属充分熔合，使背面焊缝成型高度一致且上下两侧不发生咬边现象。

（二）第二层——手工钨极氩弧焊填充层焊道 2（见视频 3-5-3）

焊接电流调整为 140 ~ 160 A，焊接姿势、焊接方向、焊枪与焊丝角度与打底焊时基本一致，如图 3-53 所示。

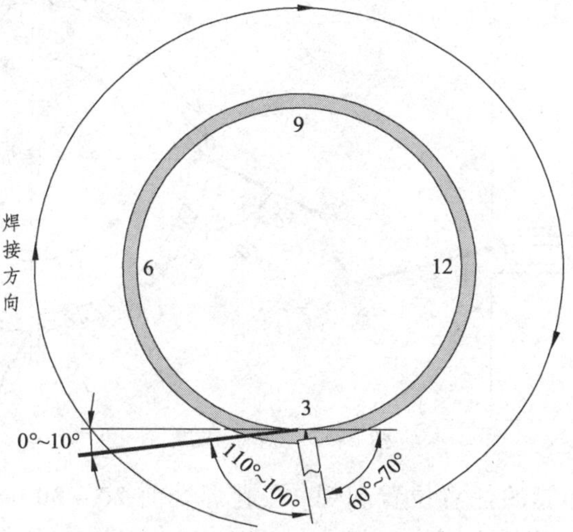

图 3-53　焊枪、焊丝角度

在焊缝任意位置引弧，采用挤压折返式上下摆动焊枪对焊缝进行预热。当焊缝金属熔化形成熔池后送入焊丝，然后小幅度上下摆动焊枪开始焊接。焊枪摆动幅度应比打底层焊接时稍大，并保证上下摆动宽度一致。

为避免熔池金属下垂，可在熔池的上部送入焊丝。电弧应在坡口两侧稍停留以保证填充金属与坡口两侧熔合好。如图 3-54 所示。

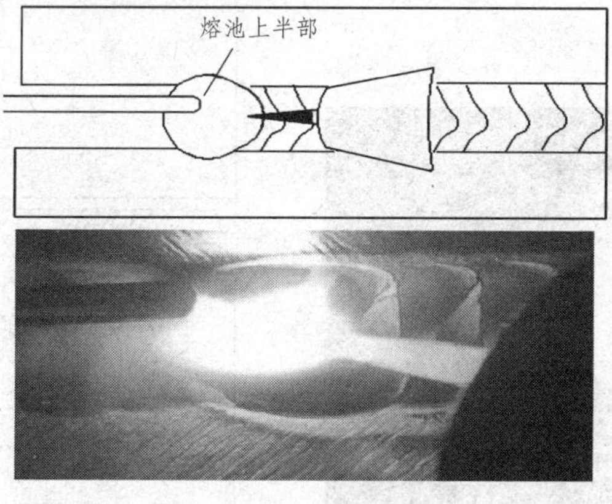

图 3-54　送丝位置

收弧时尽量将电弧摆动到坡口两侧母材上进行收弧，避免产生收弧缩孔。

（三）第三层——焊条电弧焊填充层焊道 3（见视频 3-5-4）

电流调整为 100 ~ 110 A，焊接时焊条下倾与下侧焊件成 80° ~ 85°，与焊接方向的角度为 60° ~ 70°，随焊接位置的变化随时调整，如图 3-55 所示。

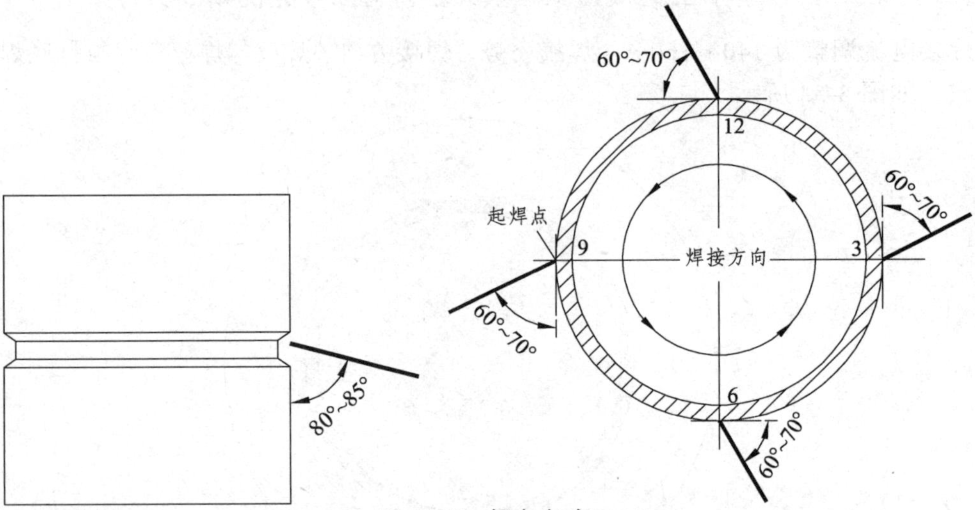

图 3-55　焊条角度

该层焊接时可在焊缝的任意位置起焊，在起焊处前 20 ~ 30 mm 处引燃电弧后回拉至起焊处，采用斜锯齿形运条法操作。焊接时应注意观察熔池，当焊条摆动至上侧坡口时稍做停留将上坡口填满，避免产生沟槽；当摆动至下侧坡口时，不要熔化下坡口的棱边，为盖面层焊接预留深度为 0.5 ~ 1 mm。如图 3-56 所示。

接头更换焊条速度要快，同时调整站位以便观察熔池和焊接操作。在弧坑前 20 ~ 30 mm 处引弧后回拉至弧坑，沿上边缘向下摆动将弧坑填满后转入正常焊接。如图 3-57 所示。

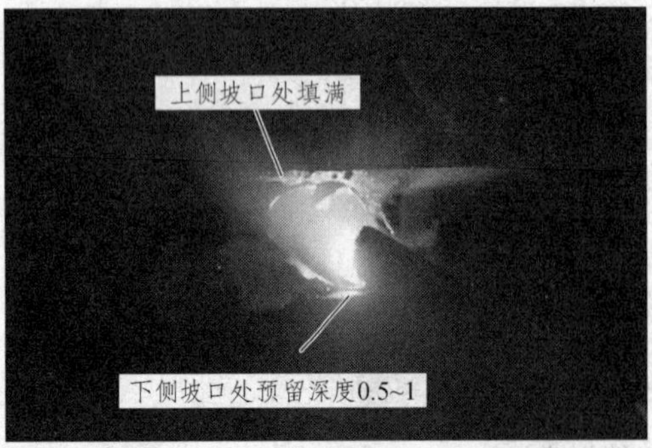

图 3-56　填充（单位：mm）

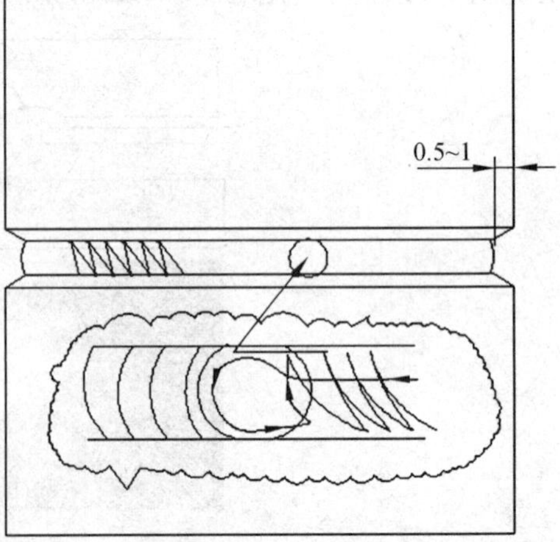

图 3-57　填充层接头（单位：mm）

（四）第四层——焊条电弧焊盖面层焊道 4、5（见视频 3-5-5）

由于本层焊缝变宽，需采用两条焊道进行填充。如焊道过宽，两条焊道也无法将坡口完全填满，此时可采用三道或四道对坡口进行填充，直至完全填满。

1. 盖面层下侧焊道 4

电流调整为 100 ~ 110 A，焊接时焊条下倾与下侧焊件成 80° ~ 90°，与焊接方向的角度为 60° ~ 70°，随焊接位置的变化随时调整，如图 3-58 所示。

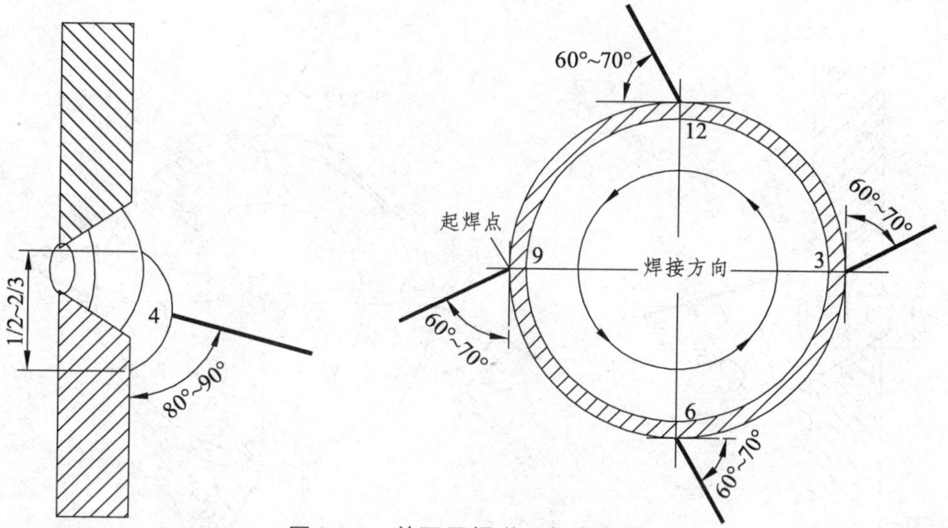

图 3-58　盖面层焊道 4 焊条角度

焊前将填充层的熔渣、飞溅清理干净，在任意位置起焊。在起焊位置前 20 ~ 30 mm 处引燃电弧后回拉至起焊处，采用直线形运条法或斜锯齿形运条法小幅摆动焊接。

焊接时注意观察熔池的上、下边缘。将熔池的下边缘覆盖下侧坡口棱边 0.5 ~ 1 mm，使焊缝金属与母材圆滑过渡以免产生咬边；将熔池的上边缘覆盖至前层焊道的 1/2 ~ 2/3，为上侧焊道 5 预留好位置。如图 3-59 所示。

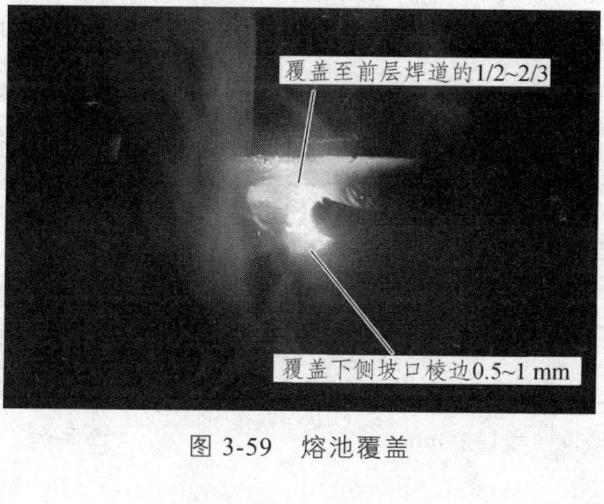

图 3-59　熔池覆盖

接头时更换焊条速度要快，相应调整站位以便观察熔池和焊接操作。在弧坑前 20 ~ 30 mm 处引燃电弧后回拉至弧坑处，沿上边缘向下摆动填满后转入正常焊接。当距焊缝起头处仅剩一根焊条距离时停弧，将焊缝起头处打磨出斜坡，在收弧时将斜坡处填满即可。

2. 盖面层上侧焊道 5

焊接时焊条下倾与下侧焊件呈 80° ~ 85°，与焊接方向的角度为 60° ~ 70°，随焊接位置的变化随时调整。如图 3-60 所示。

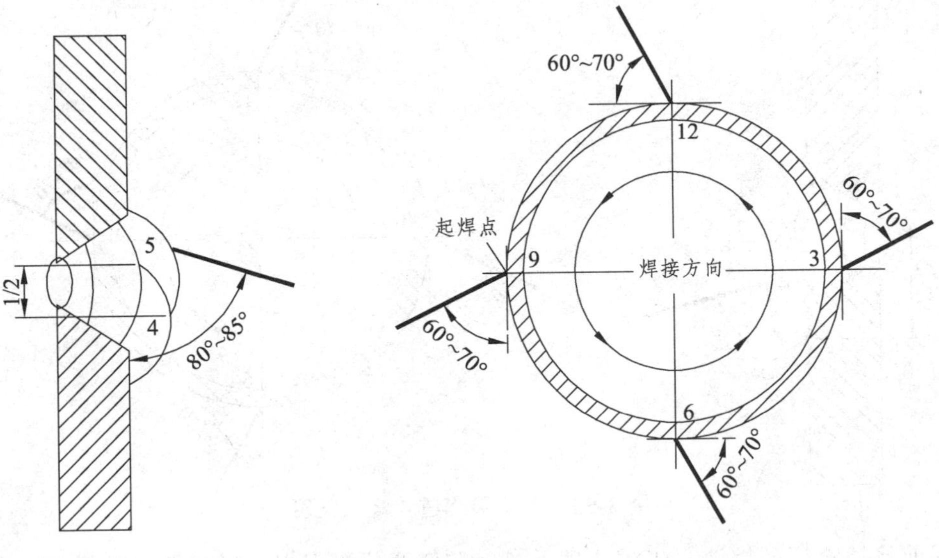

图 3-60　盖面层焊道 5 焊条角度

该焊道焊接时可采用直线形运条法，与焊道 4 收尾处错开约 10 mm（见图 3-61）。焊接时要适当减小电流并增加焊速，将熔池的上边缘覆盖上侧坡口棱边 0.5 ~ 1 mm，使焊缝金属与母材圆滑过渡以免产生咬边；将熔池的下边缘覆盖焊道 4 的 1/2 位置（即焊缝的最高点处），使两条焊道高度一致。当距焊缝起头处仅剩一根焊条距离时停弧，将焊缝起头处打磨出斜坡，在收弧前将斜坡处填满即可。如图 3-62 所示。

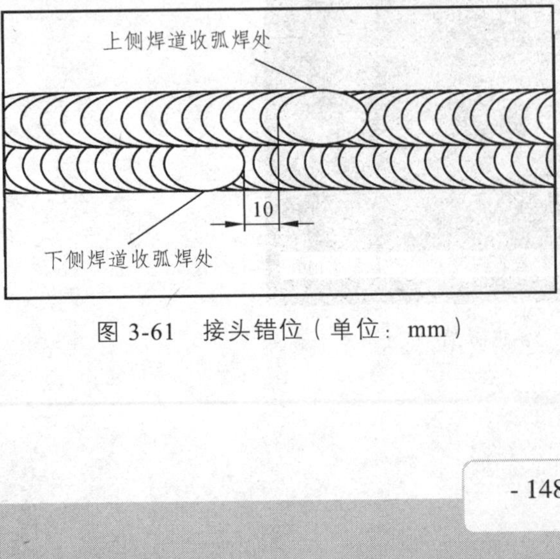

图 3-61　接头错位（单位：mm）

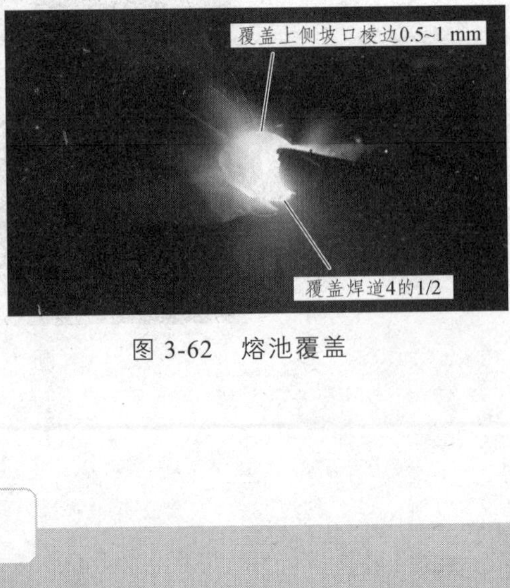

图 3-62　熔池覆盖

七、外观检验

（1）焊后应将焊道表面的熔渣、飞溅清理干净。焊缝表面应当是焊后原始状态，焊缝表面没有加工修磨或者返修焊。

（2）焊件的外观检查，采用目视或 5 倍放大镜进行。焊件检验焊缝全长的正面和背面。单面焊的背面焊缝宽度可不测定。焊缝的余高和宽度可用焊缝检验尺测量最大值和最小值，不取平均值。

管对接垂直固定焊评分如表 3-8 所示。

表 3-8　管对接垂直固定焊评分表

考核项目	考核内容	考核要求	配分	评分要求
安全文明生产	能正确执行安全技术操作规程	按达到规定的标准程度评定	5	根据现场纪律，视违反规定程度扣 1～5 分
	按有关文明生产的规定，做到工作地面整洁、工件和工具摆放整齐	按达到规定的标准程度评定	5	根据现场纪律，视违反规定程度扣 1～5 分
主要项目	焊缝的外形尺寸	焊缝余高 0～4 mm。余高差≤3 mm	10	每项不合格扣 5 分
		焊缝背面高度 0～3 mm	5	每超差 0.5 mm 扣 1 分
		焊缝宽度比坡口每侧增宽 0.5～2.5 mm。宽度差≤3 mm	10	每项不合格扣 5 分
		焊缝直线度≤2 mm	5	每超差 0.5 mm 扣 1 分
		焊后角变形 0°～3°	5	每超 1 度扣 1 分
		焊缝错位量≤1.2 mm	5	每超差 0.5 mm 扣 1 分
	焊缝的外观质量	焊缝平直，波纹均匀细密	10	视波纹均匀程度扣 1～3 分
		焊缝咬边深度≤0.5 mm；焊缝两侧咬边累计总长不超过焊缝有效长度范围内的 10%	10	焊缝两侧咬边累计总长 5 mm 扣 1 分，咬边深度>0.5 mm 或累计总长>60 mm 此项不得分
	焊缝内部质量	按照 NB/T 47013《承压设备无损检测》标准进行检测	30	射线透照质量不低于 AB 级，焊缝缺陷等级不低于Ⅱ级为合格
注：焊件焊接未完成，表面修补及焊缝正反两面有裂纹、夹渣、气孔、未熔合缺陷，该件作 0 分处理				

八、想一想

（1）管对接垂直固定焊时容易出现哪些缺陷，如何预防？

（2）如何防止熔化金属下垂？

（3）如何克服角变形？

第六单元　管对接 45°位置固定焊

一、学习目标

系列视频管对接
45°固定焊

（1）掌握管对接 45°焊相关基础知识；
（2）掌握焊件的装配与定位焊方法；
（3）掌握氩弧焊打底层的操作技术；
（4）掌握焊条电弧焊多层多道焊技术；
（5）掌握管对接 45°固定氩电联焊技术。

二、相关知识

管对接 45°焊接位置是介于水平固定和垂直固定之间的一种焊接位置，如图 3-63 所示。

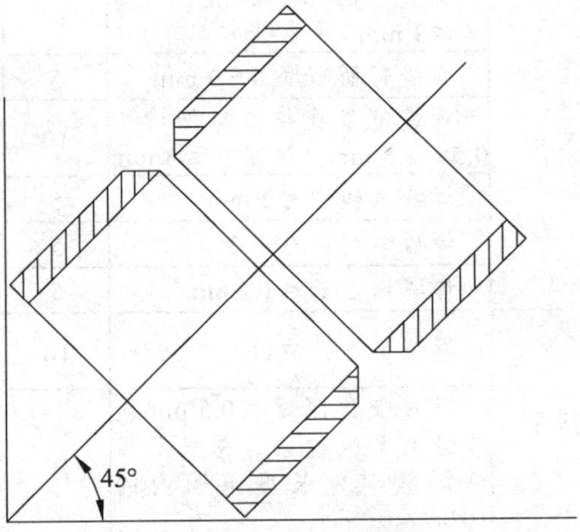

图 3-63　焊接位置

特点：以 6 点钟到 12 点钟为中心线，将管件分为两个半圈分别进行焊接。每个半圈涉及斜仰焊、斜立焊和斜平焊 3 个焊接位置。

手工钨极氩弧焊操作时左半圈一般用右手持焊枪操作，右半圈焊接时一般用左手持焊枪操作或用右手持焊枪“倒撅”姿势操作，如图 3-64 所示。

焊条电弧焊焊接填充层、盖面层时可采用多层多道法进行焊接，每层焊缝由两条焊道或三条焊道组成。由于焊件位置倾斜，焊接时宜采用斜锯齿形运条法操作，该方法可保证焊条在水平方向上摆动，熔池呈水平状态或接近水平状态。如操作方法不当，焊缝易出现下垂，且表面形状不对称。

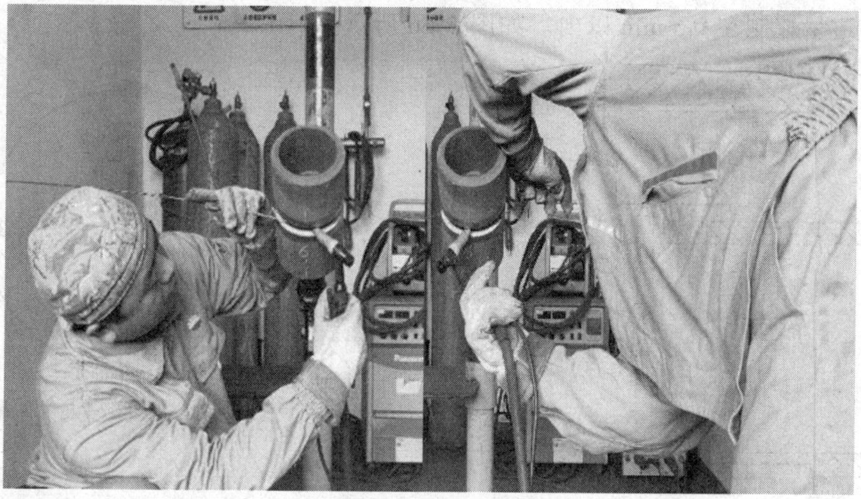

图 3-64　操作姿势

三、操作准备

焊机：松下 YC-400TX。

焊丝：H08Mn2Si Φ2.4。

焊条：E5015 Φ3.2。

焊件：Q235B Φ133 mm × 125 mm × 14 mm 钢管，坡口角度 30°±2.5°两段一组。

钨极直径：Φ2.4。

氩气：纯度≥99.99%。

辅助工具：辅助胎具、角磨机、直磨机、钢丝刷、焊缝检查尺、直尺、个人劳动保护用品等。

四、管对接 45°固定焊操作步骤

清理焊件→装配与定位焊→固定焊件→打底焊→填充焊→盖面焊→清渣→检查。

五、焊件的准备（见视频 3-6-1）

（一）清理焊件

将两管坡口及内外口 10 ~ 20 mm 以内打磨干净，直至露出金属光泽。钝边打磨为 0.5 ~ 1 mm，并且无金属毛刺。如图 3-65 所示。

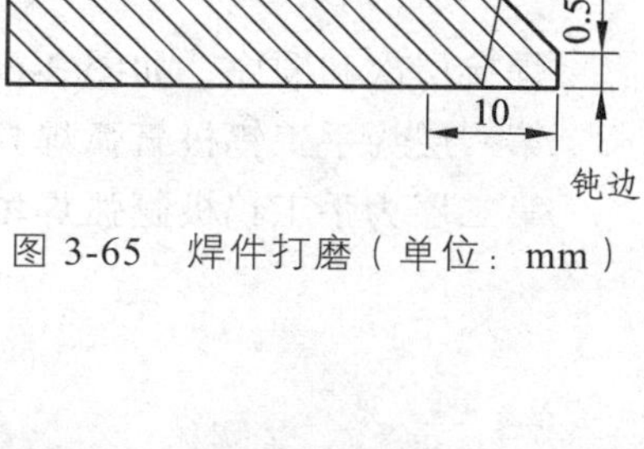

图 3-65　焊件打磨（单位：mm）

（二）装配与定位焊

将两管放在辅助胎具上，预留组对间隙为 3.5 ~

4 mm，错边量控制在 0.5 mm 以内。如图 3-66 所示。

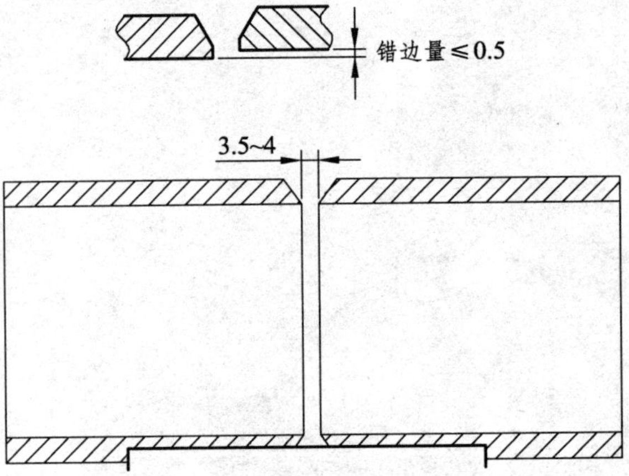

图 3-66　装配（单位：mm）

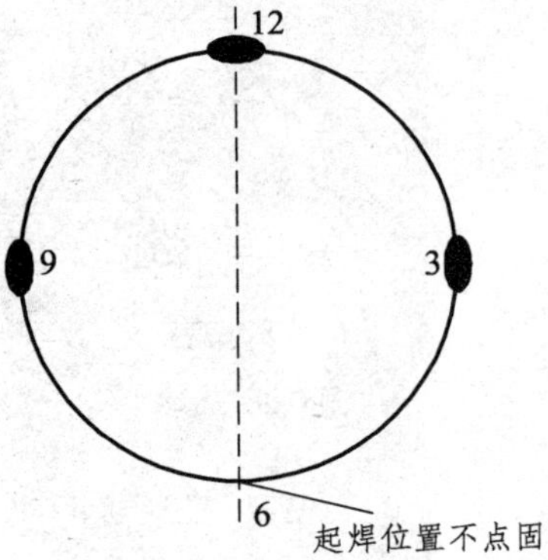

图 3-67　点固位置

在 3、9、12 点钟位置分别进行点固，6 点钟位置为起焊处不点固。每点定位焊缝长度为 10 ~ 15 mm，将两端打磨出斜坡，便于起头和接头。如图 3-67 所示。

组对结束后将焊件置于 45°位置并固定。

六、焊接操作

焊接参数如表 3-9 所示。

表 3-9　管对接 45°固定焊焊接参数

焊道分布	焊接层数	焊条焊丝直径 /mm	焊接电流 /A	电源极性	喷嘴直径 /mm	氩气流量 /（L/min）
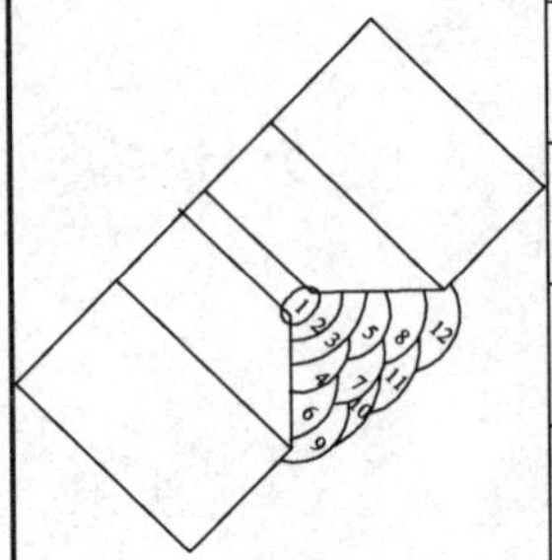	手工氩弧焊打底层焊道 1	Φ2.4	100 ~ 120	直流正接	8 ~ 10	6 ~ 12
	手工氩弧焊填充层焊道 2	Φ2.4	140 ~ 160	直流正接	8 ~ 10	6 ~ 12
	焊条电弧焊填充层焊道 3	Φ3.2	90 ~ 100	直流反接		
	焊条电弧焊填充层焊道 4、5	Φ3.2	100 ~ 110	直流反接		
	焊条电弧焊填充层焊道 6~8	Φ3.2	100 ~ 110	直流反接		
	焊条电弧焊盖面层焊道 9~12	Φ3.2	100 ~ 110	直流反接		

焊接层次和顺序，如图 3-68 所示。

第一层为手工钨极氩弧焊打底层 1；

第二层为手工钨极氩弧焊填充层 2；

第三层为焊条电弧焊填充层 3；

第四层为焊条电弧焊填充层 4、5；

第五层为焊条电弧焊填充层 6 ~ 8；

第六层为焊条电弧焊盖面层 9 ~ 12。

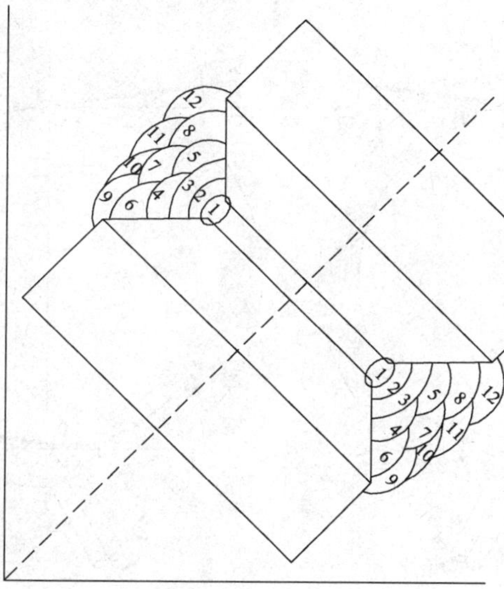

图 3-68　焊接层次

焊接顺序：以 6 点钟和 12 点钟为中心线，将管件分为两个半圈分别进行焊接。以 6 点—9 点—12 点为左半圈，以 6 点—3 点—12 点为右半圈。从 6 点钟位置起焊，在焊接过程中按斜仰焊位置—斜仰焊爬坡位置—斜立焊位置—斜平焊爬坡位置—斜平焊位置的顺序焊接，如图 3-69 所示。

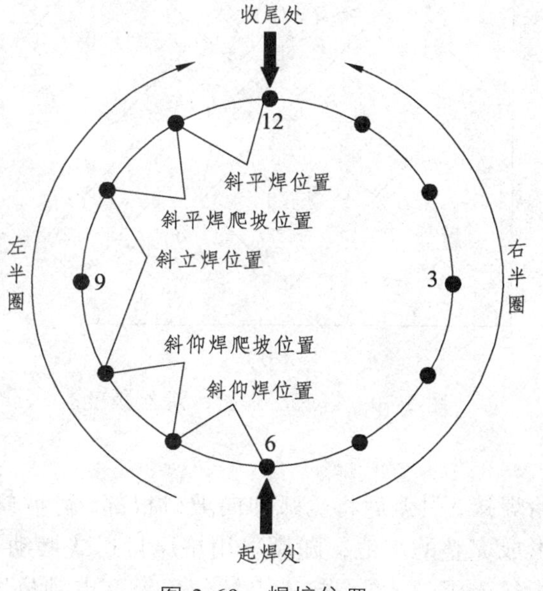

图 3-69　焊接位置

（一）第一层 ——手工钨极氩弧焊打底层焊道 1（见视频 3-6-2）

焊接电流调整为 100 ~ 120 A，焊枪与焊缝的角度为 60° ~ 70°，焊丝与管切线的角度为 5° ~ 15°，如图 3-70 所示。可先从左半圈开始焊接。

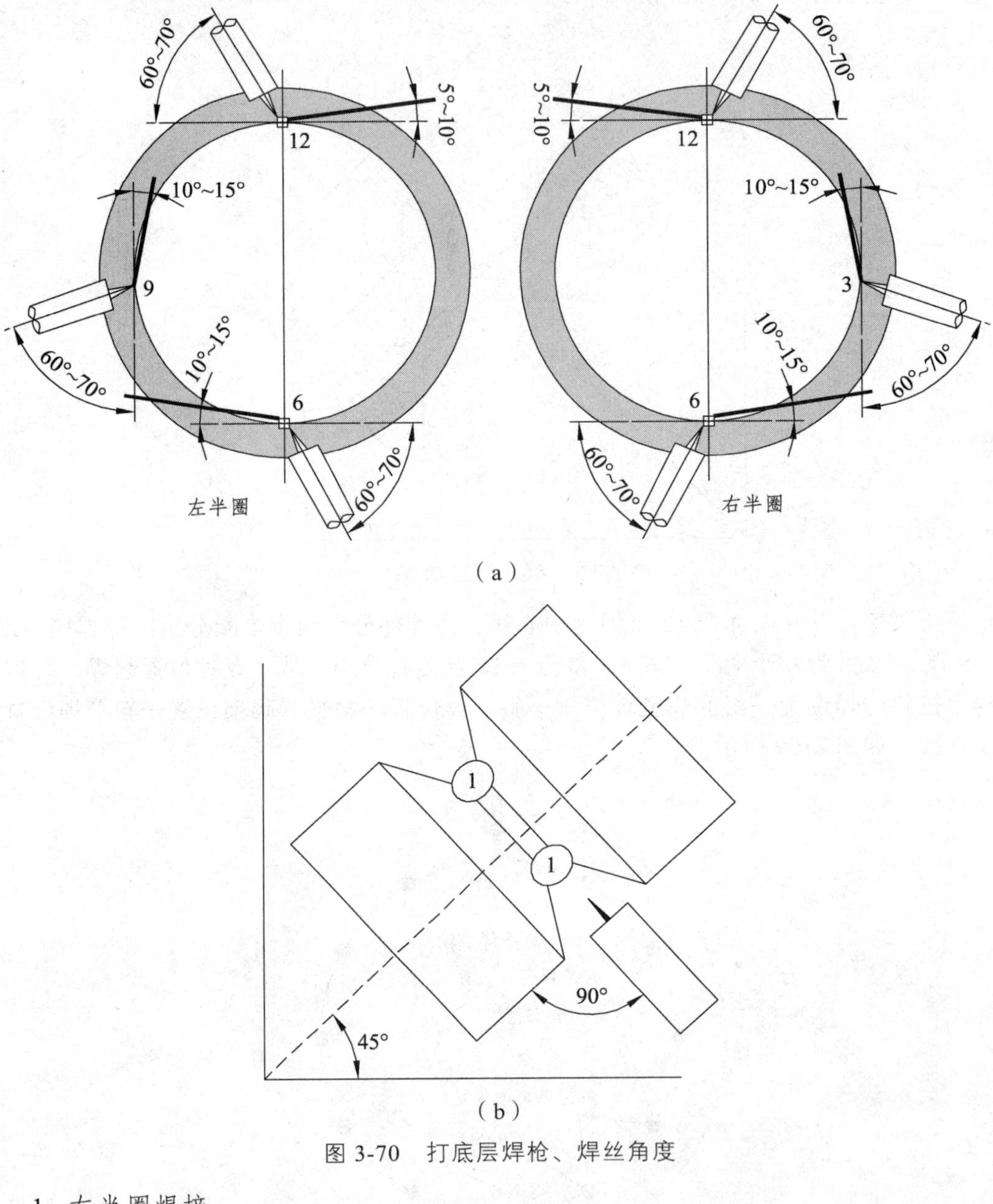

图 3-70　打底层焊枪、焊丝角度

1. 左半圈焊接

在 6 点钟位置开始焊接，引弧后将电弧伸向坡口根部，待坡口钝边熔化后送入焊丝，将两侧坡口连接起来形成完整的熔池，随后采用挤压折返式摆动焊枪向上焊接，同时采用连续送丝法向熔池中送入焊丝。在焊接 6 点钟位置至 9 点钟位置时，为克服内凹缺陷，可将焊丝倚靠在定位焊缝上（9 点钟位置）从组对间隙中穿过，直接送入熔池的根部。

当焊至 9 点钟位置接头时，电弧在接头处小幅摆动，待与原定位焊缝充分熔合后送入焊丝，看到铁水下沉后熄灭电弧，使焊缝背面凸起高度一致。

再次起焊时先不送丝，对起焊处焊缝金属进行预热，待焊缝金属熔化形成熔池后送入焊丝，沿焊接方向开始焊接。

在焊接 9 点钟位置至 12 点钟位置时，可将焊丝倚靠在定位焊缝上（12 点钟位置）送入熔池。随焊接位置的变化，可适当将送丝位置向熔池外调整，同时提高焊接速度以免熔池温度过高造成熔池金属下垂。

2. 右半圈焊接

可采用左手持焊枪，右手小臂依靠在管件上进行焊接，也可采用右手持焊枪，左手小臂依靠在管件上，大幅度弯曲身体“倒撅”站姿进行焊接操作。

焊接前先将焊缝起头处（6 点钟位置）打磨出斜坡。然后在斜坡处起焊，用与左半圈相同的焊接方法进行操作。

当焊至 12 点钟位置与定位焊缝接头时，电弧在接头处小幅摆动，待与原焊缝充分熔合后送入焊丝，看到铁水下沉后向前焊接 5 ~ 10 mm，与前半圈焊缝充分熔合后按下开关熄灭电弧，使焊缝背面凸起高度一致。电弧熄灭后不要立即抬起焊枪，继续送气保护未完全冷却的熔池金属，待彻底冷却后抬起焊枪。

（二）第二层 —— 手工钨极氩弧焊填充层焊道 2（见视频 3-6-3）

焊接电流调整为 140 ~ 160 A，焊枪与焊缝的角度为 60° ~ 70°，焊丝与管切线的角度为 10° ~ 15°，如图 3-71 所示。可先焊接左半圈。

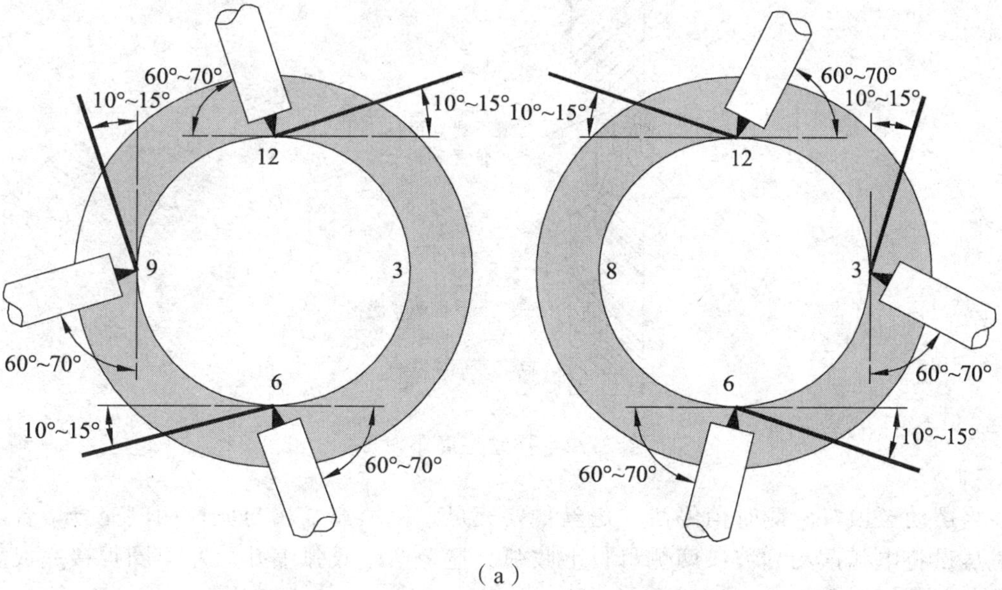

（a）

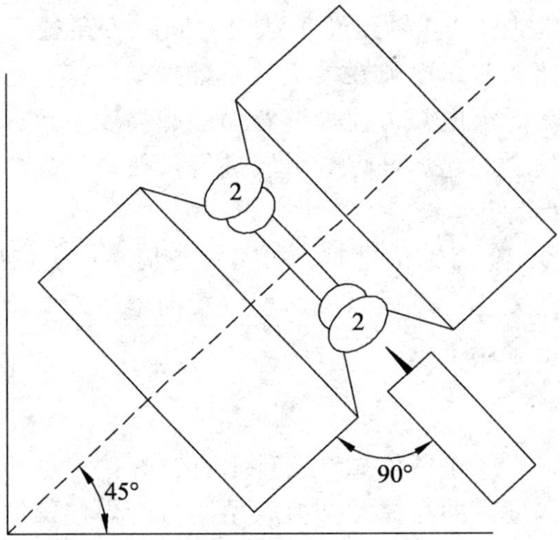

（b）

图 3-71　填充层焊枪、焊丝角度

在 6 点钟位置起焊，电弧引燃后小幅摆动加热焊缝金属，当熔化形成熔池后送入焊丝，同时摆动焊枪向上焊接。摆动幅度比打底层焊接时稍大一些，在坡口上下两侧摆动幅度应保持一致。如果上坡口摆动小，下坡口摆动大，会造成焊缝金属下垂，填充面倾斜。如图 3-72 所示。

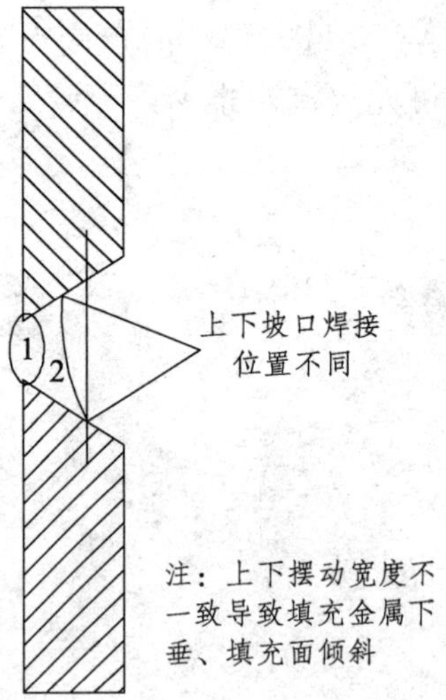

图 3-72　摆动幅度不对称

当摆动至坡口两侧时稍停留、送丝量要充足，使填充金属与坡口两侧充分熔合。收弧时尽量将电弧摆动到坡口两侧母材上收弧，避免产生收弧缩孔。左半圈焊接完成后用相同的方法对右半圈进行焊接。

（三）第三层——焊条电弧焊填充层焊道 3（见视频 3-6-4）

电流调整为 90 ~ 100 A，焊条下倾与下侧焊件成 70° ~ 80°，与焊接方向的角度随焊接位置的变化随时调整，如图 3-73 所示。可先焊接左半圈。

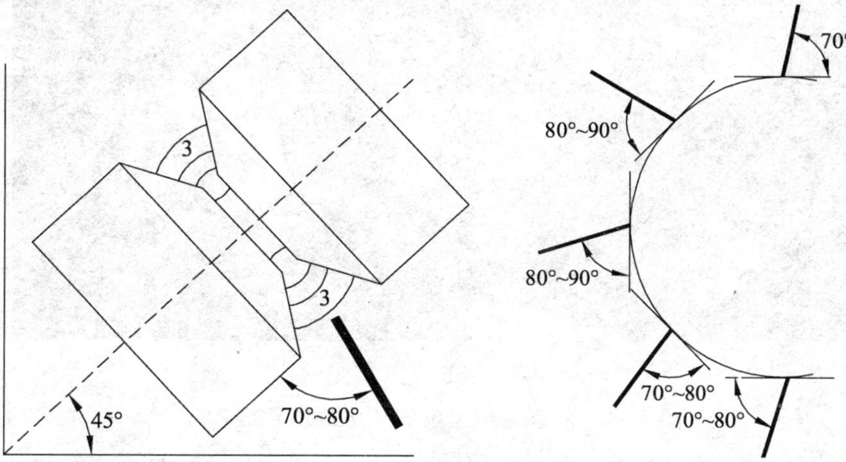

图 3-73　焊条角度

在 6 点钟位置起焊，然后沿前层焊缝的下侧焊趾向前焊接 5 ~ 8 mm 再向斜后方摆回至起焊点上方，采用斜锯齿形运条法沿焊接方向焊接。注意焊条在坡口上下两侧停留位置要对称，且上侧停留时间比下侧稍长，避免填充金属下坠，导致填充面倾斜，如图 3-74 所示。

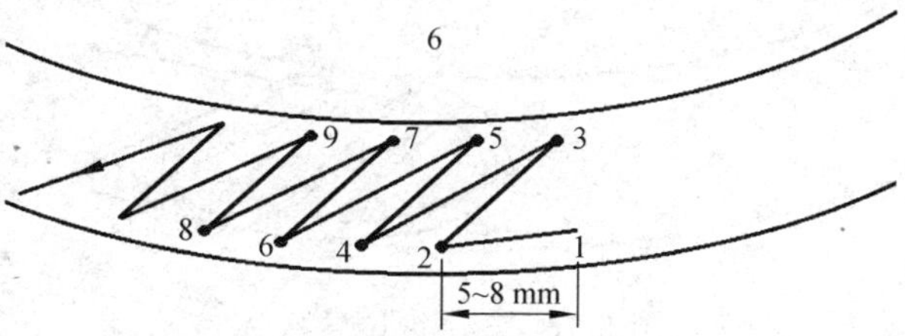

图 3-74　6 点钟起焊处焊条摆动

沿水平方向摆动焊条可保证焊接过程中熔池始终呈圆形或椭圆形，如图 3-75 所示。

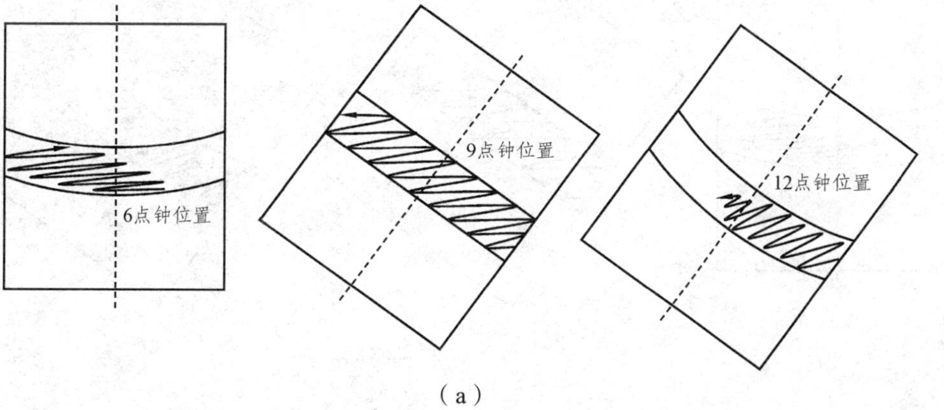

（a）

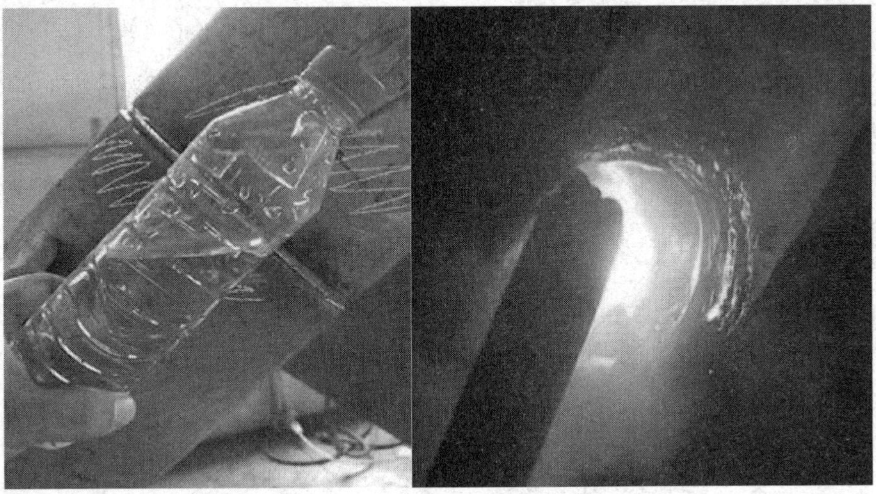

（b）

图 3-75　斜锯齿形运条法及熔池水平状态

左半圈焊接完成后，将 6 点钟位置的焊缝起头处打磨出斜圆形缓坡便于接头。随后开始焊接右半圈，在斜坡前 20 ~ 30 mm 处引燃电弧后回拉至斜坡处，沿斜坡的上边缘向下摆动，填满后采用斜锯齿形运条法向上焊接，如图 3-76、图 3-77 所示。焊条角度如图 3-78 所示。

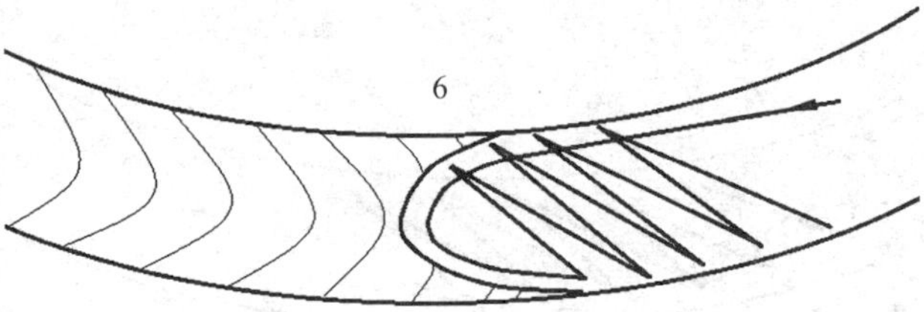

图 3-76　6 点钟位置接头

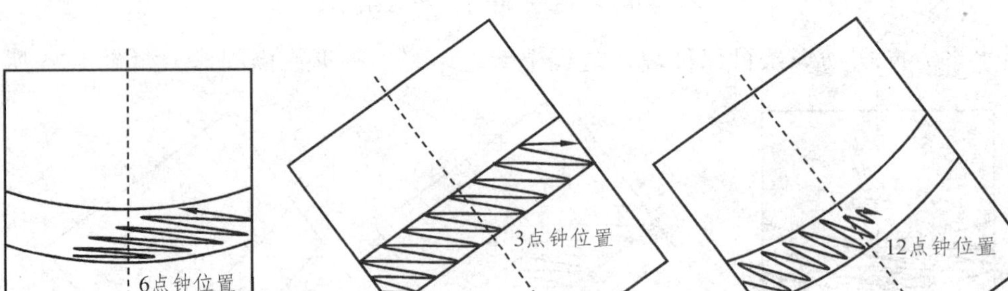

图 3-77　右半圈摆动

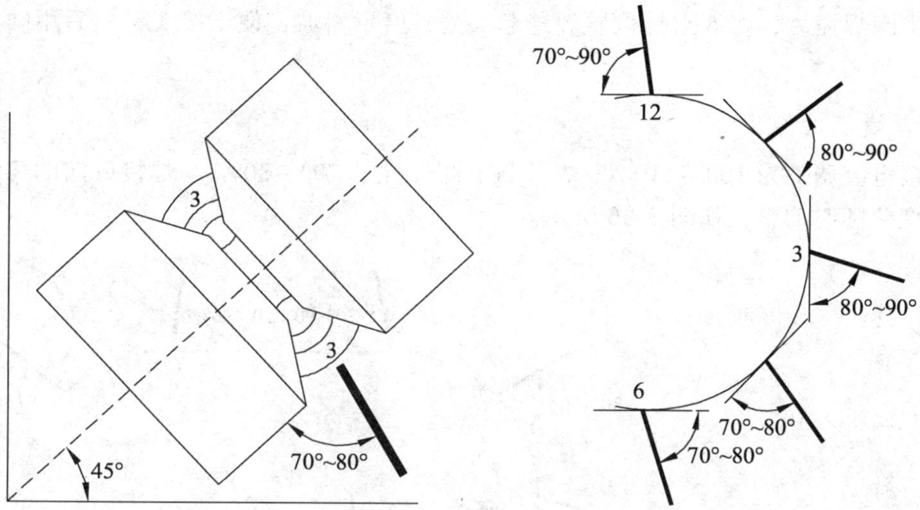

图 3-78　右半圈焊条角度

（四）第四层——焊条电弧焊填充层（见视频 3-6-5）

由于该层焊缝增宽，宜采用多道焊接，由焊道 4、5 组成。

1. 焊道 4 的操作

焊接电流调整为 100 ~ 110 A，焊条与下侧焊件呈 90° ~ 100°，与焊接方向的角度随焊接位置变化随时调整，如图 3-79 所示。

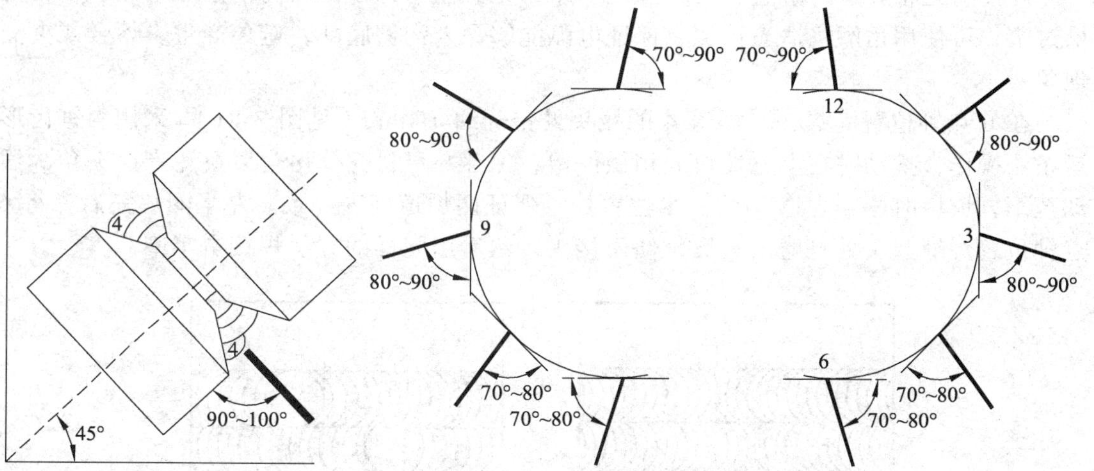

图 3-79　焊条角度

在 6 点钟位置起焊，采用斜锯齿形运条法小幅度摆动焊条，焊接时注意熔池下边缘在下侧坡口的熔合位置，为下一层焊道（6 ~ 8）预留适当的深度。将熔池的上边缘覆盖至前层焊道 3 一半位置处，为下一焊道 5 预留适合的焊接位置。预留的沟槽宽度不小于带药皮的焊条直径。

左半圈焊完后，将 6 点钟位置焊缝起头处打磨出斜坡，便于接头，然后用同样的方法焊接右半圈。

2. 焊道 5 的操作

焊接电流调整为 100 ~ 110 A，焊条与下侧焊件呈 70° ~ 80°，与焊接方向的角度随焊接位置变化随时调整，如图 3-80 所示。

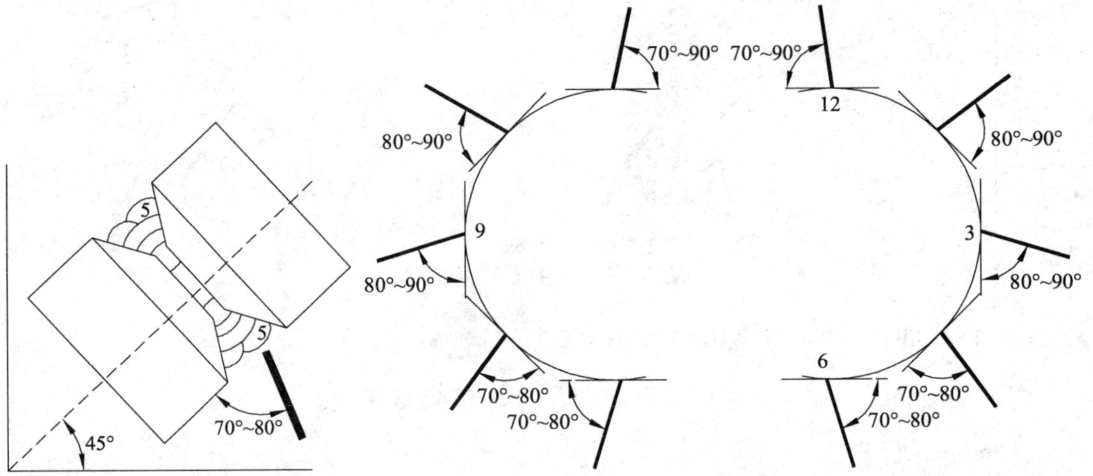

图 3-80　焊条角度

焊接前先将焊道的熔渣、飞溅清理干净，尤其注意将预留的沟槽清理干净。如果沟槽过窄，可使用角磨机适当扩宽，保证电弧能够深入沟槽底部，避免产生未熔合或夹渣现象。

在 6 点钟位置起焊，与焊道 4 的接头处错开约 10 mm（见图 3-81）。采用斜锯齿形运条法操作，摆动时在上方坡口处稍做停留，保证与母材充分熔合以避免产生夹角。摆动至下方坡口时覆盖焊道 4 的一半位置处，保证两焊道高度一致。左半圈焊完后，将 6 点钟位置焊缝起头处打磨出斜坡，便于接头，然后用同样的方法焊接右半圈。

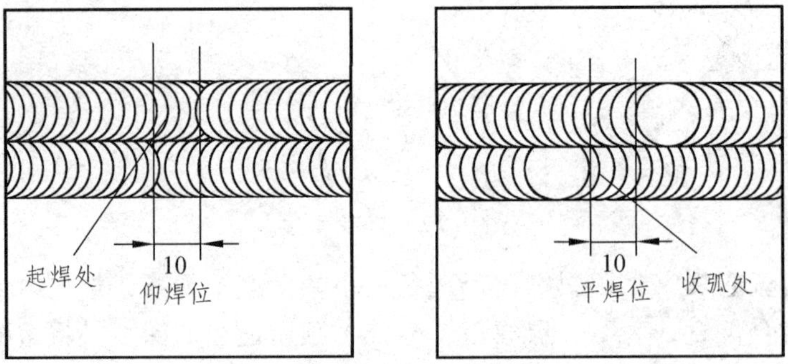

图 3-81　仰焊位、平焊位接头错位（单位：mm）

（五）第五层——焊条电弧焊填充层，由焊道 6 ~ 8 组成

该层三条焊道的焊接方法、焊条角度与第四层相同。

焊道 6：焊接时注意不要熔化下坡口棱边，为盖面层预留 0.5 ~ 1 mm 的深度。

焊道 7：焊接时覆盖至焊道 6 的一半位置处，为下一焊道 8 预留好位置。

焊道 8：焊接时不要熔化上坡口棱边，为盖面层预留 0.5 ~ 1 mm 深度。

三条焊道接头之间应错开 10 mm，且高度应基本一致，整体低于母材表面高度 0.5 ~ 1 mm。如果焊缝表面不平整，用角磨机打磨修复，为盖面打好基础。

（六）第六层——焊条电弧焊盖面层，由焊道 9 ~ 12 组成（见视频 3-6-6）

焊接电流调整为 100 ~ 110 A，焊条角度和填充层基本一致。均采用斜锯齿形运条法小幅摆动。

焊道 9：焊接时熔化下侧坡口棱边 0.5 ~ 1 mm，使焊缝金属与母材圆滑过渡以避免产生咬边缺陷。

焊道 10、11：焊接时每条焊道应覆盖至前一焊道的 1/2 处（即最高点）。

焊道 12：焊接时应覆盖至焊道 11 的 1/2 处（即最高点），并熔化上侧坡口棱边 0.5 ~ 1 mm。使焊缝金属与母材圆滑过渡以避免产生咬边缺陷。如图 3-82 所示。

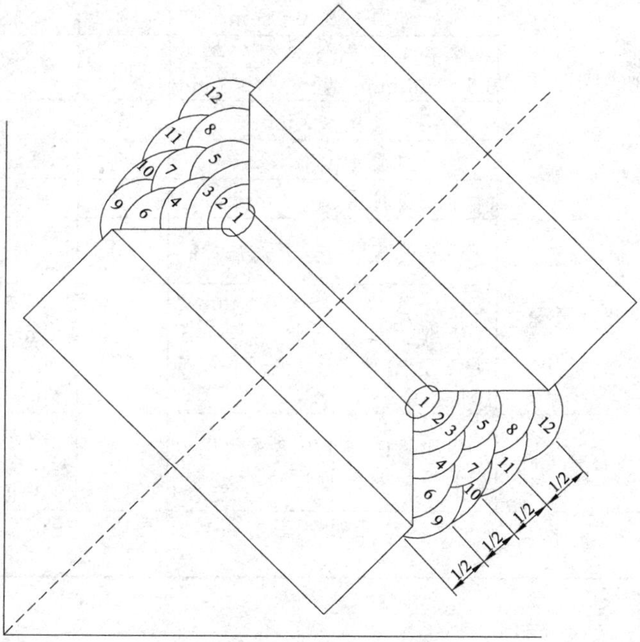

图 3-82　焊道覆盖

盖面层注意事项：

焊条摆动时要均匀，四条焊道的高度应基本一致，避免因焊接速度过快而产生中间两道内凹，最后一道下垂现象。

每条焊道的接头处都应与前一焊道接头处错开约 10 mm。

七、外观检验

（1）焊后应将焊道表面的熔渣、飞溅清理干净。焊缝表面应当是焊后原始状态，焊缝表面没有加工修磨或者返修焊。

（2）焊件的外观检查，采用目视或 5 倍放大镜进行。焊件检验焊缝全长的正面和背面。单面焊的背面焊缝宽度可不测定。焊缝的余高和宽度可用焊缝检验尺测量最大值和最小值，不取平均值。

管对接 45°固定焊评分如表 3-10 所示。

表 3-10　管对接 45°固定焊评分表

考核项目	考核内容	考核要求	配分	评分要求
安全文明生产	能正确执行安全技术操作规程	按达到规定的标准程度评定	5	根据现场纪律，视违反规定程度扣 1～5 分
	按有关文明生产的规定，做到工作地面整洁、工件和工具摆放整齐	按达到规定的标准程度评定	5	根据现场纪律，视违反规定程度扣 1～5 分
主要项目	焊缝的外形尺寸	焊缝余高 0～4 mm。余高差≤3 mm。	10	每项不合格扣 5 分
		焊缝背面高度 0～3 mm	5	每超差 0.5 mm 扣 1 分
		焊缝宽度比坡口每侧增宽 0.5～2.5 mm。宽度差≤3 mm	10	每项不合格扣 5 分
		焊缝直线度≤2 mm	5	每超差 0.5 mm 扣 1 分
		焊后角变形 0°～3°	5	每超 1 度扣 1 分
		焊缝错位量≤1.2 mm	5	每超差 0.5 mm 扣 1 分
	焊缝的外观质量	焊缝平直，波纹均匀细密	10	视波纹均匀程度扣 1～3 分
		焊缝咬边深度≤0.5 mm；焊缝两侧咬边累计总长不超过焊缝有效长度范围内的 10%	10	焊缝两侧咬边累计总长 5 mm 扣 1 分，咬边深度 >0.5 mm 或累计总长 >60 mm 此项不得分
	焊缝内部质量	按照 NB/T 47013《承压设备无损检测》标准进行检测	30	射线透照质量不低于 AB 级，焊缝缺陷等级不低于Ⅱ级为合格
注：焊件焊接未完成，表面修补及焊缝正反两面有裂纹、夹渣、气孔、未熔合缺陷，该件作 0 分处理				

八、想一想

（1）管对接 45°固定焊容易出现哪些焊接缺陷，如何预防？

（2）焊接时如何防止焊缝金属下垂，怎样控制熔池的形状？

（3）多道焊时起头处、接头处怎样处理？

（4）管对接 45°固定焊时如何分配焊接层数与道数？

第七单元　小直径管对接水平固定全氩弧焊接

一、学习目标

（1）掌握小直径管对接水平固定全氩焊接相关基础知识；
（2）掌握焊件的装配与定位焊方法；
（3）掌握断续送丝法与连续送丝法；
（4）掌握端把焊接与摇把焊接的操作技巧；
（5）掌握小直径管对接水平固定全氩焊接技术。

系列视频小直径管
全氩水平固定焊

二、相关知识

小直径管对接水平固定全氩弧焊接是指将管固定在水平位置，全部采用手工钨极氩弧焊进行焊接操作的方法。

特点：因管径小、管壁薄，所以焊接时需要随时调整焊枪角度、合理地调节焊接电流及焊接速度，避免熔池温度过高，导致焊件整体升温过快，从而产生焊瘤、咬边等缺陷。

三、操作准备

焊机：松下 YC-400TX。

焊丝：H08Mn2Si Φ2.4。

焊件：Q235B Φ60 mm × 100 mm × 4 mm 钢管，坡口角度 30°±2.5°两段一组。

钨极直径：Φ2.4。

氩气：纯度≥99.9%。

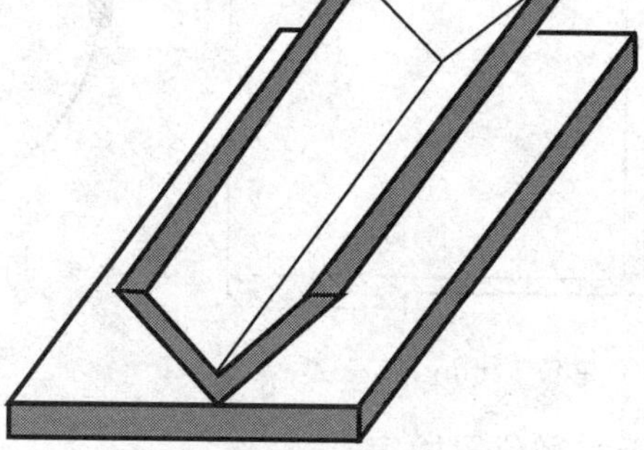

图 3-83　辅助胎具

辅助工具：辅助胎具（见图 3-83）、角磨机、直磨机、钢丝刷、焊缝检查尺、直尺、个人劳动保护用品等。

四、小直径管对接水平固定焊操作步骤

清理焊件→装配与定位焊→固定焊件→打底焊→盖面焊→检查。

五、焊件的准备（见视频 3-7-1）

（一）清理焊件

将两管坡口及内外口 10 ~ 20 mm 以内打磨干净，直至露出金属光泽。钝边打磨为 0 ~ 0.5 mm，并且无金属毛刺，如图 3-84 所示。

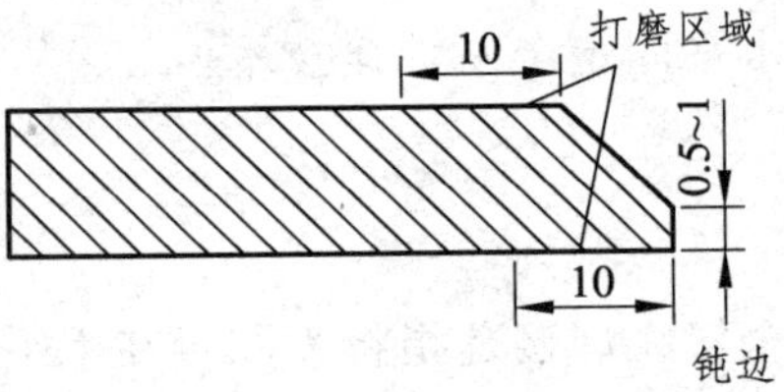

图 3-84　焊件打磨（单位：mm）

（二）装配与定位焊

将两管放在辅助胎具上，预留组对间隙为 3 ~ 4 mm，错边量控制在 0.5 mm 以内，如图 3-85 所示。

在 3、9、12 点钟位置分别进行点固，6 点钟位置不点固。每个定位焊缝长度≤10 mm，将两端打磨出斜坡，便于起头和接头。如图 3-86 所示。

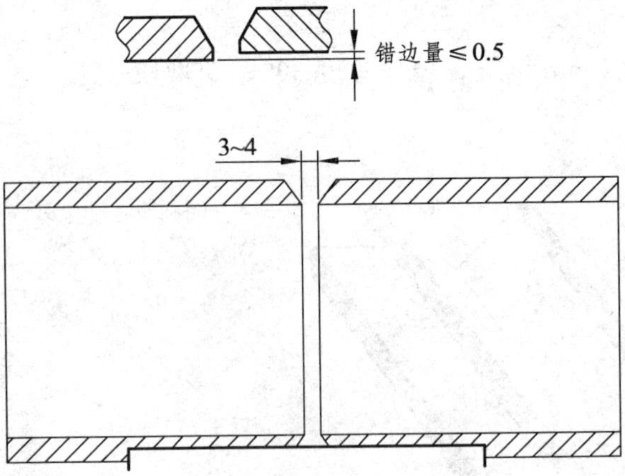

图 3-85　装配（单位：mm）

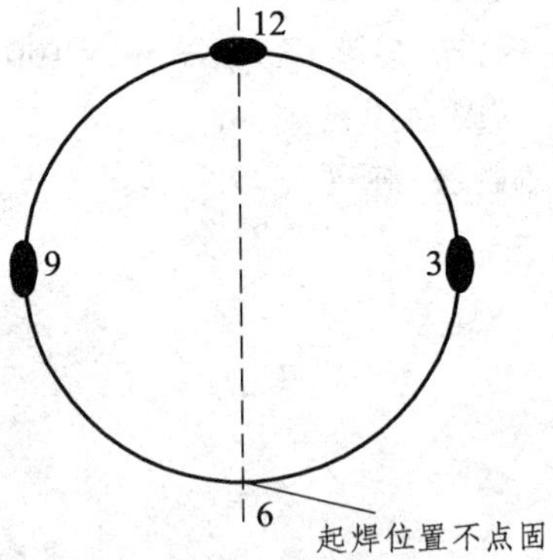

图 3-86　点固位置

组对结束后将焊件置于水平位置固定。

六、焊接操作

焊接参数如表 3-11 所示。

表 3-11　小直径管对接水平固定全氩弧焊焊接参数

焊道分布	焊接层数	焊丝直径/mm	焊接电流/A	电源极性	喷嘴直径/mm	氩气流量/（L/min）
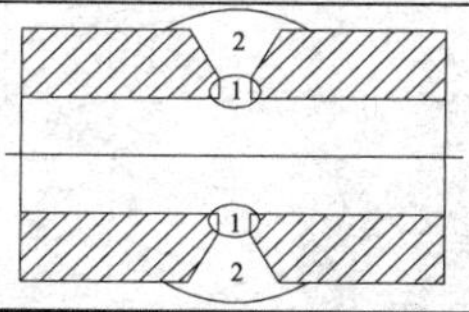	打底层焊道 1	Φ2.4	70～80	直流正接	8～10	6～12
	盖面层焊道 2	Φ2.4	70～80	直流正接	8～10	6～12

焊接层次和顺序，如图 3-87 所示。

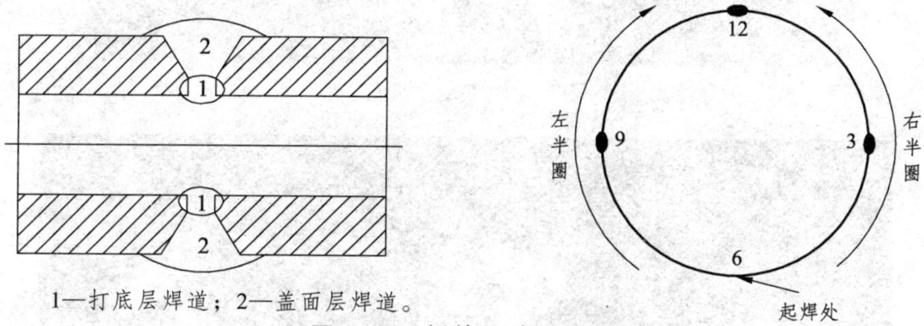

1—打底层焊道；2—盖面层焊道。

图 3-87　焊接层次示意图

小直径管对接水平固定全氩弧焊接操作方式分为端把焊接和摇把焊接两种，具体操作方法如下。

（一）端把焊接方式

为保证焊枪稳定性，可采用四指握住焊枪，一指支撑在管壁上进行焊接。

1. 打底层 ——焊道 1（见视频 3-7-2）

焊接电流调整为 70～80 A，可先焊接左半圈，焊枪与焊丝的角度如图 3-88、图 3-89 所示。

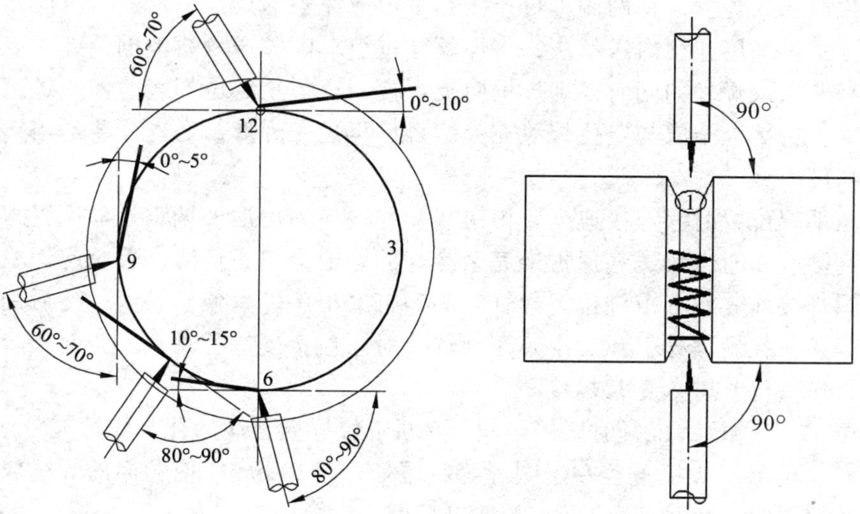

图 3-88　焊枪、焊丝角度

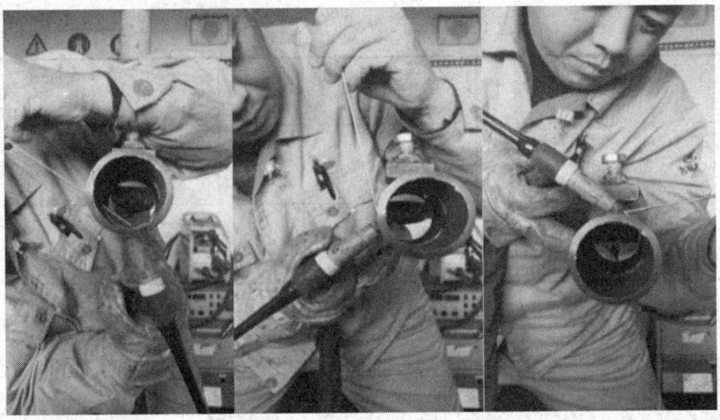

（a）

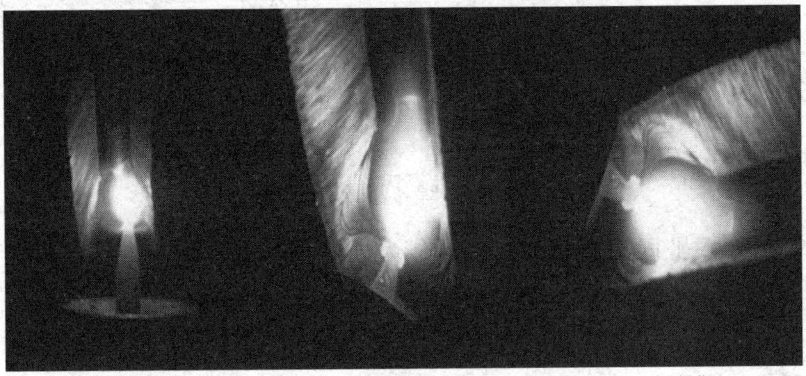

仰焊位　　　　立焊位　　　　平焊位

（b）

图 3-89　仰焊位、立焊位、平焊位焊枪与焊丝角度及熔池状态

左半圈焊接时在 6 点钟位置引燃电弧，高度控制在 1 ~ 2 mm。将电弧伸向坡口根部，待钝边熔化时送入焊丝，将两侧母材连接起来形成完整的熔池后沿焊接方向开始焊接。

送丝方式可采用连续内送丝法，将焊丝穿过组对间隙送入熔池的根部，以保证焊缝背面的余高。送入焊丝的同时摆动焊枪向上焊接，当焊至定位焊缝时停止送丝，压低电弧小幅摆动，待熔池金属与定位焊缝充分熔合后再送入焊丝，送丝量要适当，保证焊缝背面凸起高度一致。

当焊至平焊位置时，焊接速度要稍快些，并适当向熔池外调整送丝位置，以避免焊缝背透超高。收弧时继续送气保护未完全冷却的熔池金属，待冷却后抬起焊枪。

右半圈焊接前先将 6 点钟位置焊缝起头处打磨出斜坡以便于接头，然后用同样的方法焊接。焊接时在斜坡处引弧后小幅摆动焊枪对斜坡金属进行预热。当斜坡金属熔化形成熔池后，送入焊丝转入正常焊接。

当焊至 12 点钟接头位置时暂停送丝，待原定位焊缝金属熔化与熔池充分熔合后，再填加焊丝。向前移动焊枪覆盖左半圈焊缝收尾处 5 ~ 10 mm，使背面的焊缝成形饱满。为方便盖面层焊接，应预留 < 1 mm 的坡口深度。

2. 盖面层——焊道 2

电流调整为 70 ~ 80 A，焊枪和焊丝角度与打底层基本一致（见图 3-90），可先焊接左半圈。

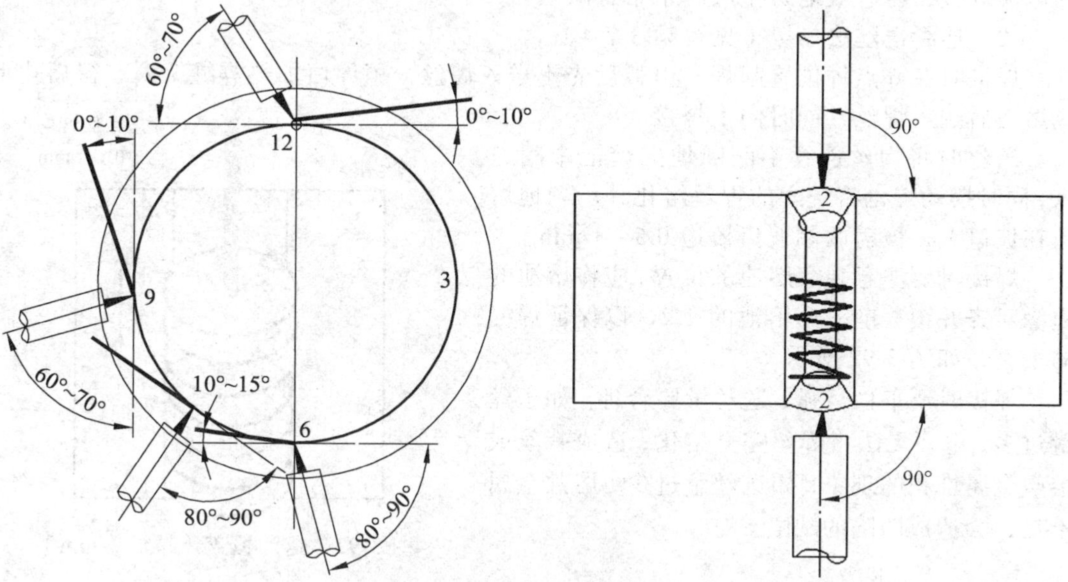

图 3-90　焊枪、焊丝角度

盖面层焊接时送丝方式可分为断续送丝法和连续送丝法两种。

（1）断续送丝法焊接（见视频 3-7-3）。

在 6 点钟位置引弧后先不送入焊丝，稍停留加热焊缝金属，待熔化形成熔池后送入焊丝，同时向上焊接。

送丝时可将焊丝反复地送入熔池中间，也可随电弧的摆动将焊丝送入熔池的两边。随着电弧的摆动将熔化的铁水带动到坡口边缘，覆盖坡口棱边 0.5 ~ 1 mm。要保证送丝量充足以防止产生咬边缺陷。如图 3-91 所示。

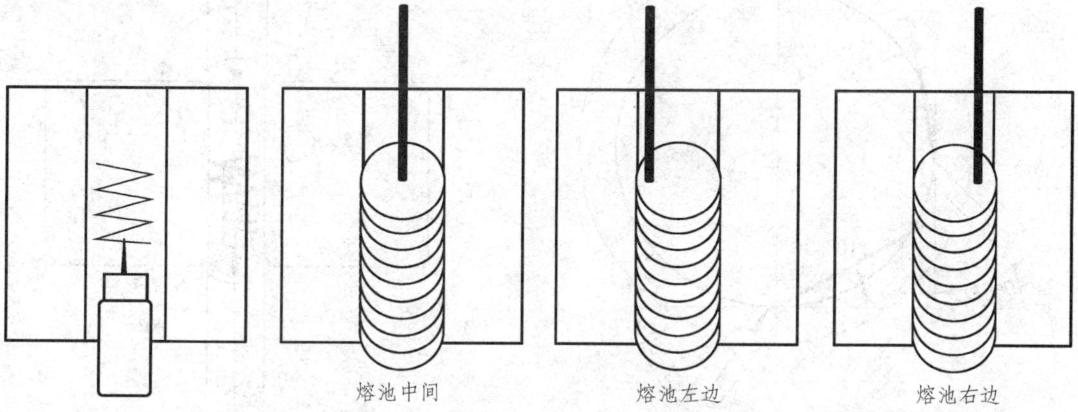

图 3-91　焊枪摆动方式、送丝位置

采用断续送丝法回撤焊丝时不得脱离氩气的保护范围，避免焊丝端部氧化。要保证送丝量均匀、准确，避免触碰钨极端部，造成钨极氧化现象。

当单层熔敷金属较厚（熔敷金属厚度为 3 ~ 4 mm）时，宜选用断续送丝法配合较大的电流焊接，可有效地防止层间未熔合缺陷。

（2）连续送丝法焊接（见视频 3-7-4）。

焊接时在 6 点钟位置起焊，引弧后先不送入焊丝，稍停留加热焊缝金属，待熔化形成熔池后送入焊丝，同时向上焊接。

送丝时将焊丝连续不间断地向熔池中间送入，同时摆动焊枪将送入的焊丝熔化并均匀地熔敷在坡口上，覆盖两侧坡口棱边 0.5 ~ 1 mm。

焊接时要注意观察熔池的位置，应将熔池的边缘对齐并覆盖前一个熔池的 1/2，以保证焊缝的平直，如图 3-92 所示。

焊接时要平稳运弧，送丝量要合理。如送丝量过多，电弧无法将焊丝完全熔化，造成栽丝或熔敷金属堆积的现象；如送丝量过少，熔敷金属不足，会造成凹陷的缺陷。

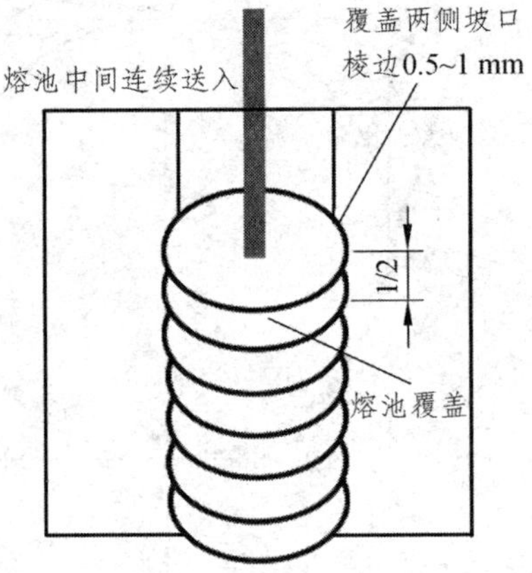

图 3-92　熔池覆盖（单位：mm）

（二）摇把焊接方式

采用摇把焊时应将焊枪喷嘴倚靠在两坡口上，以坡口棱边作为支点，摇动焊枪沿焊接方向焊接。

1. 打底层 —— 焊道 1（见视频 3-7-5）

焊接电流调整为 70 ~ 80 A，焊枪与焊丝的角度如图 3-93 所示。

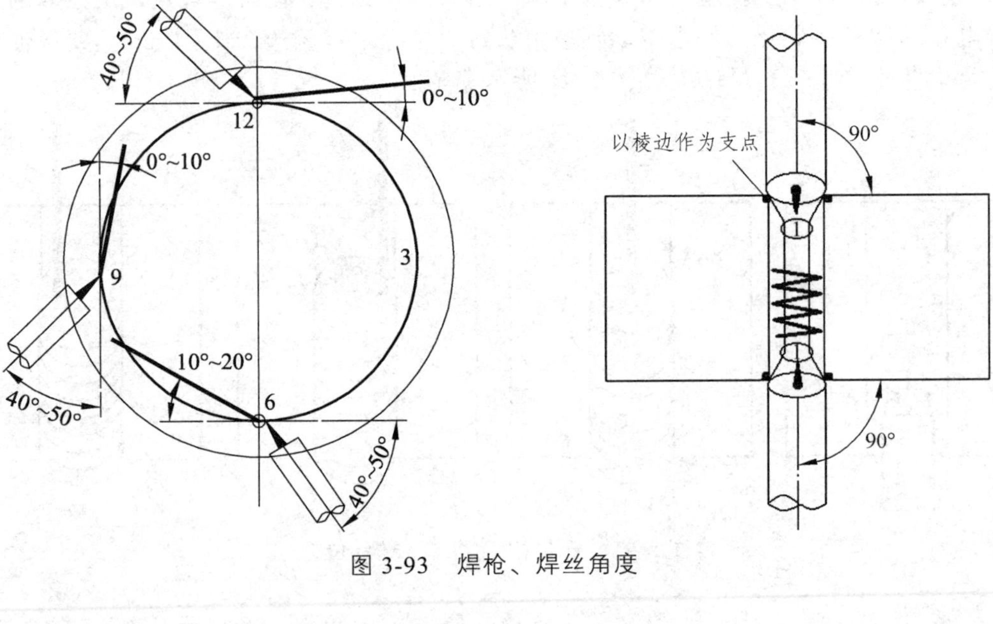

图 3-93　焊枪、焊丝角度

从 6 点钟位置起焊，引燃电弧后将电弧伸向坡口根部，待钝边熔化后送入焊丝将两侧母材连接起来形成完整的熔池。然后采用连续送丝法将焊丝从组对间隙送至熔池根部，保证背面焊缝的余高。

送入焊丝的同时摇动焊枪将送入熔池中的焊丝均匀熔化，与两侧母材充分熔合。焊至定位焊缝时暂不送丝，压低电弧小幅摆动焊枪，待熔池金属与定位焊缝充分熔合后再送丝，送丝量要适当，保证背面高度一致。

当焊到平焊位置时，要适当提高焊接速度，加大摇摆步距，并适当向熔池外调整送丝位置，以避免焊缝背面凸起过高。收弧时继续送气保护未完全冷却的熔池金属，待冷却后抬起焊枪。

焊接右半圈时，先将 6 点钟焊缝起始处打磨出斜坡，并将周围的污物清理干净。在斜坡处引弧，小幅摆动加热斜坡金属，待熔化形成熔池后送入焊丝正常焊接。

焊至 12 点钟接头位置进行收尾时，可稍停送丝，待熔池与原焊缝金属充分熔合再填加焊丝。然后继续向前焊接，覆盖左半圈焊缝 5 ~ 10 mm，以保证接头处充分熔合，背面成形美观。

2. 盖面层 —— 焊道 2（见视频 3-7-6）

电流调整为 70 ~ 80 A，焊枪与焊丝角度与打底层基本一致，如图 3-94 所示。

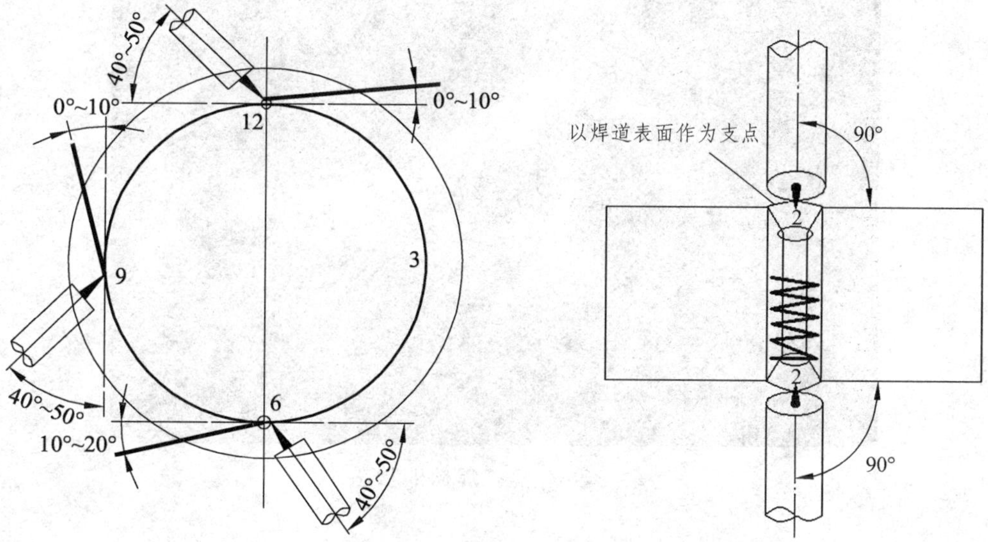

图 3-94　焊枪、焊丝角度

如果坡口较深，可在盖面层焊接前填充一层，填充后坡口剩余深度应不大于 0.5 mm。

采用摇把焊进行盖面层焊接时难度比较大，需要灵活运用腕力，不得过度用力按压焊枪，否则会影响焊枪移动及角度转换。

在 6 点钟位置引燃电弧后不送焊丝，小幅摆动加热焊缝金属，待熔化形成熔池后先少量向熔池内送丝，沿焊接方向摇动焊把焊出约 5 mm 的缓坡（见图 3-95）。采用连续送丝法向熔池中不间断送入焊丝，同时摇动焊枪从缓坡过渡到焊缝金属上。通过摆动焊枪将送入的焊丝熔敷到坡口表面上，覆盖坡口两侧母材 0.5 ~ 1 mm。如图 3-96 所示。

焊接时要保证摇摆前进步距均匀一致、运弧平稳、焊枪角度转换流畅、焊缝的高度和宽度一致。

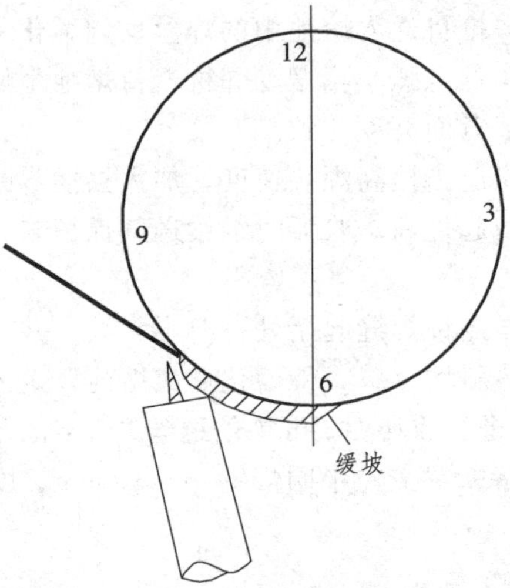

图 3-95　起焊处缓坡

图 3-96　摇把焊熔池状态

七、外观检验

小直径管对接全氩水平固定焊评分如表 3-12 所示。

检验基本要求：

（1）焊后应将焊道表面清理干净。焊缝表面应当是焊后原始状态，焊缝表面没有加工修磨或者返修焊。

（2）焊件的外观检查，采用目视或 5 倍放大镜进行。焊缝的余高和宽度可用焊缝检验尺测量最大值和最小值，不取平均值。

表 3-12 小直径管对接全氩水平固定焊评分表

考核项目	考核内容	考核要求	配分	评分要求
安全文明生产	能正确执行安全技术操作规程	按达到规定的标准程度评定	5	根据现场纪律，视违反规定程度扣 1～5 分
	按有关文明生产的规定，做到工作地面整洁、工件和工具摆放整齐	按达到规定的标准程度评定	5	根据现场纪律，视违反规定程度扣 1～5 分
主要项目	焊缝的外形尺寸	焊缝余高 0～2 mm。余高差≤1 mm	10	每项不合格扣 5 分
		焊缝背面高度 0～3 mm	5	每超差 0.5 mm 扣 1 分
		焊缝宽度比坡口每侧增宽 0.5～2.5 mm。宽度差≤3 mm	10	每项不合格扣 5 分
		焊缝直线度≤2 mm	5	每超差 0.5 mm 扣 1 分
		焊后角变形 0°～3°	5	每超 1 度扣 1 分
主要项目	焊缝的外形尺寸	焊缝错位量≤1.2 mm	5	每超差 0.5 mm 扣 1 分
	通过检验	通球直径为 0.8 倍管内径	5	通球检验不合格，此项不得分
	焊缝的外观质量	表面波纹均匀细密	5	视波纹均匀程度扣 1～3 分
		焊缝咬边深度≤0.5 mm；焊缝两侧咬边累计总长不超过焊缝有效长度范围内的 10%	10	焊缝两侧咬边累计总长 5 mm 扣 1 分，咬边深度>0.5 mm 或累计总长>15 mm 此项不得分
	焊缝内部质量	按照 NB/T 47013《承压设备无损检测》标准进行检测	30	射线透照质量不低于 AB 级，焊缝缺陷等级不低于Ⅱ级为合格
注：焊件焊接未完成，表面修补及焊缝正反两面有裂纹、夹渣、气孔、未熔合缺陷，该件作 0 分处理				

八、想一想

（1）小直径管对接水平固定全氩弧焊接的操作难点有哪些？

（2）端把焊接和摇把焊接的操作技巧是什么？

（3）盖面层焊接时如何防止咬边缺陷？

第四章 模拟现场施工实际位置针对性练习

一、学习目标

（1）掌握组合焊件的操作方法；

（2）合理选择焊接顺序，灵活调整操作姿势；

（3）能够根据实际情况，通过调节焊接参数、变换姿势实现组合件的焊接。

二、相关知识

实际生产中常见的焊缝连接形式多为管材与管件的连接。由于焊接位置多样化，所以操作难度较大。本章主要通过焊件的组合，模拟实际焊接生产中经常出现的焊接位置进行实操练习，提高操作的熟练性。

焊接注意事项：

（1）因焊接位置多样化，所以焊接前应根据不同的焊接位置调整站位，选择最佳的操作姿势。

（2）打底层焊接时，如存在障碍物影响焊接操作，应先焊接操作难度较大的一侧（即存在障碍物的一侧）。焊接时注意观察熔池状态，当无法正常观察时，可通过组对间隙进行观察。

打底层焊接时，如果预计在完成焊接后无法直接从焊件两端观察焊缝背面成形情况，焊接结束前要暂停焊接，从组对间隙仔细观察背面整体成形情况，确认无缺陷后再继续完成焊接。

（3）当存在障碍物影响焊接操作时，可适当调整起焊和收尾位置，将焊缝的起焊端和终焊端预留在不影响打磨操作的位置。

（4）操作空间狭小时，可灵活变换操作姿势。如果焊条、焊丝过长造成焊接困难时可适当剪短，便于焊接操作。

三、操作准备

焊机：松下 YC-400TX。

焊丝：H08Mn2Si Φ2.4。

焊条：E5015 Φ3.2。

钨极直径：Φ2.4。

氩气：纯度≥99.9%。

辅助工具：辅助胎具（见图 4-1）、角磨机、直磨机、钢丝刷、焊缝检查尺、直尺、个人劳动保护用品等。

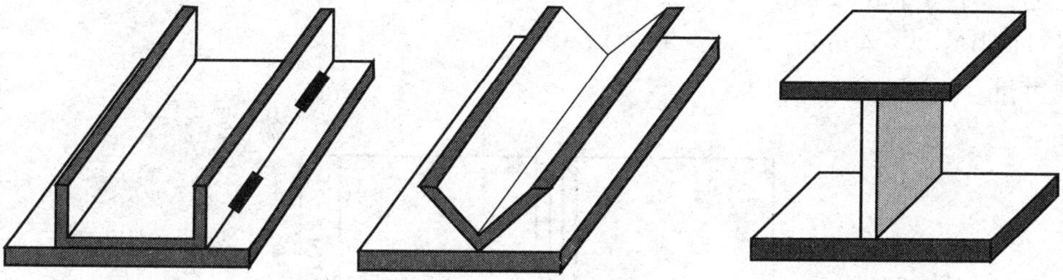

图 4-1　辅助工具

焊件尺寸如表 4-1 所示。

表 4-1　组合焊件材料表

序号	名称	规格	单位	数量	备注
1	钢管	Q235B Φ219 mm×300 mm×8 mm	段	2	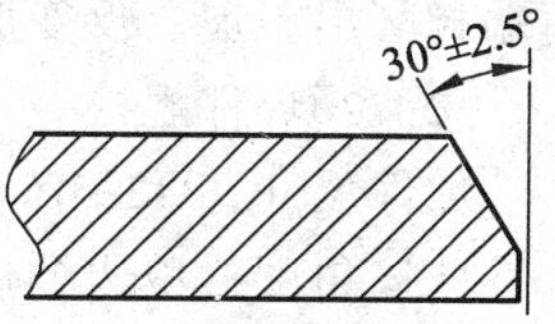
2	钢管	Q235B Φ219 mm×150 mm×8 mm	段	2	
3	钢管	Q235B Φ159 mm×150 mm×8 mm	段	4	
4	钢管	Q235B Φ60 mm×150 mm×4 mm	段	2	
5	45°弯头	20＃　DN200　SCH40	个	1	

四、组合件操作顺序

清理焊件→装配与定位焊→组合焊件→固定焊件→打底焊→填充焊→盖面焊→清渣→拆分焊件→检查。

五、焊件的准备

将所有管段坡口及内外口 10 ~ 20 mm 以内打磨干净，直至露出金属光泽。钝边打磨为 0.5 ~ 1 mm（见图 4-2）。45°弯头可不用打磨。

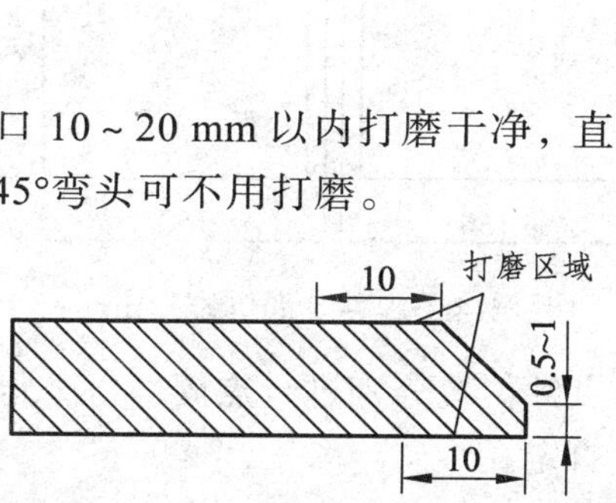

图 4-2　焊件打磨（单位：mm）

六、焊件的准备

（1）1#焊件规格。

焊件尺寸：Q235B Φ219 mm × 300 mm × 8 mm。

坡口角度：单边坡口角度 $\alpha = 30^\circ \pm 2.5^\circ$。

如图 4-3 所示，装配与定位焊时，

钝边：0 ~ 0.5 mm；

组对间隙：3 ~ 4 mm；

错边量：≤0.5 mm。

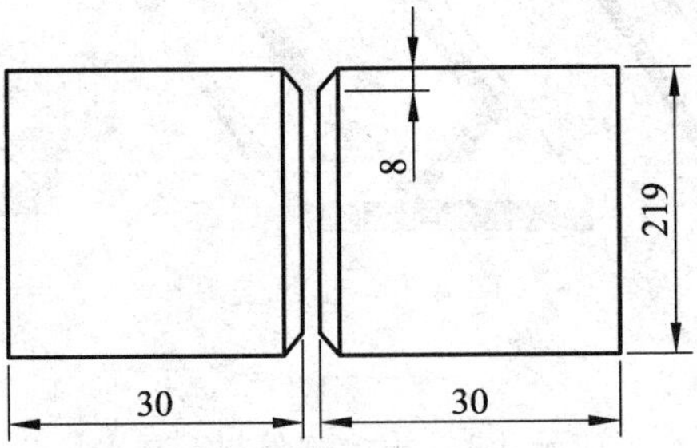

图 4-3　焊件 1（单位：mm）

在 3 点钟、9 点钟、12 点钟位置分别进行点固。每个定位焊缝长度为 10 ~ 15 mm，两端打磨出斜坡。反变形量自定。

（2）2#焊件规格。

焊件尺寸：Q235B Φ219 mm × 150 mm × 8 mm。

坡口角度：单边坡口角度 $\alpha = 30^\circ \pm 2.5^\circ$。

如图 4-4 所示，装配与定位焊时，

钝边：0 ~ 0.5 mm；

组对间隙：3 ~ 4 mm；

错边量：≤0.5 mm。

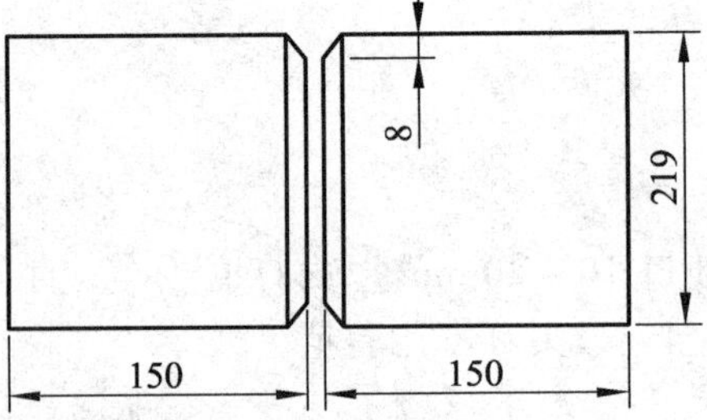

图 4-4　焊件 2（单位：mm）

在 3 点钟、9 点钟、12 点钟位置分别进行点固。每个定位焊缝长度为 10 ~ 15 mm，两端打磨出斜坡。反变形量自定。

（3）3#、4#焊件规格。

焊件尺寸：Q235B Φ159 mm × 150 mm × 8 mm。
坡口角度：单边坡口角度 $\alpha = 30° \pm 2.5°$。
如图 4-5 所示，装配与定位焊时，
钝边：0 ~ 0.5 mm；
组对间隙：3 ~ 4 mm；
错边量：≤0.5 mm。

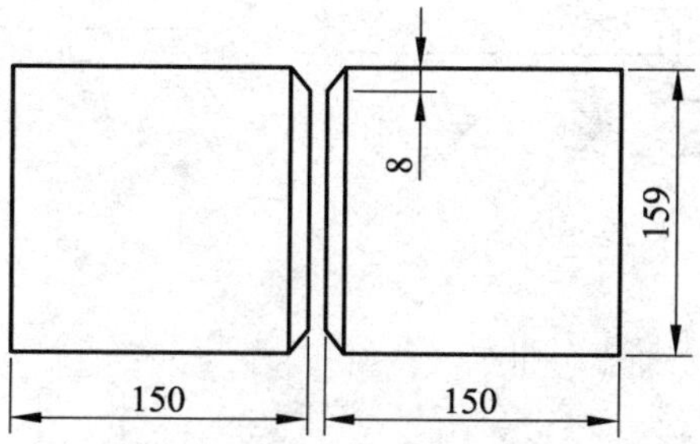

图 4-5 焊件 3（单位：mm）

3#焊件在 3 点钟、6 点钟、9 点钟、12 点钟位置分别进行点固。
4#焊件在 3 点钟、9 点钟、12 点钟位置分别进行点固。
每点定位焊缝长度为 10 ~ 15 mm，两端打磨出斜坡。反变形量自定。
（4）5#焊件规格。
焊件尺寸：Q235B Φ60 mm × 150 mm × 4 mm。
坡口角度：单边坡口角度 $\alpha = 30° \pm 2.5°$。
如图 4-6 所示，装配与定位焊时，
钝边：0 ~ 0.5 mm；
组对间隙：3 ~ 4 mm；
错边量：≤0.5 mm。

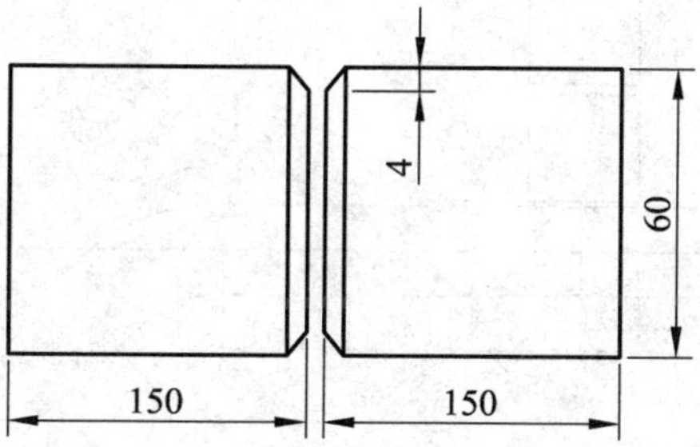

图 4-6 焊件 4（单位：mm）

在 3 点钟、9 点钟、12 点钟位置分别进行点固，每点定位焊缝长度≤10 mm，两端打磨出斜坡。反变形量自定。

七、组合焊件

（1）将组对完成的焊件按照如图 4-7 所示形式组合在一起。焊件间连接处的角焊缝采用焊条电弧焊点固，每个焊缝的长度为 20 ~ 30 mm。管与弯头连接处可不留组对间隙，对称点固 4 点，每个焊缝长度 10 ~ 15 mm。

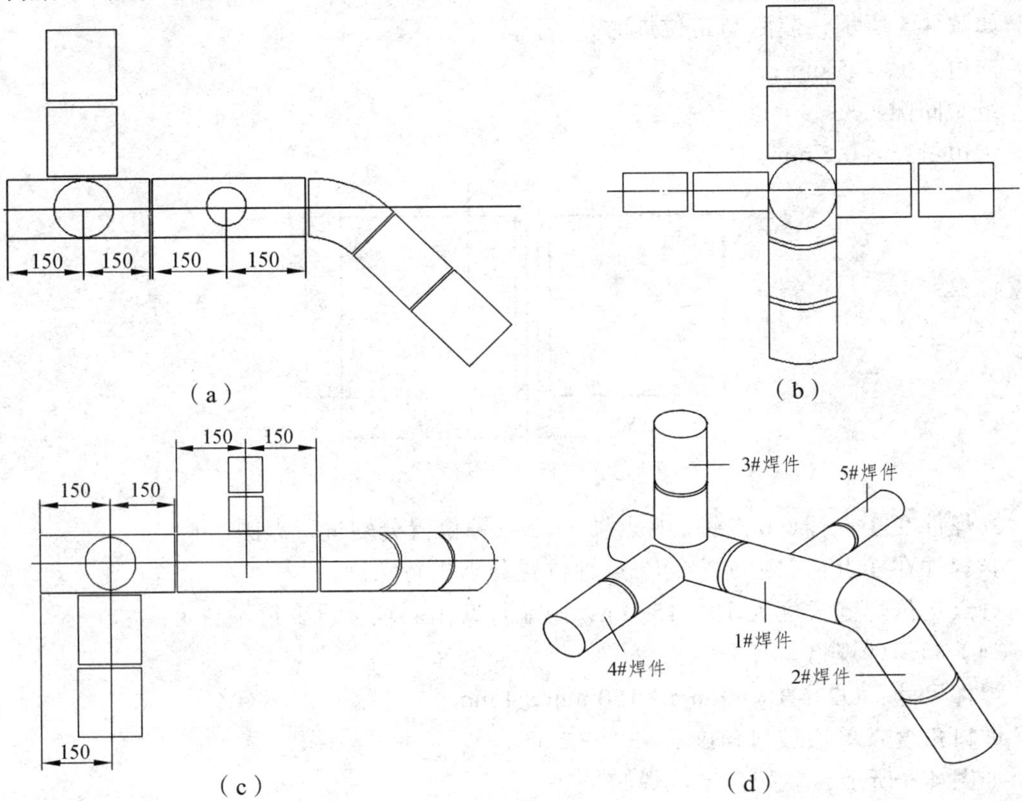

图 4-7　焊件组合（单位：mm）

（2）组对结束后将焊件按如图 4-8 所示固定。

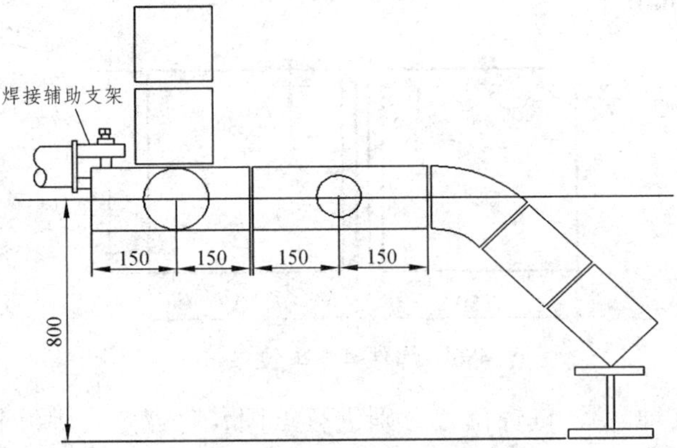

图 4-8　固定焊件（单位：mm）

八、焊接操作

焊缝信息如表 4-2 所示，焊缝位置如图 4-9 所示。

表 4-2　焊缝位置及焊接方法

焊缝序号	焊接位置	焊接方法
1#	水平固定（5G）	手工钨极氩弧焊+焊条电弧焊（GTAW+SMAW）
2#	45°固定（6G）	手工钨极氩弧焊+焊条电弧焊（GTAW+SMAW）
3#	垂直固定（2G）	手工钨极氩弧焊+焊条电弧焊（GTAW+SMAW）
4#	水平固定（5G）	手工钨极氩弧焊+焊条电弧焊（GTAW+SMAW）
5#	水平固定（5G）	手工钨极氩弧焊 GTAW
备注： ① 1#～4#焊缝打底层采用手工钨极氩弧焊，可用手工钨极氩弧焊填充一层，焊条电弧焊填充盖面。5#焊缝全部采用手工钨极氩弧焊焊接。 ② 焊缝焊接顺序自定。 ③ 焊接参数自定		

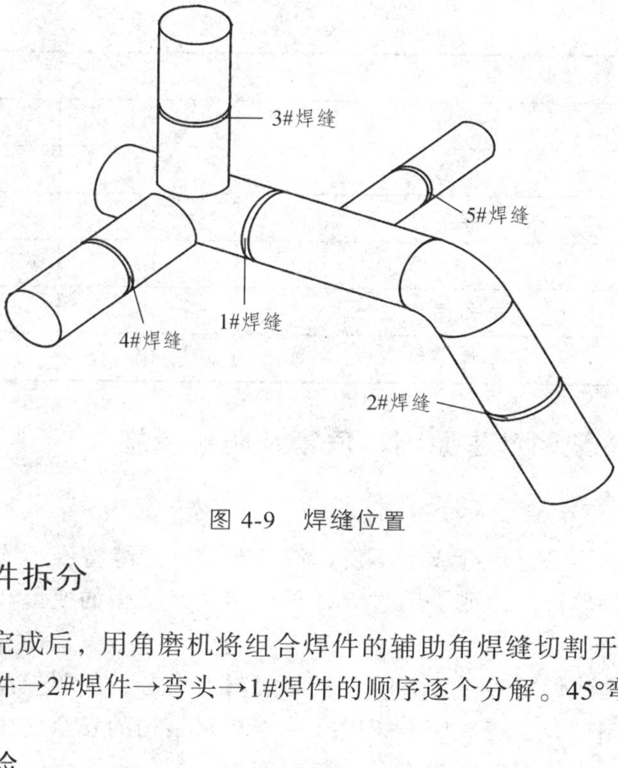

图 4-9　焊缝位置

九、焊后焊件拆分

所有焊缝焊接完成后，用角磨机将组合焊件的辅助角焊缝切割开。将组合件按 3#焊件→4#焊件→5#焊件→2#焊件→弯头→1#焊件的顺序逐个分解。45°弯头可重复利用。

十、焊后检验

检验基本要求：

（1）焊后应将焊道表面清理干净。焊缝表面应当是焊后原始状态，焊缝表面没有加工修磨或者返修焊。

（2）焊件的外观检查，采用目视或 5 倍放大镜进行。焊缝的余高和宽度可用焊缝检验尺测量最大值和最小值，不取平均值。

1#～4#焊件焊后检验标准可参考如表 3-16 所示；

5#焊件焊后检验标准可参考如表 3-22 所示。

第五章 焊接缺陷的种类和防范措施

一、常见焊接缺陷种类

常见焊接缺陷如表 5-1 所示。

表 5-1　常见焊接缺陷

1	外观形状和尺寸不符合要求	8	过烧
2	咬边	9	裂纹
3	凹陷	10	气孔
4	焊瘤	11	夹渣
5	弧坑未填满	12	未焊透
6	电弧擦伤	13	未熔合
7	烧穿	14	夹钨

二、各种焊接缺陷产生原因、危害及防止措施

1. 外表面形状和尺寸不符合要求

外表面形状高低不平，焊缝成形不良，波纹粗糙，焊缝宽度不均匀，焊缝余高过高或过低，角焊缝焊脚单边凸出或下凹过大，母材错边，接头的变形和弯曲超过了设计的允许范围，等。

（1）危害：焊缝成形不美观，影响焊材与母材的结合，削弱焊接接头的强度性能，使接头的应力不均匀分布，造成应力集中，影响焊接结构的安全使用。

（2）产生原因：焊件坡口角度不对；装配间隙不匀；点固焊时未对正；焊接电流过大或过小；运条速度过快或过慢；焊条的角度选择不合适或改变不当。

（3）防止措施：选择合适的坡口角度，按标准要求点焊组装焊件，并保持间隙均匀，控制变形，正确选用焊接电流，合适地掌握焊接速度，采用恰当的运条手法和角度，随时注意适应焊件的坡口变化，以保证焊缝外观成形均匀一致。

2. 咬　边

在焊缝金属与母材交界处，沿焊趾的母材金属被电弧烧熔后形成的凹槽，称为咬边。

（1）危害：咬边减少了母材金属的有效截面，并且直接削弱了焊接接头的强度。在咬边处，易引起应力集中，承载后可能在此处产生裂纹。

（2）产生原因：

① 焊接电流过大，电弧过长，运条角度不适当，等；

② 运条时，电弧在焊缝两侧停顿时间短，液态金属未能填满熔池。

（3）防止措施：

选择合适的焊接电流，运条角度，进行短弧操作。焊条摆动至坡口边缘，稍做稳弧停顿，使熔化的金属将边缘填满。操作应熟练、平稳。

3. 凹　陷

焊道中心部的金属低于焊道边缘和母材表面的现象称为凹陷。

（1）危害：减小了基本金属的有效截面，造成焊接接头处所受的应力不均匀，直接削弱了焊接接头的强度，并有应力集中倾向。

（2）产生原因：

① 装配间隙过大，钝边偏小，熔池体积较大，液态金属因自重产生下垂；

② 焊条直径或焊接电流偏大，断弧慢或连弧焊接使熔池温度增高，冷却慢，导致熔池金属重力增加而使表面张力减小；

③ 运条角度不当，减弱了电弧对熔池金属的推力或焊条未运送到坡口根部。

（3）防止措施：

在进行单面焊双面成形焊接时，要选择合适的坡口钝边、角度、间隙。操作要熟练、准确。

严格控制击穿的电弧加热时间及运条角度，熔孔大小要适当，采用短弧焊接利用电弧推力将液态金属吹向背面。

4. 焊　瘤

在焊接过程中，液态金属流淌到焊缝之外形成的不规则凸起，称为焊瘤。

（1）危害：影响了焊缝表面的美观，会造成应力集中现象；由于液态金属流淌焊缝之外，药皮或保护气对液态金属保护效果不好，容易在焊瘤里产生气孔，同时在焊瘤下面，常有未熔合缺陷存在；在焊瘤附近，容易造成表面夹渣，在管道内部的焊瘤，还会影响管内的有效截面积，甚至造成堵塞。

（2）产生原因：

① 由于钝边薄、组对间隙大、击穿母材后产生较大尺寸的熔孔；

② 由于焊接电流过大，击穿焊接时电弧燃烧、加热时间长，造成熔池温度增高；熔池体积增大中，液态金属因自身重力作用下坠而形成的焊瘤；

③ 操作运条或送焊丝动作不熟练，焊条或焊丝与焊炬角度不适当；

④ 焊接速度过慢。

（3）防止措施：

① 选择适宜的钝边尺寸和装配间隙，控制熔孔大小并均匀一致，掌握好电弧燃烧和熄灭的时间；

② 氩弧焊打底时，要注意送丝与焊炬的配合，注意焊炬的前进速度，不要在一个焊接位置大量送丝，导致熔化金属下淌；

③ 选择合理的焊接规范，击穿焊接电弧加热时间不可过长，操作应熟练自如，运条角度适当。

5. 弧坑未填满

焊接时，由于断弧或收弧不当，在焊缝末端熄弧处，形成低于母材金属表面的凹坑，称为弧坑。

（1）危害：焊缝该处的强度大削弱，易在弧坑处引发其他微裂纹、气孔等缺陷，该处易引起应力集中。

（2）产生原因：熄弧时间过快，或焊接突然中断，薄板焊接时，焊接电流过大。

（3）防止措施：焊缝结尾应在收弧处作短时间停留或作几次环形运条，以便继续填加一定量的熔化金属。氩弧焊结尾时应多添加焊丝将弧坑填满，并使用衰减收弧。

6. 电弧擦伤

电弧焊时，在坡口外侧的母材上引弧或闪击而产生的局部损伤及弧痕称为电弧擦伤。

（1）危害：电弧擦伤处，常伴随气孔、裂纹等缺陷。

（2）防止措施：要保证焊接二次线路完好，使用带有绝缘套的焊钳，停弧后将剩余焊条退掉，避免焊条与母材接触引弧，焊工操作应熟练准确。

7. 烧　穿

焊接过程中，在焊缝某处形成的穿孔称为烧穿。

（1）产生原因：焊接电流过大，焊接速度过慢，坡口间隙过大，前层焊接金属过薄，都可能产生烧穿。

（2）防止措施：选择合适的焊接电流并选择合适的坡口角度和装配间隙；氩电联焊打底层结束后，可再用氩弧焊填充一层，增加焊缝金属厚度。

8. 过　烧

焊缝金属在焊接过程中受热时间过长，造成晶粒粗大，金属变脆，晶粒边界被激烈氧化，金属表面变黑并起氧化皮，这种现象称为过烧。

（1）产生原因：焊接速度太慢，在某处的停留时间太长或不冷却焊缝反复焊接同一位置。

（2）防止措施：焊接速度放快一些，停留时间尽量均衡；如果焊件温度过高，需要冷却到规定温度再施焊。

9. 裂　纹

在焊接应力及其他致脆因素共同作用下，焊接接头中局部地区的金属原子结合力遭到破坏形成的新界面所产生的缝隙，具有尖锐的缺口和较大的长宽比特征。

（1）危害：裂纹是所有的焊接缺陷里危害最严重的一种。它的存在是导致焊接结构失效的最直接的因素。裂纹最大的一个特征是具有扩展性，在一定的条件下会不断延长，直至断裂。

（2）产生原因。

① 钢种的淬硬倾向：钢种淬硬倾向主要取决于化学成分、板厚、焊接工艺和冷却条件等。钢的淬硬倾向越大，越易产生冷裂纹。

② 氢的作用：氢是引起焊接冷裂纹的重要因素之一，并且有延迟的特征。焊接接头的含氢量越高，裂纹的敏感性越强。

③ 焊接接头的应力状态影响。焊接时主要存在的应力：不均匀加热及冷却过程中所产生的热应力、金属相变时产生的组织应力、结构自身拘束条件等。

④ 焊接工艺的影响。焊前预热和焊后热处理的温度不合适，多层焊的焊层熔深，单层焊缝金属的厚度不合适等。

（3）防止措施。

① 选择合适的焊接材料，如优质的低氢焊接材料。对重要的焊接结构，应采用超低氢、高韧性的焊接材料，焊条、焊剂使用前应按规定烘干。

② 焊前仔细清除坡口周围基体金属表面和焊丝上的水、油、锈等污物，减少氢的来源，以降低焊缝中扩散氢的含量。

③ 不同种金属焊接时，选用合金含量低的焊材。

④ 选择合理的装配顺序，避免强制组装、防止错边、角变形等引起的附加应力，对称布置焊缝，避免焊缝密集。

⑤ 焊前预热和焊后缓冷，这不仅可以改善焊接接头的金相组织，降低热影响区的硬度和脆性，而且可以加速焊缝中的氢向外扩散，此外还可以起到减小焊接残余应力的作用。

⑥ 选择合适的焊接规范。焊接速度太快，则冷却速度相应地也快，易形成淬硬组织，若焊接速度太慢，又会导致热影响区变宽，造成晶粒粗大。

10. 气　孔

焊接时，因熔池中的气泡在凝固时未能逸出，而在焊缝金属内部或表面，所形成的空穴，称为气孔。

（1）危害：气孔会减小焊缝的有效截面积，降低焊缝的机械性能，损坏了焊缝的致密性，特别是直径不大、深度很深的圆柱形长气孔危害极大，严重者直接造成泄漏。

（2）产生原因：

① 焊条受潮，或者未按要求烘干；焊条药皮开裂、脱落、变质。

② 焊件表面及坡口有水、油、锈等污物存在，这些污物在电弧高温作用下，分解出来的氢和水蒸汽等，进入熔池后会形成气孔。

③ 焊接电流偏低或焊接速度过快，熔池存在的时间短，以至气体来不及从熔池金属中逸出。

④ 电弧长度过长会使熔池失去气体的保护，空气很容易侵入熔池产生气孔；焊接时选择过大的电流会造成焊条发红、药皮脱落，从而使熔池去了保护作用。

⑤ 焊接时保护气体的纯度不够。

（3）防止措施：

① 焊前一定要将焊条按规定的温度和时间进行烘干，并做到随用随取，或取出后放在焊条保温桶中随用随取。

② 不得选取存在药皮开裂、脱落、变质，以及偏心现象的焊条。应选择含碳量低、脱氧能力强的焊条及表面清洁、无水、锈、油等污物的焊材。

③ 认真清理坡口及两侧，去除氧化物、油脂、水分等。

④ 当用碱性焊条施焊时，应保持较低的电弧长度，外界风大时应采取防风措施，氩弧焊时注意氩气纯度。

⑤ 选择合理的焊接参数，运条角度要适当，操作应熟练，不要将药皮脱离熔池，使熔池得不到保护。

11. 夹　渣

焊接后残留在焊缝内部的非金属夹杂物，称为夹渣。

（1）危害：减少焊缝的有效截面积，降低了焊缝的机械性能。

（2）产生原因：

① 焊接过程中，由于焊工工作欠认真仔细，焊层之间、焊道之间的熔渣未除干净就继续施焊，特别是碱性焊条，若熔渣未除干净，更易产生夹渣。

② 焊接时，焊接电流太小，熔化金属和熔渣所得到的热量不足，流动性差，再加上这时熔化金属凝固速度快，使得熔渣来不及浮出。

③ 焊接时，焊条角度和运条方法不恰当，熔渣和铁水分辨不清，把熔渣和熔化金属混杂在一起。焊缝熔宽忽宽忽窄，咬边过深及焊层形状不良等都容易产生夹渣。

④ 坡口设计、加工不当也导致焊缝夹渣。

（3）防止措施：

① 认真清除焊层间的熔渣，将凸凹不平处打磨平，将焊道两侧夹角清理干净，然后才能进行下一层焊接。

② 选用具有良好工艺性能的焊条，选择合适的焊接电流，能改善熔渣上浮的条件，有利于防止夹渣的产生。

③ 选择适当的运条角度，操作应熟练，使熔渣和液态金属良好地分离。

12. 未焊透

焊接时接头根部未完全熔透的现象，称为未焊透。

（1）危害：明显地减小了焊缝的有效截面积，降低了焊接接头的机械性能，由于未焊透处存在缺口及母材的尖锐面，会造成严重的应力集中现象，极易在此处引起裂纹。

（2）产生原因：

① 坡口角度小，钝边过大，装配间隙小或错边，所选用的焊条直径过大，使熔敷金属送不到根部；

② 焊接电流太小，焊接速度太快，由于电弧穿透力降低使得熔池变浅而造成；

③ 由于操作不当，使熔敷金属未能送到预定位置，或由于电弧的磁偏吹使电弧热能散失，该熔化的地方电弧作用不到，或者单面焊双面成形的击穿焊由于电弧燃烧时间短或坡口根部未能形成一定尺寸的熔孔而造成未焊透。

（3）防止措施：

① 选择合适的坡口角度，装配间隙及钝边尺寸，并防止错边；

② 选择合适的焊接电流，焊条直径，运条角度应适当，如果焊条药皮厚度不均产生偏弧时，应及时更换；

③ 掌握正确的焊接操作方法，对手工电弧焊的运条和氩弧焊焊丝的送进应稳、准确；熟练地击穿尺寸适宜的熔孔，应把熔敷金属送至坡口根部。

13. 未熔合

焊接时，焊道与母材之间或焊道之间未能完全熔化结合在一起的部分，称为未熔合。常见的有坡口边缘未熔合、焊缝金属层间未熔合。

（1）危害：未熔合是一种比较危险的焊接缺陷，焊缝出现间断和突变部位，使得焊接接头的强度大大降低。未熔合部位还存在间隙，承载后应力集中严重，极易由此处产生裂纹。

（2）产生原因：

① 电流过小或电流不稳定，电弧偏吹，焊接角度不正确，使得电弧偏离待焊部位，如母材或上一道焊层，所得到的热量不足以熔化基体金属或上道熔敷金属；

② 在坡口或上一层焊缝的表面有油、锈等污物，或存在熔渣及氧化物，阻碍了金属的熔合；

③ 焊接电流过大，焊条熔化过快、坡口母材金属或前一层焊缝金属未能充分熔化，熔敷金属却已覆盖上去了；

④ 在横焊或斜 45°位置时，由于上侧坡口金属熔化后产生下垂，影响下侧坡口面金属的加热熔化，造成夹层。

（3）防止措施：

① 焊条或焊炬的倾斜角度要适当，并注意观察坡口两侧母材金属的熔化情况；

② 选用稍大的焊接电流，以使基体金属或前一道焊层金属充分熔化；

③ 当焊条偏弧时，应及时调整焊条角度，或更换焊条，使电弧始终对准熔池；

④ 对坡口表面和前一层焊道的表面，应认真进行清理，使之露出金属光泽后再施焊；

⑤ 填充焊接时每层焊缝金属不宜太厚。

14. 夹　钨

在手工钨极氩弧焊时，由于钨极强烈发热，钨极端部熔化、蒸发，或因钨极与焊件接触，使钨极包裹到了焊缝中。

（1）危害：焊缝的机械性能，特别是韧性和塑性下降。

（2）防止措施：选用直径大小适宜的钨极，并配合适当的电流；使氩气可靠地保护钨极端部，以防止钨极烧损，并应及时修磨钨极端部。

参考文献

[1] 刘云龙. 焊工（初级、中级、高级）[M]. 北京：机械工业出版社，2005.

[2] 人力资源和社会保障部教材办公室. 焊工工艺学[M]. 4版. 北京：中国劳动社会保障出版社，2014.

[3] 张依莉、吴志亚. 焊接实训[M]. 北京：机械工业出版社，2015.

[4] 沈根平. 焊接基本技能实训[M]. 北京：高等教育出版社，2016.

附 录

培训时间安排与材料消耗

序号	名称	学时	试件	规格	数量	备注
	第一章 焊工安全文明生产知识	16				
	第二章 焊条电弧焊焊接技术					
1	焊条电弧焊的相关基础知识	8				
2.	平敷焊	32	钢板	200 mm×200 mm×12 mm	32 块	
3	立敷焊	32	钢板	200 mm×200 mm×12 mm	32 块	
4	V 形坡口板对接立焊	80	钢板	300 mm×125 mm×12 mm	160 块	
5	V 形坡口板对接平焊	50	钢板	300 mm×125 mm×12 mm	100 块	
6	V 形坡口板对接横焊	80	钢板	300 mm×125 mm×12 mm	160 块	
7	V 形坡口板对接仰焊	80	钢板	300 mm×125 mm×12 mm	160 块	
8	T 形接头平角焊	16	钢板	300 mm×10 mm×100 mm	96 块	
9	T 形接头立角焊	16	钢板	300 mm×10 mm×100 mm	96 块	
10	T 形接头仰角焊	16	钢板	300 mm×10 mm×100 mm	96 块	
	第三章 手工钨极氩弧焊焊接技术					
1	手工钨极氩弧焊的相关基础知识	8				
2	氩弧焊平敷焊——端把	32	钢板	200 mm×200 mm×12 mm	24 块	
3	氩弧焊平敷焊——摇把	40	钢板	200 mm×200 mm×12 mm	40 块	
4	管对接水平转动焊	40	钢管	Φ219 mm×8 mm×150 mm	80 段	
5	管对接水平固定焊	80	钢管	Φ219 mm×8 mm×150 mm	160 段	
6	管对接垂直固定焊	80	钢管	Φ219 mm×8 mm×150 mm	160 段	
7	管对接 45°位置固定焊	80	钢管	Φ133 mm×14 mm×150 mm	160 段	
8	小直径管对接水平固定全氩焊接					
8.1	端把焊	40	钢管	Φ60 mm×4 mm×150 mm	160 段	
8.2	摇把焊	80	钢管	Φ60 mm×4 mm×150 mm	240 段	
	第四章 模拟现场施工实际位置针对性练习（组合件练习）	80	钢管	Φ219 mm×8 mm×300 mm	20 段	
			钢管	Φ219 mm×8 mm×150 mm	20 段	
			钢管	Φ159 mm×8 mm×150 mm	40 段	
			钢管	Φ60 mm×4 mm×150 mm	20 段	
			钢管	DN200 SCH40	1 个	
学时数：1 学时=1 小时，共 1 200 学时						